武汉理工大学"十四五"本科规划教材

电工电子实习指导书 A

主　编　徐少华
副主编　李　娜　李　雪
　　　　杭亦文　明　宏

武汉理工大学出版社
·武汉·

图书在版编目(CIP)数据

电工电子实习指导书：A / 徐少华主编. -- 武汉：武汉理工大学出版社，2024. 7. -- ISBN 978-7-5629-7152-8

Ⅰ. TM;TN

中国国家版本馆 CIP 数据核字第 2024TZ9597 号

项目负责人：王兆国　　**责 任 编 辑**：王兆国

责 任 校 对：张明华　　**排　　版**：芳华时代

出版发行：武汉理工大学出版社（武汉市洪山区珞狮路 122 号　邮编：430070）

http://www.wutp.com.cn

经 销 者：各地新华书店

印 刷 者：武汉市洪林印务有限公司

开　　本：787mm×1092mm　1/16

印　　张：12.5

字　　数：320 千字

版　　次：2024 年 7 月第 1 版

印　　次：2024 年 7 月第 1 次印刷

定　　价：30.00 元（含报告册）

凡购本书，如有缺页、倒页、脱页等印装质量问题，请向出版社发行部调换。

本社购书热线电话：027-87391631　87664138　87523148

前　言

本书是在2021年出版的《电工电子实习指导书》的基础上，结合最新的教学大纲编写的电工电子实验教材，主要内容有安全用电常识，常用仪器仪表的使用，常用电工电子元器件的规格型号、外观、性能参数、标识、用途、基本测试及判别方法，常用电工工具的使用，手工焊接的方法，电子产品装配制作，PCB板的设计与制作方法，低压电气控制线路的安装与调试，一般故障的排查调试方法以及相关软件的应用等。

全书共16章，其中第1、2、3、4、5章是电工电子实习的基础性内容，包括安全用电，常用仪器仪表和工具的使用，常用电子元器件的识别、用途与测试，电子产品手工焊接的方法；第6、7、8、9章是电子实习的项目部分，内容包括专用电子元器件的识别与测试、电路识图、电子产品的设计与制作等；第10、11章介绍了立创EDA等广受学生欢迎的国产软件，并详细举例讲解如何使用软件进行绘图、生产文件的输出以及PCB板的生产；第12章为如何使用Multisim仿真电路的介绍；第13、14章是电工实习的项目部分，内容包括电工元器件的识别与测量、家庭配电以及低压电器的控制，这两章是引入国家标准和规范最集中的；第15章介绍了3D打印技术与建模的相关知识；最后第16章拓展了PLC的内容。

相比2021年出版的《电工电子实习指导书》，本书主要更新和完善了以下几个方面内容：

1. 加大了对国家标准、规范的引用和使用。

2. 优化了章节结构。将内容更为紧密的章节调整在一起，结构上更加合理，逻辑上更加通顺。

3. 增加了部分内容。例如外壳防护部分增加了相关国家规范的内容，以及增加了绘图文件的输出等内容。

4. 删减了平时使用不多的内容，例如一些工具的使用。

5. 修正了原教材中发现的问题，比如单位、数字以及一些符号的错误。

6. 更新了设备、仪表的使用。例如电子电工器件的测量使用新版的数字万用表，改版后对其中的文字、图表都做了相应的更换；将仿真和绘图软件更新为目前最新的版本。

编写中立足当前，兼顾发展；在表达方式上，尽量多用图表，力求简单明了，便于使用。

本书编写主要由徐少华、李雪、李娜、杭亦文完成。第1、2、3、4和12章由李雪编写；第5、6、7、8、9章以及本书配套的报告册由李娜编写；第15、16章由杭亦文编写；前言、第10、11、13、14章以及参考文献由徐少华编写。全书由徐少华整理、调整，最后统稿完成。另外参加编写和线上资源开发的还有石道生、夏慧雯和明宏等。

由于编者水平有限，书中错误与疏漏之处在所难免，敬请各位专家、同行、读者批评指正。

编　者

2024年4月9日

目　录

1　电工电子实习安全操作知识

教学目标

1. 掌握实验室安全用电常识；

2. 规范使用实验室设备与仪器。

学习任务

1. 学习教材第 1.1 节内容。

要求：了解安全电流、安全电压、人体电阻的概念，了解触电的种类、危害及预防措施。

2. 学习教材第 1.2 节内容。

要求：规范使用电工实训台与配套的实训装置，掌握电烙铁的安全使用注意事项和常见仪器、设备的使用注意事项。

3. 学习教材第 1.3 节内容。

要求：了解现场急救的方法与措施。

4. 学习教材第 1.4 节内容。

要求：熟悉实验室主要安全事故与一般处理办法，掌握烫伤、割伤的常规处理方法。

5. 完成章节作业。

学习资源

1.《电工电子实习指导书 A》第 1 章；

2. 超星课程平台“电工电子实习 A”教学视频第 1.2 节，PPT；

3. 电工实验中心教学实训平台；

4. 在线资源库；

5. 班级 QQ 群。

安全用电技术是研究如何预防用电事故及保障人身、设备安全的一门技术。在电气、电子设备的装配调试中，要使用各种工具和仪器，同时还要接触危险的高压电。目前绝大多数工业、农业和日常生活中都使用三相四线制交流电源，其线电压 380 V、相电压 220 V，远超人体所能承受的安全值。如果使用不当或安装不合理等都可能造成设备事故和人身伤害。因此，学会正确使用各种电气设备，掌握安全用电常识，了解触电的形式和急救方法，是对工程技术人员的基本要求。

1.1 安全用电知识

1.1.1 基本概念

(1)安全电流

触电对人体伤害的严重程度与通过人体电流的大小、时间、部位、频率等因素有关。一般来说，通过人体的电流越大、时间越长，危险性就越大；电流通过人的大脑和心脏时最危险；电流频率在 40～60 Hz 的交流电对人的危害性要比其他频率的电流、直流电流以及静电大。

实验资料表明：当 1 mA 左右的电流通过人体时，会有麻、刺痛等不舒服的感觉。当 10～30 mA 的电流通过人体时，会使人产生麻痹、剧烈疼痛、痉挛、血压升高、呼吸困难等症状。此时触电者已经不能自主摆脱带电体，但通常还不至于有生命危险。当电流超过 50 mA 时，则会产生致命的危险。因此通常所说的安全电流，指的是通过人体的最低安全电流，一般为 10 mA。

(2)安全电压

安全电压是指不致使人直接致死或致残的电压，一般环境条件下允许持续接触的“安全特低电压”是 36 V。通常认为，当人体接触到 36 V 的电压时，流经人体的电流约为 10 mA，即流经人体的电流已达到最低安全标准。电击对人体的危害程度取决于通过人体电流的大小和通电时间的长短。

(3)人体电阻

通过人体电流的大小与触电电压和人体电阻的大小有关。人体电阻包括体内电阻和皮肤电阻，体内电阻基本不受外界影响，其值约为 500 Ω。皮肤电阻随外界条件变化：皮肤干燥的时候，电阻可以达到 100 kΩ 以上，而当皮肤湿度大时，电阻可降到 1 kΩ 以下。

当人体接触到高压电时，人体电阻会大幅下降：当接触电压为 220 V 时，人体电阻约为 1900 Ω；当接触电压为 380 V 时，人体电阻下降至 1200 Ω 左右。

1.1.2 触电类型

人体是导体，能通过电流。触电，是电击伤的俗称，通常是指人体直接触及电源或高压电经过空气或其他导电介质传递电流通过人体时引起的组织损伤和功能障碍。

(1)电击

电击，是指电流通过人体内部器官，使其受到伤害。它会破坏人的心脏、呼吸系统及神经系统的正常工作。轻者立刻出现惊慌、呆滞、面色苍白，接触部位肌肉收缩，且有头晕、心动过速和全身乏力等症状。重者出现昏迷、持续抽搐、心室纤维颤动、心跳和呼吸停止。绝大部分的触电死亡事故都是由电击造成的，它属于人体触电类型中较危险的一种情况。

(2)电伤

电伤，是指电流的热效应、化学效应和机械效应对人体造成的伤害。因此电伤多见于人体表面，且常会在体表留下伤痕。电伤通常有以下几种类型：

①电烧伤：一般有接触灼伤和电弧灼伤两种，接触灼伤多发生在高压触电事故时通过人体皮肤的进出口处，灼伤处呈黄色或褐黑色并累及皮下组织、肌腱、肌肉、神经和血管，甚至使骨骼显炭化状态，一般治疗期较长。电弧灼伤多是由带负荷拉、合刀闸，以及带地线合闸时产生的强烈电弧引起的，其情况与火焰烧伤相似，会使皮肤发红、起泡，使组织烧焦，并使组织坏死。

②皮肤金属化：由于高温电弧使周围金属熔化、蒸发并飞溅渗透到皮肤表层所形成。皮肤金属化后，表面粗糙、坚硬。根据熔化的金属不同，皮肤呈现不同颜色，一般铅呈现灰黄色，紫铜呈现绿色，黄铜呈现蓝绿色。金属化后的皮肤经过一段时间能自行脱离，不会有不良后果。此外，发生触电事故时，常常伴随高空摔跌，或由于其他原因所造成的纯机械性创伤，这虽与触电有关，但不属于电流对人体的直接伤害。

③电烙印：它发生在人体与带电体有良好接触，但人体不被电击的情况下，在皮肤表面留下和接触带电体形状相似的肿块瘢痕，一般不发炎或化脓。瘢痕处皮肤失去原有弹性、色泽，表皮坏死，失去知觉。

④机械性损伤：电流作用于人体时，由于中枢神经反射和肌肉强烈收缩等作用导致的机体组织断裂、骨折等伤害。

⑤电光眼：发生弧光放电时，由红外线、可见光、紫外线对眼睛造成的伤害。

1.1.3 触电形式与危害

按照人体触及带电体的方式和电流流经人体的途径，常见的触电方式可分为单相触电、两相触电、跨步电压触电、雷击触电、静电触电等。

(1)单相触电

当人体的一部分接触到三相导线中的任意一根相线时，电流通过人体流入大地，这种触电方式称为单相触电。对于高压带电体，当人体未直接接触时，若处于安全距离以内，高压带电体能够通过电离空气对人体放电。此时造成的单相接地引起的触电也属于单相触电。

在触电的事例中，发生单相触电的情况最多，如检修带电线路和设备时，不做好防护措施或由于操作不当接触漏电的电气设备外壳以及绝缘损坏的导线等，都会造成单相触电。

单相触电分为以下两种类型：

①中性点接地的单相触电：如图 1-1(a)所示，一般人们工作和生活场所的供电系统都是 380 V/220 V 的中性点接地系统。在中性点接地的电网中，触电时电流经过人体→大地→系统中性点接地装置，形成闭合回路。由于中性点接地装置的接地电阻比人体电阻小得多，所以此时的相电压几乎都加在人体上，使人体触电，此时的触电后果会很严重。

②中性点不接地的单相触电：如图 1-1(b)所示，在中性点不接地的电网中，触电时电流经过人体→大地→其他两相对地绝缘电阻(空气)，形成两条闭合回路。如果线路绝缘性能良好，且穿着橡胶底鞋等防护装备时，可能不致发生危险。反之，若线路电压较高，线路绝缘较差或者气候潮湿等，则可能会发生触电危险。

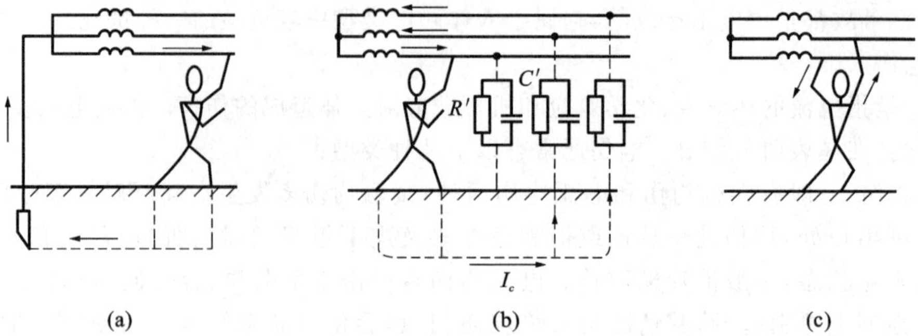

图 1-1 电力系统单相、两相触电示意图

(a)电源中点接地系统单相触电;(b)中点不接地系统单相触电;(c)两相触电

(2)两相触电

当人体同时接触电网的两根不同相线,使得电流通过一条相线→人体→第二条相线形成闭合回路的触电方式称为两相触电,如图 1-1(c)所示。或在高压系统中,人体虽没有直接接触两相带电体,但电流仍然通过电弧放电的渠道通过人体流入另一根相线,构成闭合回路,此时也称为两相触电。

由于发生两相触电时,作用于人体上的电压等于线电压且此时的电流不经过大地,直接通过人体构成闭合回路。此时无论人体对地是否绝缘、系统中性点是否接地,都会使人触电。因此两相触电比单相触电的危险性更大。

(3)跨步电压触电

当电气设备发生接地故障时,接地电流通过接地体向大地流散并在地面上形成从接地点向周围扩散、逐步降低的电位分布。若人在接地点周围行走,其两脚之间就形成了电位差。电流从一只脚流入、另一只脚流出而造成的触电称作跨步电压触电,如图 1-2 所示。一般来说,从接地点向外的电位分布大体上是呈指数分布下降的。因此距离接地点 20 m 处基本可以认为电位为 0,处于比较安全的距离。离接地点垂直距离越近,同等距离差的电位差越大。因此,遇到有带电体绝缘损坏或架空线路断落于地面等情形时,应远离绕行。

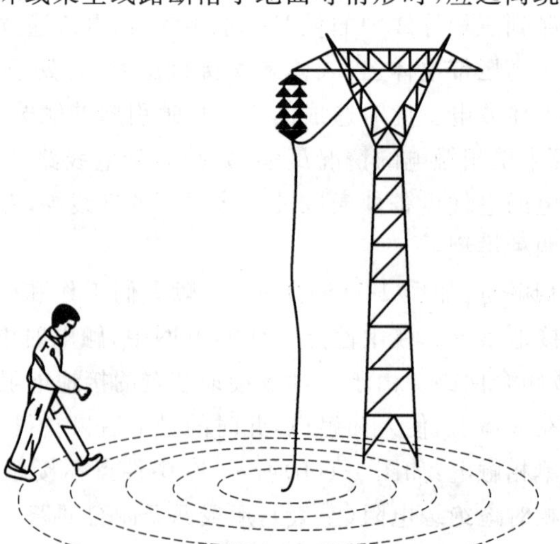

图 1-2 跨步电压触电

(4)雷击触电

雷击是雷、雨、云对地面的突出物体产生的放电现象。雷击的感应电压高达几十至几百万伏特,可造成建筑物损坏、被击物体燃烧、设备击穿、人身伤亡等,危害性极大。由于雷击落点的不可预测性,一般通过避雷设备来预防雷击。当发生雷击时,避雷设备能将一瞬间产生的强电流引入地下来避免危害。为了防止雷电造成的危害,还需要掌握以下避雷常识:

①打雷时关好门窗,防止雷电直击室内或者球形雷飘入室内。

②雷雨交加时,切断室内家用电器的电源并拔掉插头(特别是电视机和计算机)。

③雷雨天气不要使用喷头淋浴,防止雷电沿着水流造成触电危害(特别是太阳能热水器用户)。

④雷雨天气不要在户外接打手机,手机的电磁波会吸引雷击;也不要在高楼平台停留,不要在大树下躲避雷雨,不要进入空旷地带孤立的棚屋、岗亭等,这些地方都容易遭受雷击。

⑤若在户外看到高压线遭雷击断裂,应提高警惕,此时高压线断点附近存在跨步电压。处于附近的人此时不能跑动,应双脚并拢,跳离此处,减少跨步电压可能造成的伤害。

容易发生雷击的几种情形如图 1-3 所示。

(a) (b)

图 1-3 容易发生雷击的几种情形

(5)静电触电

金属物体受到静电感应以及绝缘体之间通过摩擦起电造成的触电称为静电触电。静电的电压很高,有时甚至可达数万伏,而一般 3～4 kV 的静电就能让人产生电击感。但静电的能量不大,通常不至于使人产生直接的触电伤害,但静电可能会诱发心脏早搏等病症,仍需小心。静电除了对人体有影响外,对大型精密仪器的危害最大。特别是现代化仪器中大量地使用了高性能、高精度的元器件,这些元器件对静电的放电尤为敏感,因此必须加以防护。

静电防护时通常采用以下措施:

①铺设导电性地板,使电荷可以及时导入地下。

②进入实验室时徒手接触金属接地装置,消除人体携带的静电。

③穿着防静电服、防静电鞋进入易燃易爆场所。

④高压带电体外围要进行屏蔽处理,防止产生感应静电。

⑤提高环境中的湿度,当相对湿度超过约 65%时,物体表面电阻降低有利于静电逸散。

1.1.4 触电预防

(1)绝缘措施

良好的绝缘是保证电气设备和线路正常运行、防止触电事故发生的重要措施。在选用绝缘材料及绝缘方式时,应根据电气设备的工作电压、工作环境以及运行条件进行匹配。为了防止线路或设备的绝缘意外损坏而造成安全事故,可以选择双重绝缘进行加强,使线路和设备的绝缘更加牢固。

(2)屏蔽措施

采用屏蔽保护装置,如电器的绝缘外壳、金属网罩、变压器的遮栏等,使带电体与外界隔离开来。注意,凡是金属材质制作的屏蔽保护装置,应妥善接地或接零线。

(3)间距措施

在带电体与地面之间、带电体与带电体之间须保持一定的安全距离。安全距离取决于电压的高低、设备类型、安装方式等因素。

(4)自动断电保护措施

在带电线路或设备上安装漏电保护、过流保护、过压或欠压保护、短路保护等自动保护设备,在触电事故发生时,能自动切断电源,起到保护作用。

1.2 安全操作要求

在实习过程中,由于经常使用到 220 V 和 380 V 的交流电,稍有不慎就有可能发生人身伤害和设备损坏的安全事故。因此,必须严格按照要求使用实习设备、工具和仪器仪表,确保实习安全、顺利地进行。

1.2.1 电源的安全使用

在电工电子实习工作台上,安装空气开关(简称空开)及 380 V 和 220 V 的交流输出端口,用来为实训设备提供电源。当合上空开时,插座接通电源。当拉下空开时,工位上的电源断开,如图 1-4 所示。在使用过程中,必须注意以下几个方面的安全问题:

①每个工位上的电源在不使用的状态下,一定要将空开断开,保持断电状态。若在用电过程中遇到用电事故,立即将空开拉下,切断电源。在使用三相电时,若出现紧急事故,也可立即按下红色急停按钮,切断电源。

②电工电子实习工作台上的电源只允许连接与实习相关的工具、仪表、设备,不允许接入与实习操作无关的用电器件,如手机充电器等。

③使用过程中,如发现电源插座损坏或不能正常使用的,要立刻向实验指导教师报告,由指导教师处理解决。禁止任何人擅自拆解、修理电源插座!

1.2.2 电烙铁及常用工具的安全使用

电工电子实习离不开电烙铁及一些常用工具的使用。学会正确和安全地使用各项工具,才能确保实训的顺利进行。在使用各项工具的过程中,需要遵守以下基本原则:

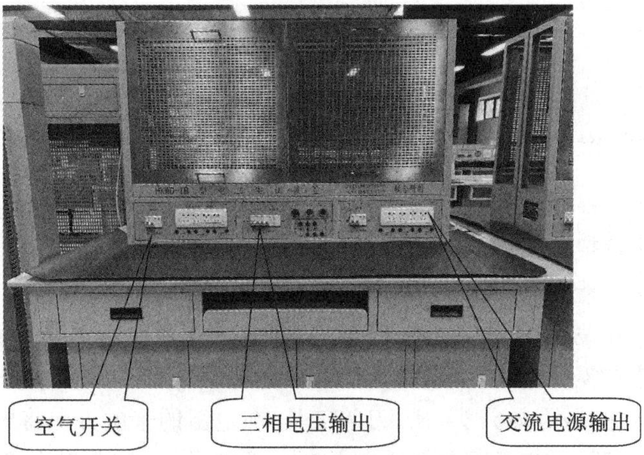

图 1-4 电工电子实习工作台

①严格按照要求使用电烙铁，暂时不使用电烙铁进行焊接操作时，电烙铁必须插入专用的烙铁架中。较长时间不使用电烙铁时，要及时关闭电源或拔下电烙铁插头，避免干烧过久损坏电烙铁。

②注意电烙铁的正确使用方式，养成良好的操作习惯。烙铁头有很高的温度，在操作电烙铁时不要打闹、推搡，避免烫伤自己或他人。

③在使用电烙铁的过程中不要用手触摸烙铁头。

④烙铁头上多余的锡不要乱甩，否则容易使锡飞溅，造成烫伤。

⑤拆焊有弹性的元器件时，不要离焊点太近，并尽可能使弹出焊锡的方向向外。

⑥插拔用电设备的电源插头时，不要抓拔电源线，不要用手触碰插头。

⑦使用工具时，先观察清楚再进行操作，避免盲目用力造成工具损坏或人身伤害。

⑧各种公用工具使用完毕后要归还原位，并保证各自工作区内设备摆放整齐有序，养成良好的行为习惯，以免发生事故。

1.2.3 电子仪器、设备的安全使用

(1)接通电源前

在初次使用设备时，不要贸然插电，要在接入电源前进行以下检查：

一查电源线有无破损；

二查插头有无外漏或内部松动；

三查电源插头两极有无短路，与外壳(设备是金属外壳时)有无通路；

四查设备所需工作电压是否与供电电压相匹配。

(2)检修、调试电气、电子设备

任何电气设备内部未经验明无电时，一律视为有电，不准用手触及。在检测维修及调试设备之前都需要提前了解检修对象的电气原理。工作临时中断或结束工作之前，都需要检查电源是否已断开，确保无电。每次检修、调试结束后，要清点所带的工具、零件等，以防遗漏在电气设备中造成事故。

1.3 安全急救常识

1.3.1 触电的现场抢救

触电救护是减少触电伤亡的有效措施，对于电气工作人员和用电人员来说，掌握触电救护的知识非常重要。当发现有人触电时，不可惊慌失措，首先应设法使触电者迅速而安全地脱离电源。根据触电现场的情况，通常采用以下几种急救方法：

①就近断开电源开关，拔出插销或保险丝，切断电源。要注意单极开关是否装在火线上，若是开关错误地安装在零线上，则不能认为已切断电源。

②用带有绝缘柄的利器，如斧头、锄、刀等工具，在电源的来电方向将电线砍断或撬断。

③当触电现场远离开关或者不具备立刻关断电源的条件时，若触电者穿着比较宽松的干燥衣服，救护者可以站在干燥的木板上面，用一只手抓住触电者的衣服将其拉离电源。也可以用干燥的木棒、竹竿等将电线从触电者身上挑开，如图 1-5 所示。

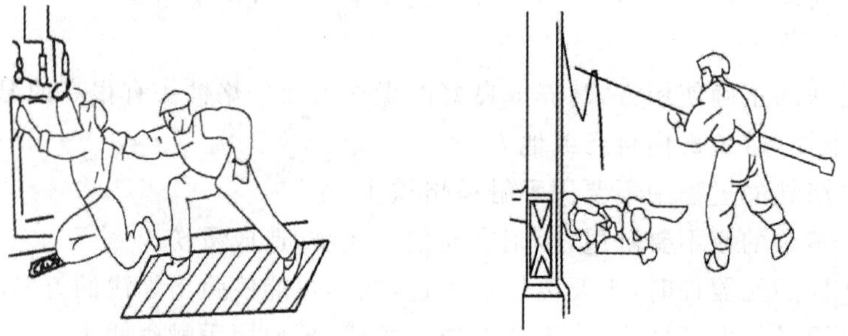

(a) (b)

图 1-5 触电救护的方法

(a)将触电者拉离电源；(b)将触电者身上的电线挑开

④如果触电发生在火线与大地之间，一时又无法把触电者拉离电源，可设法将触电者身体与地面隔离开，如用干燥的木板垫在触电者的身体下面，使其与地绝缘，再设法关断电源，使触电者脱离带电体。如遇到高压触电事故，还应该立即通知有关部门进行停电等处理。

当触电者脱离电源之后，应根据实际情况，采取不同的后续救护方法。若触电者神志仍然清醒，但有头晕、心悸、出冷汗、恶心、呕吐等症状时，应让其静卧休息，以减轻心脏负担。若触电者只是一时昏迷，可将其放在空气流通的地方安静地平卧，松开其身上的紧身衣服，摩擦全身使之发热，以利于血液循环。若触电者出现痉挛、呼吸衰弱或呼吸停止等症状时，应立即施行人工呼吸，并送医院救治。若触电者心跳停止，呼吸尚存，则应该采取胸外心脏按压法实施抢救。若触电者呼吸、心跳均已停止，则必须同时采用人工呼吸和胸外心脏按压法进行抢救。

在常温情况下，心跳停止 3 s 时会感到头晕；10～20 s 后即可发生昏厥或抽搐；60 s 后瞳孔散大，呼吸可同时停止，亦可在 30～60 s 后停止；4～6 min 后大脑细胞有可能发生不可逆损害。因此在触电者心跳停止后应立即进行有效的心肺复苏，复苏开始得越早，存活率越高。大量实践表明，4 min 内复苏者可能有一半人被救活；4～6 min 开始进行复苏者，10%可能救活；超过 6 min 开始复苏者存活率仅 4%；10 min 以上开始复苏者，存活的可能性更小。

1.3.2 口对口人工呼吸法

口对口人工呼吸是效果最好，也最容易掌握的人工呼吸急救法。在使触电者呼吸道畅通、确定不存在呼吸后，应立即口对口进行人工呼吸。具体方法如下：

①首先使触电者仰卧在平直的木板上，解开衣领，松开上身的紧身衣服，使胸部可以自由扩张。其次除去触电者口腔中的黏液、血液、食物、假牙等杂物。如果其舌根下陷应将其拉出，使呼吸道畅通，如图 1-6(a)所示。为了保证触电者的呼吸道通畅，可以一手置于触电者前额使其头部后仰，另一手抬起下颌。注意手指不要压迫触电者的颈部以及颌下软组织，以防压迫气管。不要使颈部过度伸展，如图 1-6(b)所示。

②救护人员位于触电者的一侧，一只手捏紧触电者鼻孔，另一只手掰开其口腔。救护人深吸气后，紧贴着触电者的嘴唇吹气，使其胸部膨胀。之后，放松触电者的嘴鼻，使其自动呼气。如此反复进行，吹气 2 s，放松 3 s，大约 5 s 一个循环，如图 1-6(c)、(d)所示。吹气时要捏紧鼻孔，紧贴嘴唇，不要漏气。一次吹气完毕后，应立即与触电者口部脱离，同时放松捏鼻的手，以使触电者从鼻孔呼气。

③注意每次吹气量不要过大，吹气量大于 1000 mL 可造成胃大量充气。对体弱者和儿童吹气时用力应稍轻，不可让其胸腹过度膨胀，以免肺泡破裂。当触电者开始自主呼吸时，人工呼吸应立即停止。

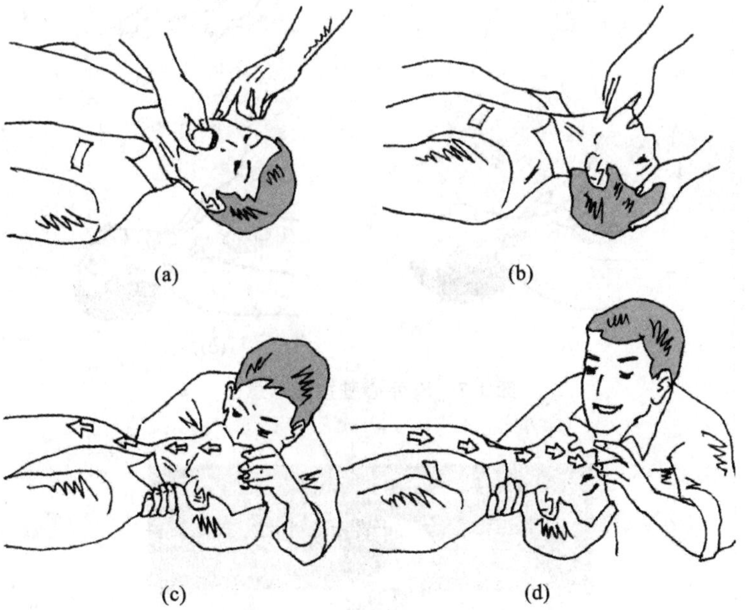

图 1-6 口对口人工呼吸

(a)清理口腔阻塞物；(b)鼻孔朝天、头后仰；(c)贴嘴吹至胸扩张；(d)放开嘴鼻好换气

1.3.3 胸外心脏按压法

胸外心脏按压法是帮助触电者恢复心跳的有效方法，可以建立人工循环，促使血液在血管内继续流动，将氧气供给全身主要脏器，维持脏器功能。当确认触电者心跳停止后，应立即进行胸外按压，具体方法如下：

①使触电者仰卧，姿势与进行人工呼吸时相同，但后背着地应结实。先找到正确的按压点，办法是救护者伸开手掌，中指尖抵住触电者颈部凹陷的下边缘，手掌的根部就是正确的按压点。或者寻找触电者胸骨正中间两乳头的连线处，该处为按压区域，如图 1-7(a)所示。

②救护人跪跨在触电者腰部两侧的地上，身体前倾，两臂伸直，两手交叠，以手掌根部着力放置在按压点进行按压。救护人需要利用上半身体重和肩、臂部肌肉力量，双臂绷直向下垂直按压，如图 1-7(b)、图 1-8 所示。

③按压用力应平稳、有规律，尽量减少按压之间的间断。按压应用力、快速，下压与向上放松的时间大致相等。按压后抬手要快，利用胸廓自身的弹性使胸腔复位。注意应使两次按压之间胸廓能完全弹回。胸部按压的压陷深度成人为 3～5 cm，对儿童用力要轻，太快太慢或用力过轻过重，都不能取得好的效果。

④注意胸外心脏按压急救非常消耗体力，为了保证急救效果，最好能有多个救护人员轮流进行按压。若触电者既没有呼吸，也没有心跳，则需要同时进行人工呼吸急救和胸外心脏按压急救。一般进行 30 次按压，2 次人工呼吸，按压频率为 100 次/min。

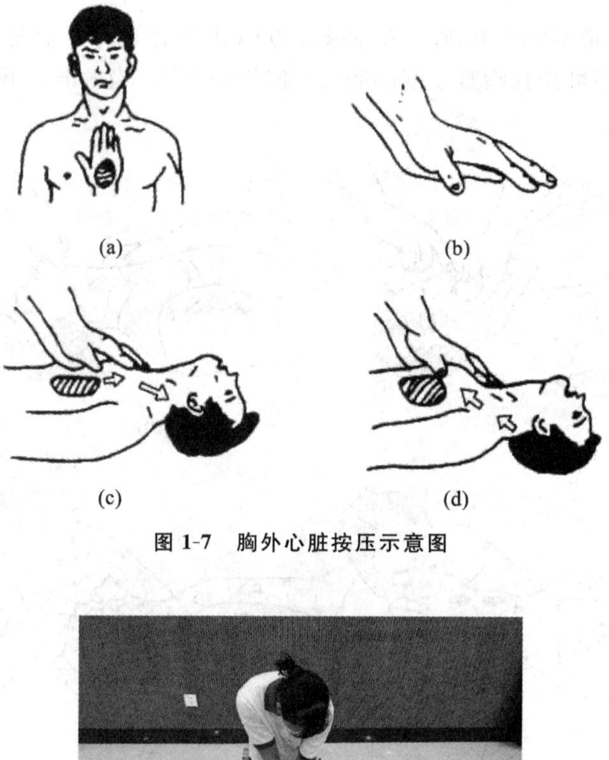

图 1-7 胸外心脏按压示意图

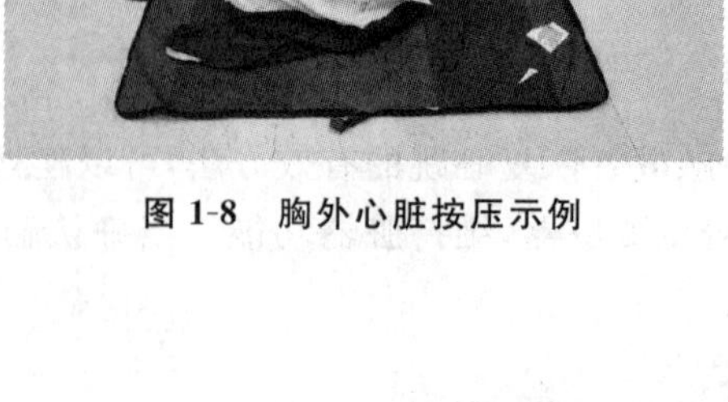

图 1-8 胸外心脏按压示例

1.4　实验室主要安全事故与处理办法

1.4.1　烫伤

在实习期间，使用电烙铁不当时，容易发生烫伤事故。常见的烫伤处理方法如下：

①对只有轻微红肿的轻度烫伤，先用冷水反复冲洗，再涂上烫伤药品即可；

②烫伤部位已经出现小水泡的，不要弄破它，可以在用冷水冲洗后，在水泡周围涂上烫伤药品，再用纱布包扎，注意松紧要适度；

③烫伤比较严重的，应及时就医诊治。

1.4.2　割伤

在实习期间，使用工具不当时，容易发生割伤事故。常见的割伤处理方法如下：

①伤口较小、出血不多、伤口附近皮肤比较干净、手指可以自由弯曲，此时不用太担心，可以用医用碘酒消毒，等伤口擦洗干净后，用创可贴覆盖、包扎伤口。伤口处忌碰水。若造成伤口的工具有铁锈，则需要及时去医院接种破伤风疫苗，对伤口进行专业处理。

②伤口较深，出血量大的时候，首先应用压迫法止血，然后立即就医。

强调：

- 实验室工作台插座禁止插接实验设备以外的电器，如手机充电器。
- 注意安全用电，严格遵守实验室安全用电要求和规范。
- 不用工作台供电时，不要打开实验台空开。
- 每次实验课程结束后，要注意关闭个人工作台上的所有设备电源和实验台空开。

本章测试

1. 当电流超过________时，会产生生命危险。
2. 常见的触电形式有________、________、________、________、________。
3. 简述电工电子实习工作台电源安全使用的要求。
4. 简述安全急救常用的方法与步骤。

2　实验室常用工具的使用

教学目标

1. 掌握实验室常用工具的使用方法；

2. 规范使用实验室工具，合理选用电工工具。

学习任务

1. 学习教材第 2.1 节内容。

要求：掌握剪刀、镊子、螺丝刀、美工刀以及钢尺的使用方法和注意事项。

2. 学习教材第 2.2 节内容。

要求：了解恒温电烙铁、简易电烙铁的使用方法与注意事项。

3. 学习教材第 2.3 节内容。

要求：掌握电工工具、切割工具、打磨工具以及热熔胶枪和老虎钳的使用方法。

4. 完成章节作业。

学习资源

1.《电工电子实习指导书 A》第 2 章；

2. 电工实验中心教学实训平台提供的各种工具；

3. 电工电子实习加工室；

4. 班级 QQ 群。

电工工具是电气安装与维修工作的“武器”,正确使用这些工具是提高工作效率、保证工作质量和工作安全的重要条件。因此,了解电工实习常见工具的结构及性能、掌握其使用方法是非常重要的。电工工具的种类很多,本章仅对实验室中常用的几种工具进行介绍。

2.1 实习工具包内工具的使用

2.1.1 剪刀

①使用方法:如图 2-1 所示,右手拇指放进剪刀一侧手柄,食指和中指同时放入另一侧手柄。使用时剪刀的刀尖朝前,由靠近身体一侧开始向外裁剪。注意不要横着或者向内裁剪,以防扎伤自己。在使用剪刀裁剪短小坚硬的物体时(如元器件的金属引脚),注意眼睛不要离得太近,同时尽量使剪切方向朝外,避免剪下来的物体飞溅伤人。裁剪下来的余料要清理干净,养成良好的习惯。

图 2-1 剪刀的使用方式

②传递剪刀时,注意刀尖要合拢,将剪刀手柄朝向他人递出。

③裁剪完毕后,将剪刀收好,放置在实验台的一侧或收入工具袋内,不要手持剪刀打闹推搡。

2.1.2 镊子

①使用方法:如图 2-2 所示,用大拇指和食指夹住镊子,使镊子后柄位于掌心或虎口处,视需要加上中指。注意不要太用力,以避免手发抖。镊子尖容易受损弯折变形,在使用时需要爱惜工具,不要盲目用力,以免损伤工具。

②传递镊子时,注意将尖头一侧朝内,镊子手柄朝向他人递出。

③使用完毕后,将镊子收好,放置在实验台的一侧或收入工具袋内,不要手持镊子打闹推搡。

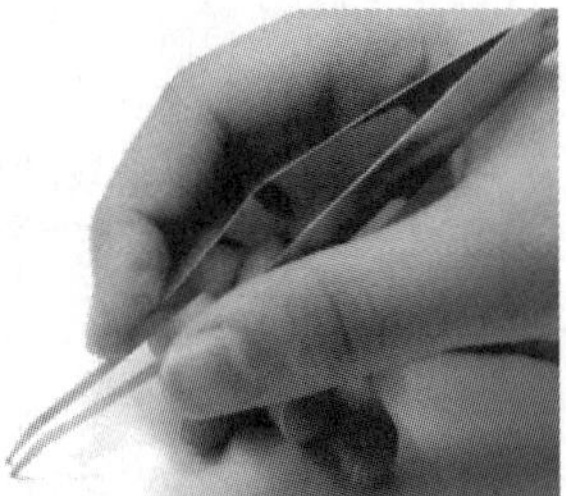

图 2-2 镊子的使用方式

2.1.3 螺丝刀

螺丝刀又称起子、螺钉旋具等,其头部有一字形和十字形两种,如图 2-3(a)所示。一字形螺丝刀用来紧固或拆卸带一字槽的螺钉;十字形螺丝刀专用于紧固或拆卸带十字槽的螺钉。

(1)使用方法

长螺丝刀一般用来紧固或旋松大的螺钉。使用时,用大拇指、食指和中指夹住握柄,手掌顶住握柄的末端,以适当力度旋紧或旋松螺钉,刀口要放入螺钉的头槽内,不能打滑。小螺丝刀一般用于紧固或拆卸电气装置接线桩上的小螺钉,使用时可用大拇指和中指夹住握柄,用食指顶住柄的末端捻旋,不能打滑,以免损伤螺钉头槽,如图 2-3(b)所示。

(2)注意事项

①不得使用金属杆直通柄端的螺丝刀进行电工操作,否则容易造成触电事故。

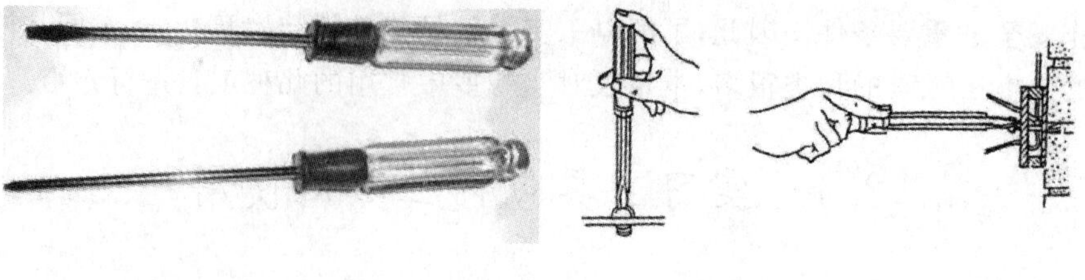

(a) (b)

图 2-3 螺丝刀的类型及握法

(a)一字形螺丝刀和十字形螺丝刀;(b)螺丝刀的握法

②为避免螺丝刀的金属杆触及皮肤或邻近带电体,应在金属杆上套绝缘管。

③螺丝刀头部厚度应与螺钉尾部槽形相配合,斜度不宜太大,使用时应将头部顶牢螺钉槽口,防止打滑损坏槽口。

④在木制品上使用螺丝刀固定元件时,应先在木料上扎眼,再用螺丝刀旋入螺钉。

2.1.4 美工刀

①使用方法:美工刀用于装配维修工作中的割削操作,使用美工刀时,将刀片伸出一小截,刀尖朝向纸面或切割物品,刀口垂直于切削物体,刀身大约为 30°夹角,如图 2-4 所示。用一只手握紧美工刀,另一只手固定住切削物体,顺着手臂收力的方向切割。

②注意使用时切勿用力过猛,身体和另一只手不要位于刀片前进的方向上,以防划伤。

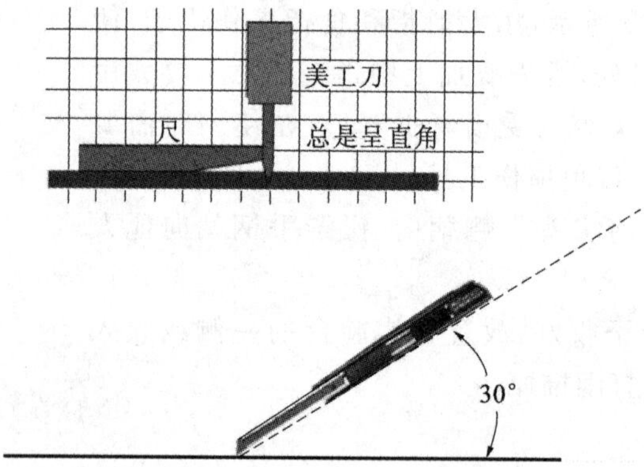

图 2-4 美工刀的使用方法

2.1.5 钢直尺

钢直尺是最简单的长度量具,它的长度有 150 mm、300 mm、500 mm 和 1000 mm 四种规格。图 2-5 是最常见的 150 mm 钢直尺。钢直尺用于测量零件的长度尺寸,但它的测量误差较大,这是由于钢直尺的刻线间距为 1 mm,而刻线本身的宽度就有 0.1～0.2 mm,所以测量时的读数误差比较大,只能读出毫米数。比 1 mm 小的数值,只能通过估读得到。如果用钢直尺直接测量零件的直径尺寸(轴径或孔径),则测量精度更差。所以,零件直径尺寸的测量还需要同其他测量工具配合进行。

图 2-5 150mm 钢直尺

2.2 焊接工具的使用

电烙铁是焊接的基本工具，它的作用是把电能转换成热能，用以加热工件，熔化焊锡，使焊锡与被焊金属形成合金，使元器件与导线牢固地连接到一起。电烙铁按照类型主要分为内热式电烙铁、外热式电烙铁和恒温电烙铁三种。

2.2.1 内热式电烙铁

内热式电烙铁由手柄、连接柱、弹簧夹、烙铁芯(发热件)、烙铁头组成，如图 2-6 所示。由于烙铁芯安装在烙铁头里面，故叫内热式电烙铁。它有体积小、重量轻、升温快、耗电少、热效率高等优点，因此实际应用最多。内热式电烙铁的热效率高，20 W 内热式电烙铁就相当于 40 W 左右的外热式电烙铁。

一般 20 W 电烙铁的电阻为 2.4 kΩ 左右，可以用万用表测量其内阻，检查其能否正常工作。如果测量的电阻为无穷大，则表明电烙铁已断路，须更换烙铁芯。

表 2-1 列出了常用内热式电烙铁烙铁头的工作温度，电烙铁功率越大，热量越大，烙铁头的温度越高。如果选用功率过大的电烙铁，容易烫坏元器件和使印制板导线脱落；如果使用功率过小的电烙铁，焊锡不能充分熔化，焊剂不能挥发出来，焊点不光滑牢靠，易造成虚焊。焊接时间过长，也会烫坏器件，一般要求每个焊点焊接时间在 1.5～4 s 之间。

表 2-1 常用内热式电烙铁烙铁头温度表

烙铁功率/W	20	25	45	75	100
烙铁头温度/℃	350	400	420	440	455

2.2.2 外热式电烙铁

外热式电烙铁由烙铁头、烙铁芯、外壳、手柄、电源线等部分组成。烙铁芯由电阻丝绕在薄云母片绝缘的筒子上，由于烙铁头安装在烙铁芯里面，故称为外热式电烙铁。外热式电烙铁的规格很多，常用的有 25 W、45 W、75 W、100 W 等，功率越大烙铁头的温度也就越高，其结构如图 2-6 所示。

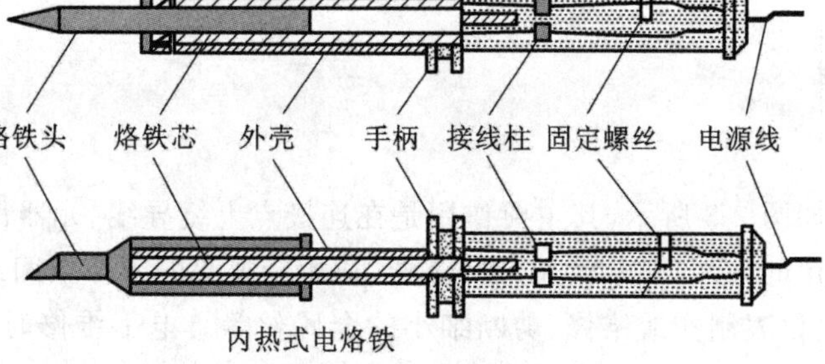

图 2-6 内热式/外热式电烙铁结构

2.2.3 恒温电烙铁

目前使用的外热式和内热式电烙铁的烙铁头温度都超过 300 ℃，这样的高温对焊接晶体器件不利：一是焊锡容易氧化造成虚焊，二是容易损坏元器件。如果采用恒温电烙铁就能使焊接质量有很大改进。恒温电烙铁的工作原理如下：

用热电偶检测烙铁头的温度，当低于规定值时，温控装置的电子电路控制半导体开关元件或继电器开关接通，给电烙铁供电，使温度上升；一旦烙铁头达到预定温度，控制电路就会断开开关，停止向电烙铁供电。按照上述原理重复动作，以此来控制所需温度，烙铁头的工作温度可在一定范围内任意选择。实验室选用的恒温电烙铁如图 2-7 所示。

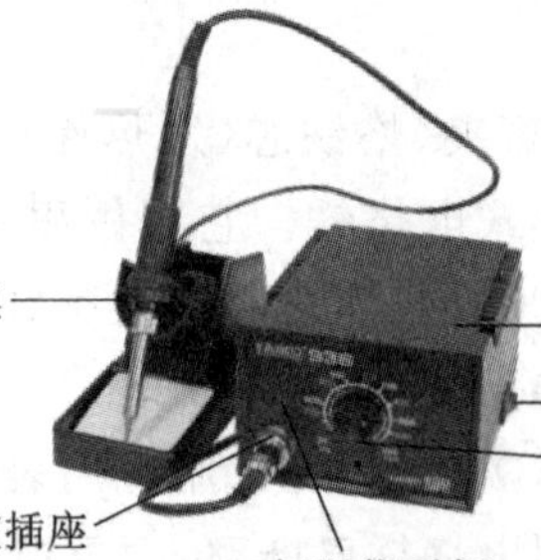

图 2-7 恒温电烙铁

焊接的具体操作方法在此章不做具体介绍，焊接要求和操作参见本书第 5 章元器件焊接有关的内容。

电烙铁在使用过程中需要注意以下方面，防止造成事故：

①使用前应检查使用电压是否与电烙铁标称电压相符。

②电烙铁通电以后不能任意敲击、拆卸和安装电热零件。

③电烙铁应保持干燥，不宜在过于潮湿或淋雨环境中使用。

④暂时不使用电烙铁又不断电时，最好在烙铁头上涂一层锡，以保护烙铁头。

⑤使用电烙铁时，注意烙铁的电线应位于手的外侧，防止烙铁头烫破电线造成用电安全事故。电烙铁应放置于专用散热架上，不要随意放置。长时间不使用电烙铁时应断电。

⑥焊接过程中要遵守实验室操作安全守则，规范操作，不打闹推搡，防止烫伤。

2.3 其他工具的使用

2.3.1 电工工具

(1)尖嘴钳

尖嘴钳的外形如图 2-8 所示，其主要作用是在连接点上绕导线、元器件引线及对元器件引脚进行成型。尖嘴钳的头部尖细，使用灵活方便，适用于狭小的工作空间或带电操作低压电气设备，也可用于电气仪表制作或维修、剪断细小的金属丝等。电工维修时，应选用带有耐酸塑料套管绝缘手柄、耐压在 500 V 以上的尖嘴钳。

(2)斜口钳

斜口钳的外形如图 2-9 所示，其主要用于剪切导线、元器件多余的引线，还常用来代替一般剪刀剪切绝缘套管、尼龙扎线卡等。电工斜口钳采用绝缘柄，耐压等级为 1000 V，但要注意不要用斜口钳剪过于粗的钢丝，防止损坏钳口。

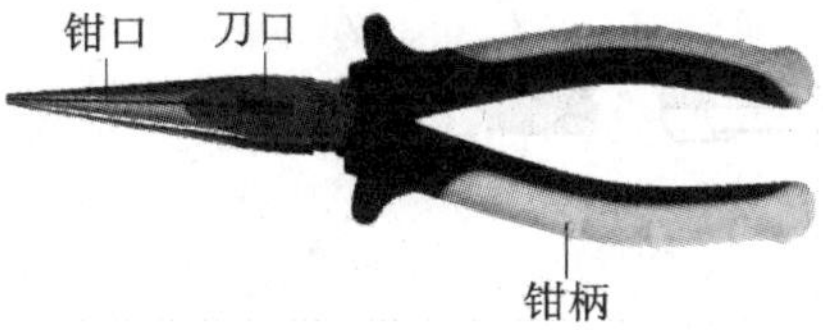

图 2-8 尖嘴钳

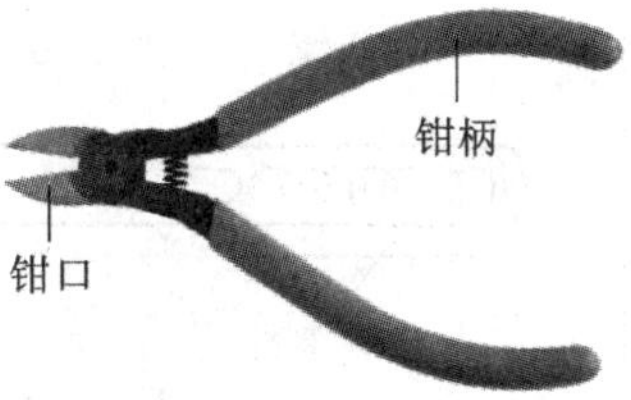

图 2-9 斜口钳

(3)钢丝钳

钢丝钳又称老虎钳、平口钳、综合钳，它可以把坚硬的细钢丝夹断。钢丝钳有不同的种类，在工艺、工业、生活中常用到。钢丝钳由钳头和钳柄组成，钳头包括钳口、齿口、刀口和铡口。钳口可用来夹持物件；齿口可用来紧固或拧松螺母；刀口可用来剪切电线、铁丝，也可用来剖切软电线的橡皮或塑料绝缘层，如图 2-10 所示。

(4)剥线钳

剥线钳是内线电工、电动机修理工、仪器仪表电工常用的工具之一，用来供电工剥除电线头部的表面绝缘层。剥线钳可以使得电线被切断的绝缘皮与电线分开，还可以防止触电。剥线钳适用于剥除截面积 6 mm^2 以下塑料或橡胶绝缘导线的绝缘层。剥线钳由钳口和手柄两部分组成，其外形如图 2-11 所示。上面有松紧调节旋钮，用于调节刀口的松紧，使得剥线钳可以剥削不同直径范围的线材。剥线时，将导线如图 2-11 所示放入相应刀口中，右手快速握压然后松开钳柄，导线的绝缘层即自动剥除并弹出。

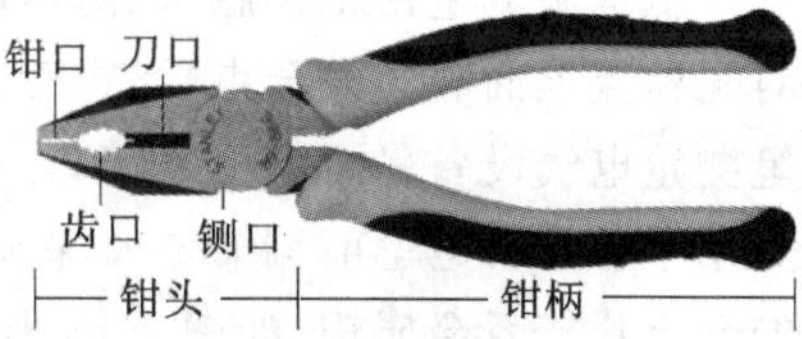

图 2-10 钢丝钳

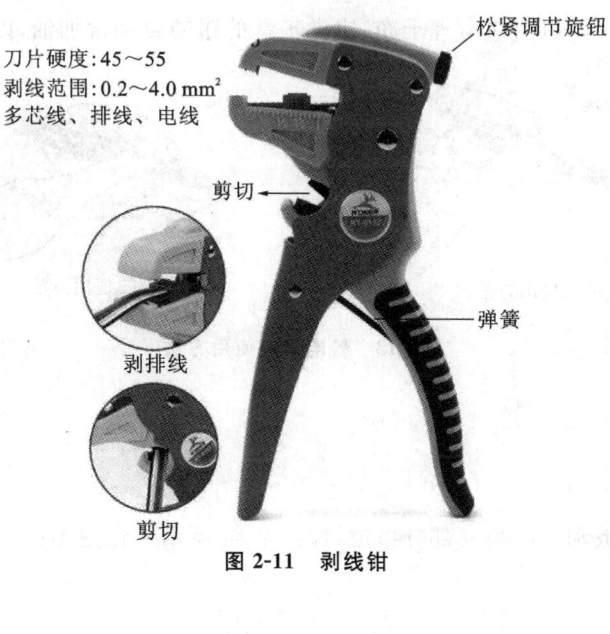

图 2-11 剥线钳

(5)验电笔

验电笔又称试电笔,有低压和高压之分。常用的低压验电笔是检验导线、电器和电气设备是否带电的常用工具,检测范围为 60～500 V,有钢笔式验电笔、螺丝刀式验电笔和组合式验电笔等多种,如图 2-12 所示。

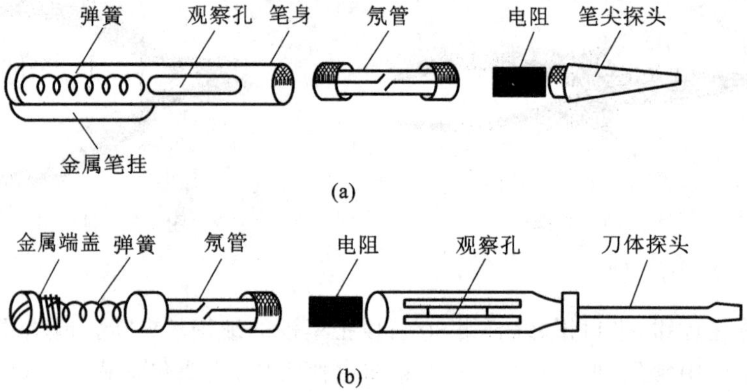

图 2-12 验电笔

(a)钢笔式验电笔;(b)螺丝刀式验电笔

低压验电笔由工作触头、降压电阻、氖泡、弹簧等部件组成。使用低压验电笔应注意:使用时先检查里面有无安全电阻,再直观检查验电笔是否有破损,检查合格后才能使用。使用验电笔测量电气设备是否带电之前,先在电源部位检查一下氖管能否正常发光。使用验电笔时,切勿用手触及验电笔前端的金属探头,以免发生事故。使用验电笔一定要用手触及验电笔尾端的金属片或者金属钩,如图 2-13 所示。多数验电笔前端的金属探头为小螺丝刀形状,可当成螺丝刀使用,但用力要轻,以防损坏。使用完毕以后,要保持验电笔清洁,放置在干燥、防潮、防摔碰的地方。

使用电工工具进行电气操作时,应注意:不可使用绝缘手柄已损坏的工具进行带电操作;操作时,手离金属部分的距离应不小于 2 cm,以保证人身安全;在使用工具时,不可用力过猛,以免损坏工具;工具使用以后应清理干净,钳类工具的钳轴要经常加油,以防生锈。

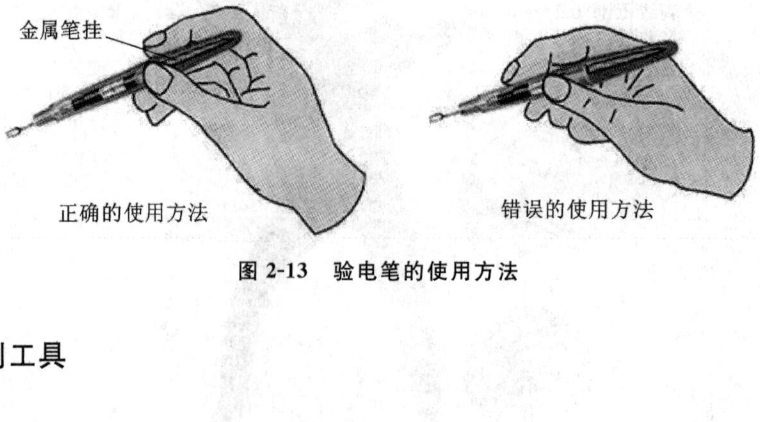

图 2-13 验电笔的使用方法

2.3.2 切割工具

(1)裁刀

裁刀由刀片、压板和刻度板三部分组成,如图 2-14 所示。在使用裁刀的时候,首先要将物料平放在刻度板上，以刻度作为参考，将需要裁掉的部分伸出刻度板的右侧。然后慢慢将刀片下压，此时压板也会随着下压，直到压住物料进行固定。固定好物料并确认裁切部位以后，继续匀速下压刀片的手柄，就能将多余的物料裁切掉。裁刀一般用来裁切纸张、照片等轻薄的物料。要注意，裁刀的刀片看似很钝，其实非常锋利，使用时不要把手放在刀片下方。另外，不要用裁刀切割太厚太硬的物料，防止刀片变形。

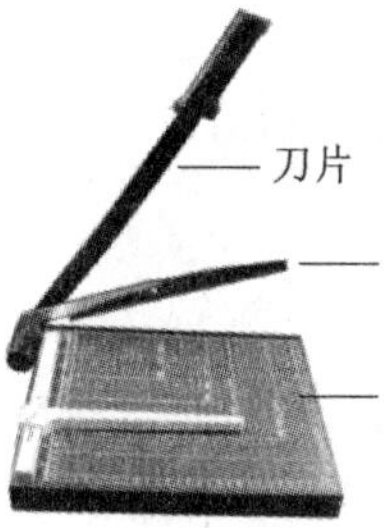

图 2-14 裁刀

(2)手电钻

手电钻是一种携带方便的小型钻孔用工具，由小电动机、控制开关、钻夹头和钻头几部分组成。手电钻的钻头有多种型号，可以根据钻孔的大小、板材材质等进行适当选取更换，如图 2-15 所示。

使用手电钻前，通过旋转夹头外侧调节夹头松紧，对钻头进行更换。根据钻孔的螺纹方向调节好正反转开关。准备工作完成以后可以通过按压变速开关来控制钻头的旋转速度，先空转 0.5～1 min，检查传动部分是否灵活，有无异常杂音，螺钉等有无松动。开始钻孔时应保持钻头垂直于被钻的板材，且向下压的力度不要太大，防止钻头折断。

(3)钻床

钻床是指主要用钻头在工件上加工孔的机床。加工过程中工件不动，让刀具移动，将刀具中心对正孔中心，并使刀具转动。加工室中的钻床如图 2-16 所示。

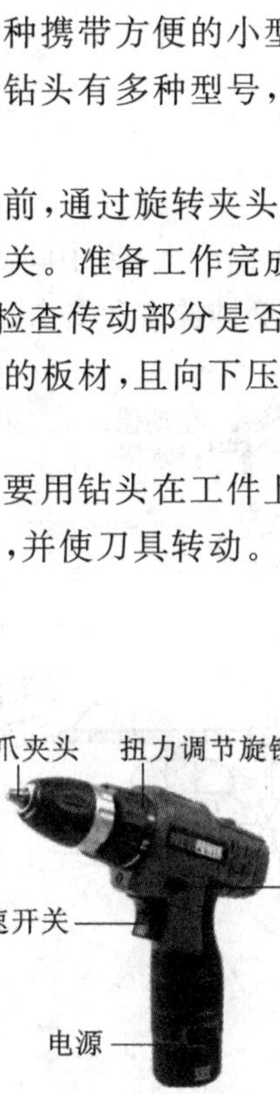

图 2-15 手电钻

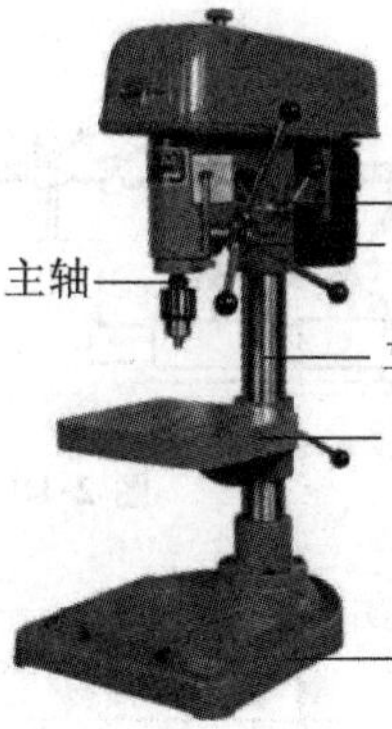

图 2-16 台式钻床

2.3.3 打磨工具

锉刀是锉光工件的手工工具，表面有许多细密刀齿，呈条形，常用于对金属、木料、皮革等表层做微量加工。根据不同的加工需求，锉刀分为多种规格。锉削内圆弧面时，要选择半圆锉或圆锉(小直径的工件)；锉削内角表面时，要选择三角锉；锉削内直角表面时，可以选用扁锉或方锉等。选用扁锉锉削内直角表面时，要注意使锉刀没有齿的窄面(光边)靠近内直角的一个面，以免碰伤该直角表面，实验室常用锉的种类如图 2-17 所示。

锉削力的正确运用，是锉削的关键。锉削的力量有水平推力和垂直压力两种。推力主要由右手控制，其大小必须大于切削阻力才能锉去切屑。压力是由两手控制的，其作用是使锉齿深入金属表面。两手的压力大小也必须随着锉刀的移动进行变化。具体方法：随着锉刀推进，

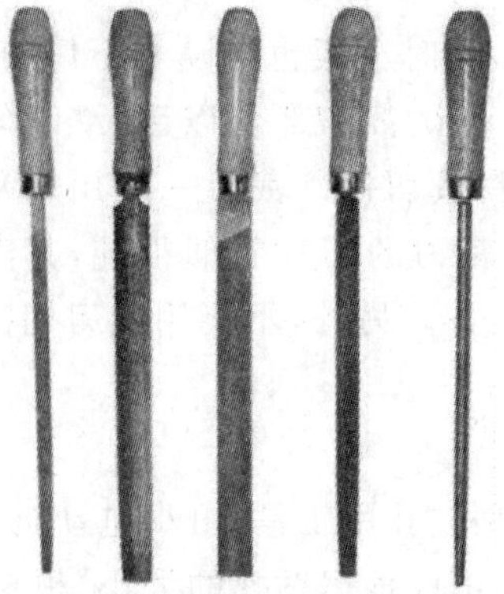

图 2-17 锉刀形状种类

一只手的压力应由大而逐渐减小，另一只手的压力则由小而逐渐增大，到中间时两手压力相等，如图 2-18 所示。锉刀推进时施加压力，返回时不加压力，以免磨钝锉齿和损伤已加工表面。

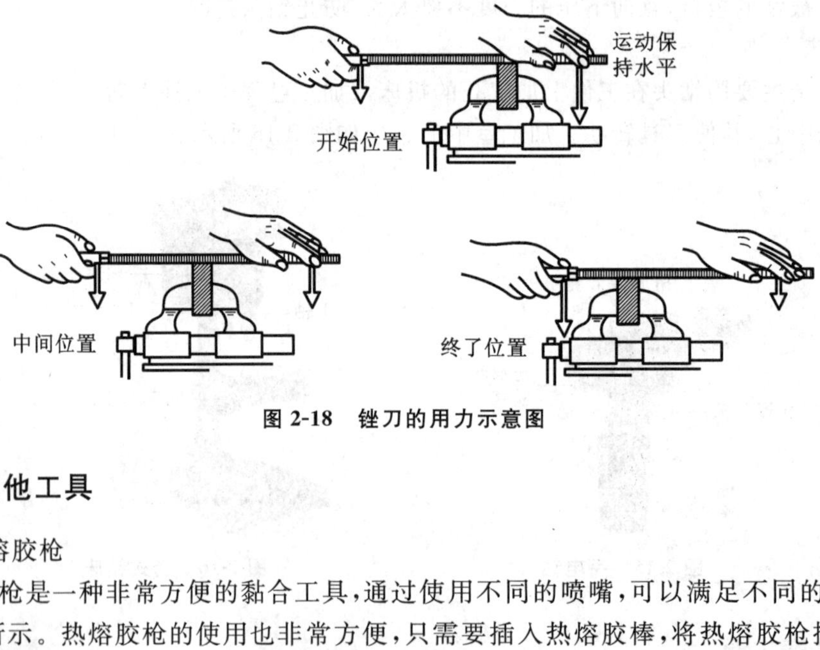

图 2-18 锉刀的用力示意图

2.3.4 其他工具

(1)热熔胶枪

热熔胶枪是一种非常方便的黏合工具，通过使用不同的喷嘴，可以满足不同的黏结需求，如图 2-19 所示。热熔胶枪的使用也非常方便，只需要插入热熔胶棒，将热熔胶枪插上电并等待几分钟预热，就可以通过按压手柄处的按钮将胶水挤压出来进行黏合。热熔胶棒受热会熔化，便于从喷嘴挤压出来，而冷却以后就能凝固，将物料牢固地粘在一起。

在使用热熔胶枪时，由于枪头处于高温状态，因此不要用手接触喷嘴部位，防止烫伤；切勿从进胶口拉出胶条，加热过后的热熔胶会造成烫伤事故或损坏胶枪。若胶枪连续加热超过 15 min 不用，请切断电源。

(2)吸焊器

吸焊器是拆除电子元件时，用来吸收引脚焊锡的一种工具。使用方法：把顶端的钮按下去，使用时，先熔化焊锡，然后把吸焊器吸头靠近熔化的焊锡，再按吸焊器上的抽锡按钮，利用真空原理将液态的焊锡吸走，如图 2-20 所示。

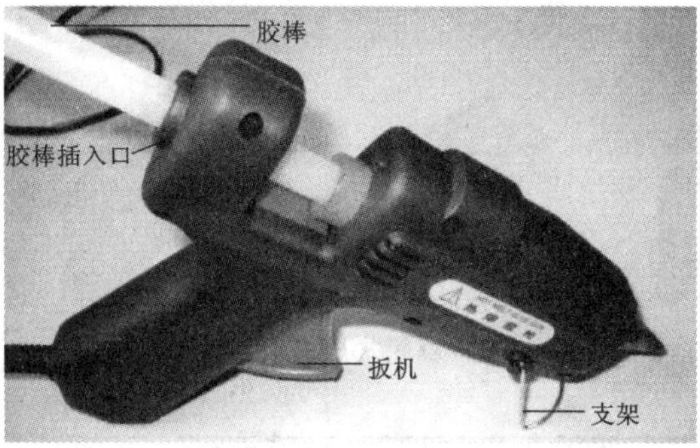

图 2-19　热熔胶枪

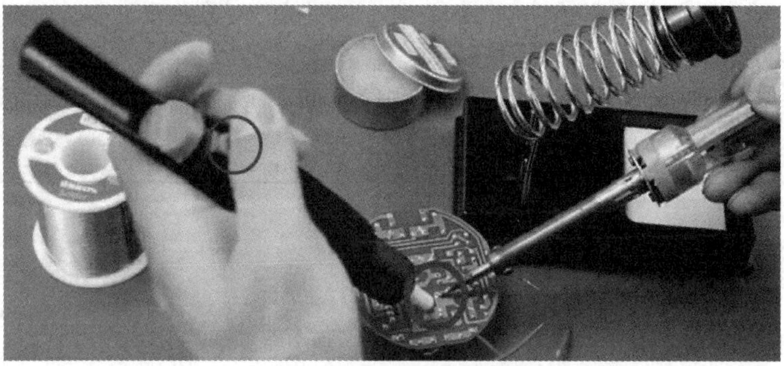

图 2-20　吸焊器的使用方法

(3)棘轮式压线钳

压线钳也被称为“压接钳”,用来压制接线端子,实现导线与导线、导线线头与接线端子之间可靠的低电阻接合。由于接线端子的规格种类较多,外形差异也比较大,往往需要配套使用不同的压线钳型号及规格。棘轮式压线钳如图 2-21 所示。常用的压线钳,钳头包含多个尺寸的压卡槽,以适应不同的导线线径及接线耳规格。利用压线钳压接单芯接线端子的操作步骤如图 2-22 所示,具体的操作流程如下：

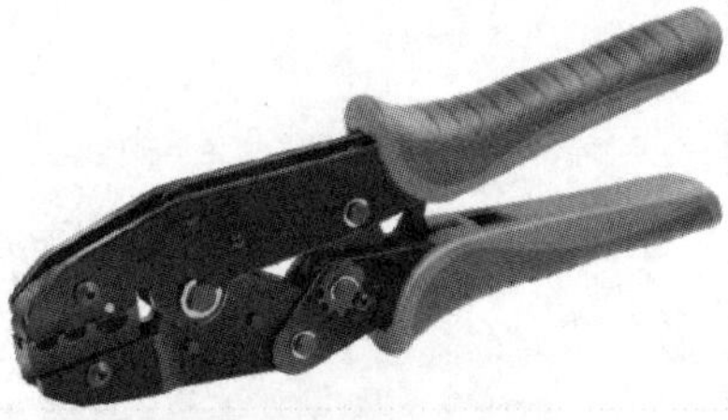

图 2-21　棘轮式压线钳

①将待压接导线的绝缘皮按照接线端子长度剥去一段。

②将露出的芯线放入接线耳的卡槽内,置入压接钳的钳头。

③用力紧握压线钳的钳柄,使钳头闭紧并使接线耳的金属卡槽变形,完成压接。

与尖嘴钳和钢丝钳相比,压线钳压出的接头成型效果更好、接触电阻更小。

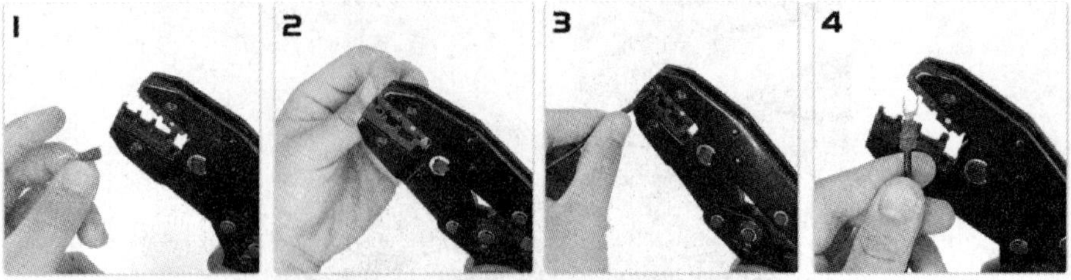

图 2-22 棘轮式压线钳操作步骤

强调：

- 实验室的公用工具只能在公用工具台上使用，用完后放回原处，不要拿到自己座位上。
- 工具包内的工具在使用时不要乱扔乱放，保持工作台台面的整齐有序。
- 带电工具在使用结束后注意关闭电源和空开。
- 使用手电钻、手锯等工具时不要用力过猛，否则容易损坏工具，甚至发生人身危险。
- 使用加工室的大中型加工设备时要特别注意操作安全，手不要离加工齿轮、刀口过近。

本章测试

1. 美工刀用于割削操作时，刀尖朝向__________或__________，刀口__________于切削物体，刀身大约为__________夹角。

2. 低压验电笔由__________、__________、__________、__________等部件组成。

3. 手电钻是一种携带方便的小型钻孔用工具，由__________、__________、__________和__________几部分组成。

4. 简述剥线钳的作用。

5. 什么是内热式电烙铁？什么是外热式电烙铁？

6. 简述使用热熔胶枪的注意事项。

3 常用仪表使用

教学目标

1. 掌握万用表的功能特点与使用方法；
2. 掌握示波器的功能特点与使用方法。

学习任务

1. 学习教材第 3.1 节内容。
要求：能够正确使用 MF-47 型指针式万用表和 CA5217 型数字式万用表。
2. 学习教材第 3.2 节内容。
要求：了解 OWON SDS5032E 示波器的功能与使用方法。
3. 完成章节作业。

学习资源

1.《电工电子实习指导书 A》第 3 章；
2. 电工实验中心教学实训平台；
3. 超星平台"电工电子实习 A"第 1.3 节视频、PPT；
4. 万用表使用拓展视频：https://haokan.baidu.com/v? vid=15101548840733081361&pd=bjh&fr=bjhauthor&type=video；
5. 班级 QQ 群。

在电工电子实验过程中，常常需要使用各种仪器仪表来对电压、电流等进行观测。而最常用的仪器仪表就是万用表和示波器。万用表是万用电表的习惯简称，是一种最常用、最普及、具有多种测量用途的电子测量仪表。无论是电器测量与检测元器件，还是电子制作与调试电路，万用表都是我们必不可少的基本工具。而示波器同样是一种用途十分广泛的电子测量仪器，它比万用表更加复杂，却更加直观。它能把肉眼看不见的电信号转换成看得见的图像，便于人们研究各种电现象的变化过程。学会使用万用表和示波器等常用仪器仪表，能帮助实验者更好地研究分析实验现象或者进行设备的维修调试。

3.1 万用表的功能特点与使用方法

形象地说，万用表就好比瑞士军刀，是一种多功能组合型工具。万用表既是电压表，又是电流表，也是欧姆表，它还可以测量电容、电感等。万用表具有很多种类，性能指标各有差异，总体上分为数字式万用表和指针式万用表两大类。

3.1.1 数字式万用表

数字式万用表，就是采用数字显示屏显示测量值的万用表，外形如图 3-1 所示。数字式万用表最明显的特征是其表面上有一个液晶显示屏，由显示屏上的字符显示测量结果。

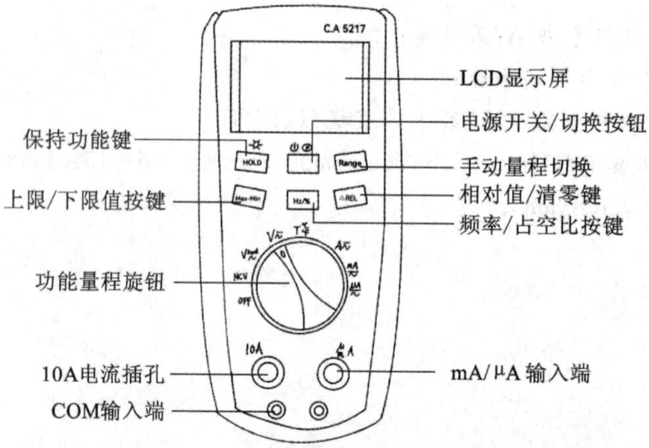

图 3-1 CA5217 **型数字式万用表面板**

数字式万用表是一种数字化的新型万用表，以专用集成电路为核心构成内部电路。数字式万用表的显著特点是测量精度高，读数显示准确、直观。

数字式万用表可以用来测量直流电压、交流电压、直流电流、电阻等，有的还具有测量电容、电感、频率及检测晶体管等功能。与指针式万用表不同的是，数字式万用表的所有测量功能都必须安装电池后才能工作。

1）数字式万用表的结构

数字式万用表与传统的指针式万用表最大的不同，就是没有微安表头，而是采用数字显示屏显示测量结果，其余部分类似。

本节以 CA5217 型数字式万用表为例进行介绍。数字式万用表由显示屏、功能按钮区域、功能选择旋钮以及表笔插孔组成。最上部为显示屏,用于显示各种测量数据。显示屏下方是功能按钮区域,常用的是中间黄色的“电源开关/切换按钮”,用于打开万用表,或者切换功能。表面中间的功能旋钮用于选择不同的测量功能,由于数字式万用表相对于指针式万用表更智能化,所以基本不需要人工调整测量量程,因此功能旋钮更加直观简洁。表面最下方有几个不同的输入插孔,常用的是“com”(也叫公共端)插孔和“+”插孔,通常将红表笔插入“+”插孔、黑表笔插入“com”插孔进行测量。在少数情况下测量时,需要更换表笔的插孔。

数字式万用表采用数字电压表作为基本测量显示部件,属于电压型测量。而传统的指针式万用表采用微安表作为基本测量显示部件,属于电流型测量。

2)数字式万用表的功能

CA5217 型万用表量程齐全,具有多种测量功能,包括测量交直流电流、交直流电压、电阻、电容、频率、最大最小值。数字式万用表的具体测量功能只需要参照功能旋钮上标注的功能进行选取即可。各功能按钮/旋钮作用如表 3-1 所示。

表 3-1 CA5217 数字万用表功能按钮/旋钮作用

按钮	功　能
蓝色“HOLD”按钮	1)按此功能按钮,仪表当前所测数值保持在液晶显示器上,显示器出现“hold”符号。再按一次,退出保持状态。 2)长按打开显示屏背景灯。再次长按关闭背景灯
黄色按钮	1)关机状态按此按钮开机; 2)开机状态按此按钮可在某多功能挡位内进行功能切换
“Range”按钮	选择自动量程或手动量程工作方式: 1)仪表起始为自动量程状态,显示“auto”符号。按此功能按钮转为手动设置量程,按一次增加一挡,由低到高依次循环。 2)长按回到自动量程状态
“Max-Min”按钮	1)按此功能按钮进入 Max 模式,仪表将保持当前最大测量值;再按一下此键则进入 Min 模式,仪表将保持当前最小测量值。再按该键又重复以上循环。 2)长按退出 Max/Min 模式
“Hz/%”按钮	测量频率和占空比
“ΔREL”按钮	按下此功能按钮,读数清零,进入相对值测量,显示器出现“Δrel”符号;再按一次,退出相对值测量
旋钮	**功　能**
“OFF”旋钮	旋转至此挡位关机
“NCV”旋钮	感应测电笔功能,旋转至此挡位可以用来检测感应交流电强弱,通常用于检查线路断点。 使用此挡位时,不用红黑表笔。将万用表的 NCV 感应口对准测量点位即可。感应到交流电时,万用表发出鸣叫、红灯闪烁。未感应到交流电时,万用表显示“EF”符号

续表 3-1

旋钮	功　能
V$^{LowZ}_{\eqsim}$旋钮	低阻抗交流电压测量： 大型容性用电设备断电后会存在残余电压，一般万用表因输入阻抗太高无法识别残余电压而产生误判或导致安全隐患。使用带有低阻抗输入的万用表可以有效对残余电压进行放电，并准确判断是否有残余电压存在
V≂旋钮	交流/直流电压测量挡位： 默认初始为测量“AC”交流电压功能。使用黄色按钮可切换至测量“DC”直流电压功能
T℃℉旋钮	温度测量挡位： 默认初始为测量摄氏度(℃)功能。使用黄色按钮可切换至测量华氏温度(℉)功能
Ω →| •))) ⊣⊢ 旋钮	多功能挡位：电阻/蜂鸣/二极管/电容挡。 1)默认初始为蜂鸣挡 •)))； 2)使用黄色按钮可切换至电阻挡； 3)使用黄色按钮可再切换至二极管挡→|
A≂旋钮	交流/直流电流测量挡位： 默认初始为“DC”直流电流功能。使用黄色按钮可切换至测量“AC”交流电流功能
mA≂旋钮	mA 级交流/直流电流测量挡位： 默认初始为“DC”直流电流功能。使用黄色按钮可切换至测量“AC”交流电流功能
μA≂旋钮	μA 级交流/直流电流测量挡位： 默认初始为“DC”直流电流功能。使用黄色按钮可切换至测量“AC”交流电流功能

3)数字式万用表的使用

(1)准备工作

①由于数字式万用表必须有电池才能工作，因此，使用前应给万用表装上电池。

②接下来将表笔插入万用表插孔中，一般将红笔插入“+”插孔，黑笔插入“-”或者“com”插孔。测量时同指针式万用表测量要求一致，用单手测量。

③旋转功能旋钮或按压黄色的电源按钮，启动数字式万用表。

④将功能旋钮旋转至所需的功能挡位进行测量。若要测量交、直流电流，则应将红表笔改插入 mA 或 10 A 端口。若万用表没有保险丝保护，则使用 10 A 量程时，测量时间不能超过 15 s。

(2)测量

①交/直流电压的测量：将万用表的红表笔插入“+”端，黑表笔插入“com”端，根据需要测量的项目类型选择好 DC 或 AC 功能，并联负载，读出表上的数据。

测量直流电压时，红表笔应接在电路“＋”极，黑表笔应接在电路“－”极。若表笔接反，显示屏会显示负的测量数据，而不会立即损坏电表。这是指针式万用表无法比拟的一个优点，特别是在被测电压、电流极性不清楚的情况下，给测量工作提供了很大方便。测量交流电压时，表笔不分正负。

②交/直流电流的测量：将万用表的红表笔插入“10A”或“mA”的端口，黑表笔插入“com”端，根据需要测量的项目类型选择好 DC 或 AC 功能，断开被测线路，将数字式万用表串联至被测线路中，读出表上的数据。若万用表没有保险丝的保护，在使用“10A”量程时，测量时间不能超过 15 s。

③电阻的测量：将万用表的红表笔插入“＋”端，黑表笔插入“com”端，旋转功能旋钮至电阻挡位，红表笔测量元件正极，黑表笔测量元件负极，读出表上的数据。

注意在测量电阻时，当功能旋钮旋转至欧姆挡后，数字万用表默认先处于蜂鸣挡功能，显示屏上有蜂鸣图标。可以通过按压黄色功能切换按钮，手动切换至电阻测量功能量程。

测量独立的元器件时，可以将万用表的两表笔分别接在被测元器件的两端。测量在电路中的元器件时，需要将电路断电测量，必要的时候，被测器件需要从电路板上焊开，然后再进行测量。否则，由于电路和其他元件的影响，测得的电阻值误差将很大。

④蜂鸣挡的使用：将万用表的红表笔插入“＋”端，黑表笔插入“com”端，旋转功能旋钮至蜂鸣挡位，若红黑表笔之间电阻很小，蜂鸣器鸣叫，显示屏上会显示表笔之间的电阻值。若红黑表笔之间电阻较大，则蜂鸣器不鸣叫。通常使用蜂鸣挡对电路的通断特性进行测量。

⑤二极管的测量：将万用表的红表笔插入“＋”端，黑表笔插入“com”端，旋转功能旋钮至二极管挡位，红表笔测量元件正极，黑表笔测量元件负极，读出表上的数据。这里正向测试二极管显示的是二极管的正向压降，反向则显示“OL”。

⑥三极管的测量：CA5217 型数字式万用表没有三极管专用挡位，可用二极管挡位依次测量三极管“eb”“bc”的正向压降。

⑦电容的测量：将万用表的红表笔插入“＋”端，黑表笔插入“com”端，旋转功能旋钮至电容挡位。测量之前先将电容短接放电，以确保万用表的使用安全。红表笔测量元件正极，黑表笔测量元件负极，读出表上的数据。

⑧温度的测量：不需要使用表笔。旋转功能旋钮至温度挡位，读出表上的数据。

⑨感应电压的检测：不需要使用表笔。旋转功能旋钮至“NCV”挡位。将 NCV 探头端移动至检测点位，观察电表的显示状态。若感应到交流电时，万用表发出鸣叫、显示屏上显示信号强度、红灯闪烁；未感应到交流电时，万用表显示“EF”符号。

(3)正确读数

数字式万用表的读数会直接显示在显示屏上，注意记录单位。在读取数字式万用表数据时，由于万用表的计算有一定延迟，需要等待数字稳定后再行读数。

(4)注意事项

①禁止带电更换量程，以防产生电弧，损坏电表。

②当万用表电池电量不足时，显示屏上会有低电量提示。应及时更换电池，以防测量数据不准。

③当测量完成，短时间不使用万用表时，应将功能旋钮旋转至“OFF”挡，手动关闭电源。

3.1.2 指针式万用表

指针式万用表，就是采用指针作为测量指示的万用表，由表头指针的偏转指示测量结果，如图 3-2 所示。指针式万用表的电路主要由电阻组成的分压器、分流器等，通过波段开关转换测量功能。指针式万用表可以测量直流电压、交流电压、直流电流、电阻、电感、晶体管等。指针式万用表的最大好处是能够直观地看到被测量的变化过程和状况，而且功能可靠。

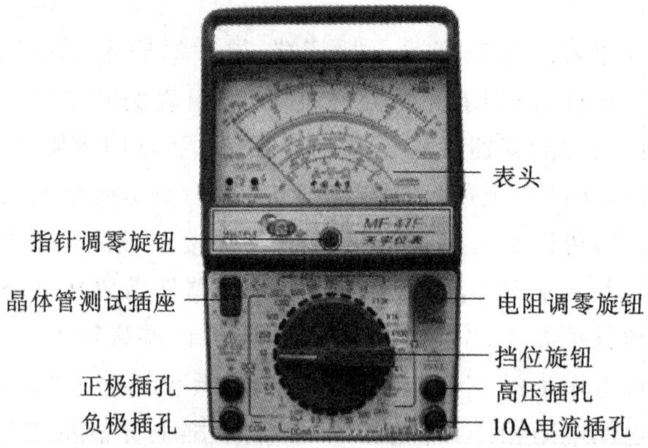

图 3-2 指针式万用表

1）指针式万用表的结构

万用表的型号很多，下面以常用的 MF47 型万用表为例进行介绍。MF47 型万用表是多量程、多功能的万用电表，外形如图 3-2 所示，由表头、挡位旋钮、调零旋钮、表笔插孔、晶体管插孔等部分组成。

万用表面板上部为表头，表头的下面中间有一个机械调零旋钮，用以校准表针的机械零位。表针下面的标度盘上有多条刻度线，分别是不同功能挡位所对应的读数刻度。刻度线按照交流红色、晶体管绿色、其余黑色的规律印制，使用时不容易看错。

万用表面板中间是挡位旋钮，只须进行转动即可选择各测量功能和量程挡位，使用方便。

MF47 万用表共有 4 个表笔插孔。面板的左下角有正、负表笔插孔，一般习惯上将红表笔插入正插孔，黑表笔插入负插孔。面板右下角有 2500 V 高压插孔和 10 A 专用插孔（有的电压表为 5 A 插孔），当测量 2500 V 交、直流高压电压时，正表笔应改为插入 2500 V 插孔；当测量 10 A 直流电流时，正表笔应改为插入 10A 插孔。

面板中间右侧有电阻调零旋钮，用于校准欧姆挡的零位。面板中间左侧是晶体管插孔，插孔左边标注为“N”，检测 NPN 型晶体管时插入此孔。插孔右边标注为“P”，检测 PNP 型晶体管时插入此孔，如图 3-3 所示。

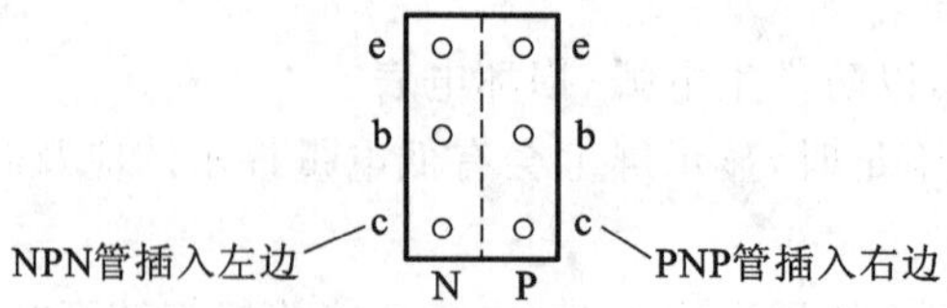

图 3-3 晶体管插孔

2)指针式万用表的功能

MF47 型万用表量程齐全,共具有 8 大类测量功能,包括测量直流电流、直流电压、交流电压、电阻以及测量音频电平、电容、电感、晶体管直流参数。万用表常用项目显示及其意义见表 3-2。

表 3-2 万用表常用项目显示及意义

字母与符号	意义	备注	字母与符号	意义	备注
ACA	交流电流挡	用 A～表示	Cx	待测电容插孔	—
DCA	直流电流挡	用 A—表示	hFE	三极管放大倍数测量挡	用 β 表示
DCV	直流电压挡	用 V—表示	Hz	频率挡	—
ACV	交流电压挡	用 V～表示	com	公共端	黑表笔插孔
Ω	电阻挡	—	•))	二极管测量、通断测量挡	测量电阻小于 20 Ω,蜂鸣器响

3)指针式万用表的使用

(1)准备工作

①由于电阻挡必须使用直流电源,因此,使用前应给万用表装上电池。一般万用表的电池盒设计在表背面,图 3-4 所示为 MF47 万用表背面的电池盒。打开电池盒盖后,可见两个电池仓。左边是低压电池仓,装入一枚 1.5 V 电池。右边是高压电池仓,装入一枚 9 V 电池。

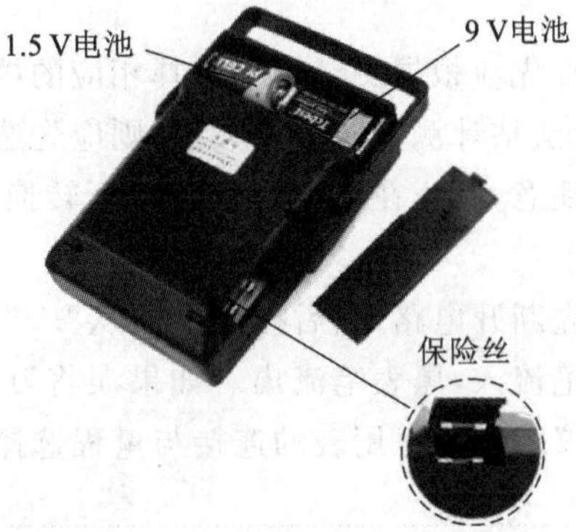

图 3-4 指针式万用表背面

②将表笔插入万用表插孔中,一般将红笔插入“+”插孔,黑笔插入“-”或者“com”插孔。测量时要用右手像拿筷子一样握住两支表笔,手指不能触及表笔的金属部分和被测元器件,如图 3-5 所示。若双手操作,一旦触及带电部分,就会在两手指间形成电压而产生电流,使人触电。

③万用表在使用之前,还应检查表针是否指在机械零位上。方法是水平放置万用表,检查表针在静止时,是否准确指在刻度线最左侧的“0”位上。如表针指示不在“0”位上,应用小螺丝刀缓慢旋转表头下方的机械调零旋钮,调节表针的静止位置,使其准确指向“0”位。

④将挡位旋钮旋转至 R×1 k 挡,把红、黑表笔短接,旋转表面右侧中间的欧姆调零旋钮,若进行欧姆挡调零后,万用表指针不能偏转到刻度线右端的“0”位,说明电压不足,须更换电池。

图 3-5 正面握笔方式

⑤将挡位旋钮旋转至 R×10 k 挡，把红、黑表笔短接，旋转表面右侧中间的欧姆调零旋钮，若进行欧姆挡调零后，万用表指针不能偏转到刻度线右端的“0”位，说明电压不足，须更换 9 V 电池。

⑥在测量读数时应注意，尽量使表针偏转角度大一些，使表针指在刻度线的中间或偏右的位置。万用表表针偏转角度较大时测量精度较高，特别是电阻、电容、电感、电平等非线性刻度线，中间及偏右位置较准确。读数时，眼睛应垂直于万用表的表面。若视线不垂直，将会产生视差，使得读数出现误差。为了消除视差，有些万用表在表面的刻度盘上装有弧形反光镜。读数时，应移动视线使得表针与反光镜中的表针镜像重合，此时的读数无视差。

(2)测量

使用万用表进行测量时，首先应根据测量对象选择相应的挡位，然后根据测量对象的估计大小选择合适的量程。如果无法估计测量对象的大小，则应先选择该挡位的最大量程，然后逐步减小，直至能够准确读数。注意，禁止在通电测量状态下转换量程旋钮，以免产生电弧作用损坏万用表。

①测量直流电流时，必须先断开电路，然后按照电流从“＋”到“－”的方向，将万用表串入被测电路中，使得电流从红表笔流入，黑表笔流出。如果误将万用表与负载并联，则由于表头内阻很小，会造成短路而烧毁仪表。当万用表的连接与量程选择都设置完成后，再接通电路进行读数。

②测量直流电压时，万用表需要并联在被测元件两端，且“＋”表笔(红表笔)应接到高电位处，“－”表笔(黑表笔)应接到低电位处，即让电流从“＋”流向“－”。若表笔反接，则表针会反方向偏转，容易撞弯指针。

③测量交流电压与测量直流电压相似，将万用表的转换开关置于交流电压挡；不同之处是测量交流电压时两表笔可以不分正、负极。

④测量电阻时，根据被测电阻的估计值，转动万用表上的挡位旋钮至适当的“Ω”挡。注意，每次改变挡位，必须进行欧姆调零(无须进行机械调零)。方法是将万用表两表笔短接，调节欧姆调零旋钮，使表针准确指向“0Ω”(位于刻度线最右边)。特别注意：使用指针式万用表欧姆挡时黑表笔为“＋”极，红表笔为“－”极。

测量独立的元器件时，可以将万用表的两表笔(不分正、负极)分别接在被测元器件的两端。测量在电路中的元器件时，需要将被测元器件从电路板上焊开，然后再进行测量。否则，由于电路和其他元器件的影响，测得的电阻值误差将很大。因为测量电阻时，万用表由内部电池供电，如果带电测量则相当于接入一个额外的电源，可能会损坏表头。

⑤测量电容时，常用电阻挡来对电容进行充放电测试，以判别电容的好坏。首先按照估计值选择好合适的量程挡位，调好零位。每次重新测量之前，需要对电容短路放电，之后再进行测试。注意：此时黑表笔需要接电容正极，红表笔接电容负极。

注意观察指针的偏转。若表针向右偏转后，指针逐渐回到无穷大，则说明电容正常。若电阻值为 0，则说明电容短路或内部击穿。若电阻值无穷大，则说明电容内部开路。

⑥用指针式万用表测量二极管好坏时选用 R×1kΩ 挡。首先用黑表笔接二极管正极，红表笔接二极管负极，此时指针应能大幅度偏转，代表二极管正向导通。用黑表笔接二极管负极，红表笔接二极管正极，此时指针应不偏转，即代表二极管反向不导通，二极管阻值无穷大。

⑦晶体管直流参数较常用的是晶体管直流放大倍数 β。若万用表有"h_{FE} ADJ"挡位，应该首先将挡位旋钮调整至"ADJ"校准挡，将两表笔短接以后调节欧姆调零旋钮，使表针指向 h_{FE} 刻度线的最右侧刻度处。

分开两表笔，调整挡位旋钮至"h_{FE}"挡位，然后向晶体管插孔处按照晶体管的类型和引脚选择合适的插孔插入元器件。此时万用表表针所指示的值即为晶体管直流放大倍数 β 值。

(3)正确读数

①进行电流、电压测量时，应使万用表指针指示在满偏的 2/3 以上。

$$实际值=指示值\times量程/满偏$$

②进行电阻测量时，应使万用表指示在标尺的几何中心线的附近，否则应该改变测量量程。

(4)注意事项

①在测电流、电压时，不能带电改换量程。

②选择量程时，要先选大的，后选小的，尽量使被测值接近于量程。

③测量时尽量单手操作。

④测量电阻时，不能带电测量。因为测量电阻时由表内部电池供电，如果带电测量相当于接入一个额外的电源，可能损坏表头。指针式万用表黑表笔为"＋"极，红表笔为"－"极。

⑤注意在欧姆表改换量程时，需要进行欧姆调零，无须机械调零。

⑥万用表用完后，应使转换开关在交流电压最大挡位或空挡上。

3.2　示波器的功能特点与使用方法

示波器是一种用途十分广泛的电子测量仪器。它能把肉眼看不见的电信号变换成看得见的图像，便于人们研究各种电现象的变化过程。示波器利用狭窄的、由高速电子组成的电子束，打在涂有荧光物质的屏面上，就可产生细小的光点(这是传统的模拟示波器的工作原理)。在被测信号的作用下，电子束就好像一支笔的笔尖，可以在屏面上描绘出被测信号的瞬时值的变化曲线。利用示波器能观察各种不同信号幅度随时间变化的波形曲线，还可以测试各种不同的电量，如电压、电流、频率、相位差、调幅度等。本节以 OWON SDS5032E 型号的台式示波器为例，进行简单的介绍。

3.2.1 示波器的结构

OWON SDS5032E 示波器正面、侧面和背面结构分别如图 3-6、图 3-7、图 3-8 所示。

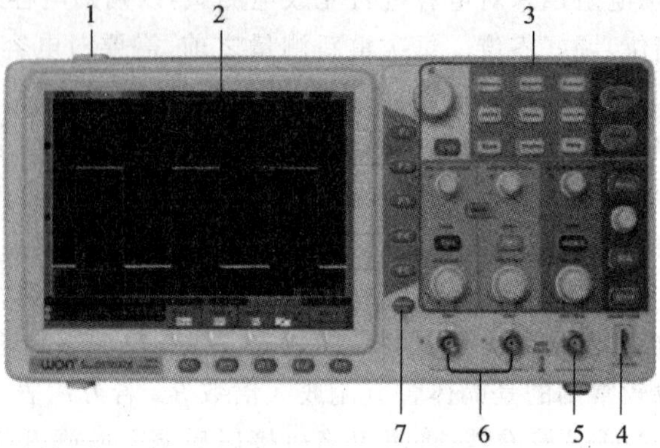

图 3-6 OWON SDS5032E 示波器正面结构

1—开/关电源；2—显示区域；3—控制面板；4—补偿探头；
5—外触发输入通道；6—信号输入通道；7—菜单开关

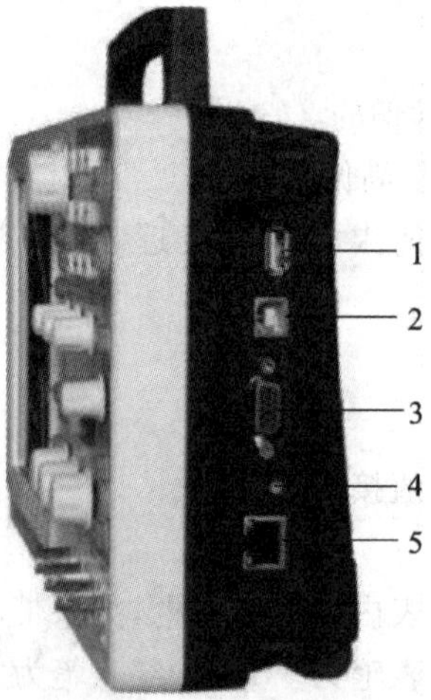

图 3-7 OWON SDS5032E 示波器侧面结构

1—USB 存储接口；2—USB 设备接口；
3—COM/VGA 接口；4—MCX 接口；5—LAN 接口

图 3-8 OWON SDS5032E 示波器背面结构

1—把手；2—通风口；
3—AC 电源输入插口；4—保险丝；5—支腿

3.2.2 示波器的常用功能

(1)示波器的触发功能和自动功能

当示波器处于自动设置的状态时，会实时、动态地显示出所测的信号，是我们最常用的一种模式，但是这种模式不利于捕捉一些瞬时的信号和高速、高频信号。而示波器的触发功能能够弥补自动功能的一些缺陷，可以通过手动设置，选择不同的触发类型。常见的触发类型有边沿触发、交替触发、脉宽触发、斜率触发和视频触发五种。

①边沿触发方式是指电平从高到低跳变或从低到高跳变时发生触发，也称为上升沿触发或下降沿触发。

②交替触发主要用于实现同一示波器不同通道同时测量不同频率。

③脉宽触发是指根据设置的脉冲宽度条件来确定触发。

④斜率触发以对指定时间的正斜率或负斜率为触发条件。

⑤视频触发根据视频信号的特征设定相应的触发条件。

(2)示波器的傅里叶功能

示波器的傅里叶功能可以将电信号转换成频谱信号,尤其是在没有频谱仪的情况下,它对于工程师有很大的帮助。

(3)示波器的光标测量功能

示波器除了可以观察波形以外,还可以使用“游标”,打开测量用光标进行手动测量。示波器也可以通过自动测量功能,自动读出波形的频率、峰峰值等多项常用波形测量结果(图 3-9)。

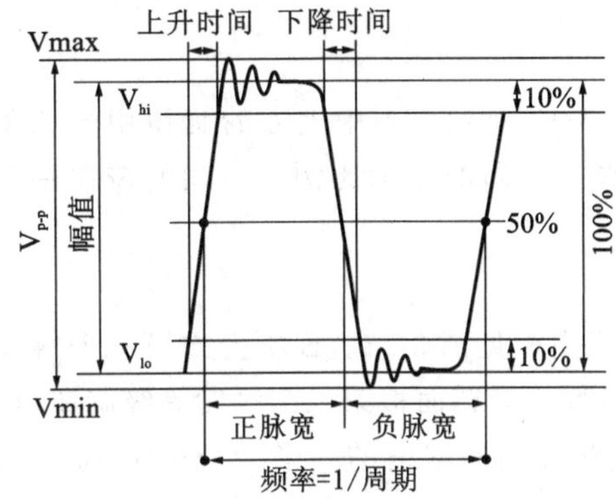

峰峰值($V_{p\text{-}p}$):波形最高点波峰至最低点的电压值。
最大值(Vmax):波形最高点至GND(地)的电压值。
最小值(Vmin):波形最低点至GND(地)的电压值。
幅值(Vamp):波形顶端至底端的电压值。
顶端值(V_{hi}):波形顶端至GND(地)的电压值。
底端值(V_{lo}):波形底端至GND(地)的电压值。
上升时间(Rise Time):波形幅度从10%上升至90%所经历的时间。
下降时间(Fall Time):波形幅度从90%下降至10%所经历的时间。
正脉宽(+Width):正脉冲在50%幅度时的脉冲宽度。
负脉宽(−Width):负脉冲在50%幅度时的脉冲宽度。

图 3-9　常见测量名词含义

(4)示波器的波形存储功能

示波器可以通过存储功能,将测量的波形、计算数据等结果存储在示波器本机内,也可以通过外接 USB 存储设备将图片和数据导出。

3.2.3　示波器的常规使用方法

(1)测量探头

示波器的测量探头有衰减挡位,大多数分为四个挡:1×、10×、100×、1000×。衰减的主要作用是通过导体对电流、电压的阻碍作用,来实现对电信号的幅度缩小,以方便测量。测量探头如图 3-10 所示。

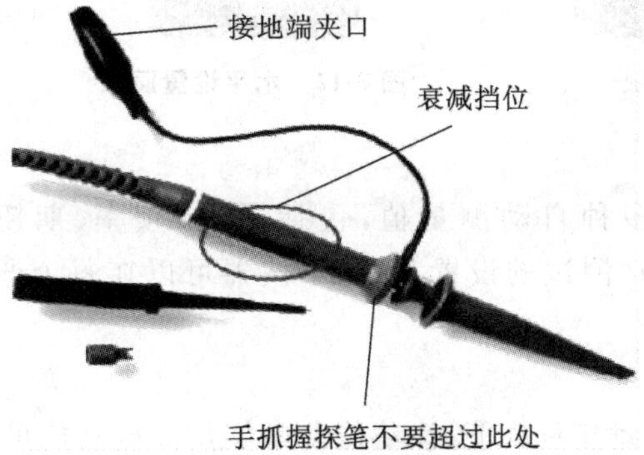

图 3-10　测量探头

注意：

①为了防止发生触电事故，在使用示波器探头时，手要抓在探笔的后方，不要超过图 3-10 所示的凸起处。

②当探头接触带电体时，不要用手触摸探笔金属部位。

③在测量开始之前，一定要将探笔的接地端切实接地，否则仪器相对于大地会产生电位差，容易给仪器操作人员带来严重危险，损坏示波器、被测电子设备。

(2)垂直设置

在观察示波器波形时，经常用到垂直设置，如图 3-11 所示。图中左侧“CH1”为对通道 1 输入波形在垂直方向的设置，“CH2”为对通道 2 输入波形在垂直方向的设置。其中，上方的旋钮用于调整波形在垂直方向的位置；下方的旋钮用于调节波形在垂直方向的显示比例。中间的按钮用于打开更多的设置菜单。

(3)水平设置

在观察示波器波形时，也经常用到水平设置，如图 3-12 所示。图中上方的旋钮用于调整波形在水平方向的位置；下方的旋钮用于调节波形在水平方向的显示比例。中间的按钮用于打开更多的设置菜单。

(4)触发设置

触发设置在示波器中也是常用的一部分，触发设置面板见图 3-13。面板上方第一个触发菜单可以打开设置界面，用于选取不同的触发方式和参数。旋转面板第二个触发等级旋钮，可以调节触发级别。“50%”按钮可以将触发等级设置成触发信号幅值的一半。“Force”按钮为强制触发功能。

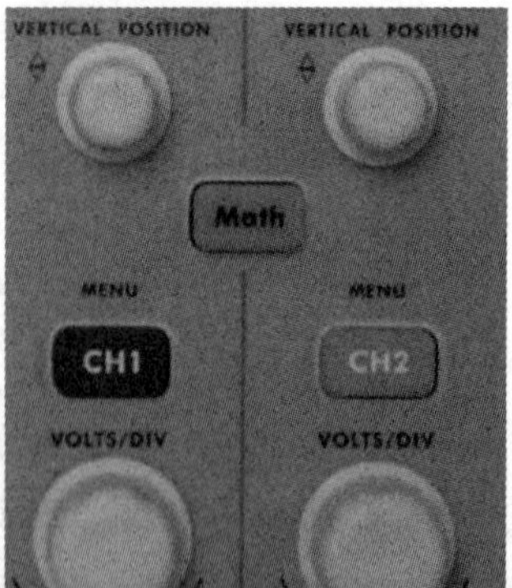

图 3-11 垂直设置面板

图 3-12 水平设置面板

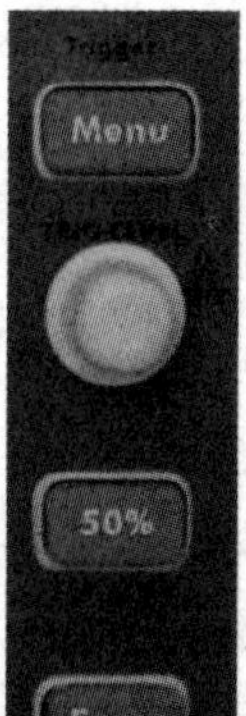

图 3-13 触发设置面板

(5)自动测量

示波器能提供二十多种自动测量值，包括周期、频率、期望值、峰峰值等。通过按“Measure”按钮来打开自动测试的设置菜单，示波器可以在每个通道上同时测量以上多种数据。

(6)自动定标

“Autoscale”按钮有自动定标功能，该功能非常实用。该功能可根据信号幅值、频率自动设置触发模式、电压显示比例尺、时间显示比例尺。对于一般常见的波形测量，经常使用自动定标功能来快速设置示波器波形。

(7)其他注意事项

①示波器要避免频繁开机、关机。

②如果发现波形受外界干扰明显，可将示波器外壳接地。

③“Y 输入”的电压不可太高，以免损坏仪器，在最大衰减时也不能超过 400 V。

④关机前应先将辉度调节旋钮沿逆时针方向转到底，使亮度减到最小，然后再断开电源开关。调节显示屏上的亮斑时，亮度要适中。

强调：

- 指针式万用表使用完毕后要将挡位旋钮旋转至交流电压最大挡或空挡上。
- 数字式万用表使用完毕后要将功能旋钮旋转至“OFF”挡。
- 禁止带电更换万用表量程和测量功能，防止产生电弧损坏电表。
- 指针式万用表检测极性电容和二极管时，黑表笔接在元器件正极引脚处为正方向。数字式万用表检测极性电容和二极管时，红表笔接在元器件正极引脚处为正方向。
- 万用表表笔、示波器探笔在使用过程中都不要接触笔头部分，以防止发生触电事故。

本章测试

1. 指针式万用表使用完毕后应使转换开关放在________或______上。
2. 指针式万用表测量电阻时每一次转换挡位都必须重新__________。
3. CA5217 型数字万用表正中间的黄色按键是__________。
4. 使用 CA5217 型数字万用表测量峰峰值时要按下__________。
5. 示波器的垂直输入电压不可太高，在最大衰减时也不能超过________。
6. 示波器探头衰减挡位的作用是什么？

4 电子元器件的识别与检测

安全规范

1. 正确选择万用表挡位进行测量，避免损坏万用表；

2. 正确辨识电子元器件参数，合理测试，避免元件损坏。

教学目标

1. 能辨识常用元器件，并判定其好坏；

2. 能够正确选择和使用基本元器件。

学习任务

1. 学习教材第 4.1 节至第 4.5 节。

要求：①能够识别电阻的标称值、允许误差，能够使用万用表正确地测量电阻；

②能够识别电容器的极性、参数，会正确使用万用表测量电容；

③理解电感的用途与主要参数，能够使用万用表测量电感；

④能够识别二极管的类型、极性，并会使用万用表测量各种二极管的好坏；

⑤能够理解并识别三极管的用途、类型与脚排列，并会使用万用表测量三极管的放大倍数与好坏。

2. 学习教材第 4.6 节、第 4.7 节。

要求：①了解常见芯片的结构。

②理解扬声器的结构，会使用万用表测量扬声器的好坏；能够识别蜂鸣器的类型、极性；理解开关的结构。

3. 完成章节作业。

学习资源

1.《电工电子实习指导书 A》第 4 章；

2. 电工实验中心教学实训平台；

3. 超星平台“电工电子实习 A”第 2.1 节视频、PPT；

4. 学习资源库；

5. 班级 QQ 群。

电子元器件是电路的基本组成部分，常用的电子元器件有电阻器、电容器、电感器和半导体器件（二极管、三极管、集成芯片）等。为了能够正确地选择和使用这些电子元器件，就必须对它们的性能、结构和规格有一定的了解。

4.1 电 阻 器

电阻器是电路元件中应用最广泛的一种，在电路中起降压、分压、限流、分流、负载及阻抗匹配等作用，还可与电容配合做滤波器使用。电阻器种类较多，通常分为固定变阻器和可变电阻器两大类，外形如图 4-1 所示。

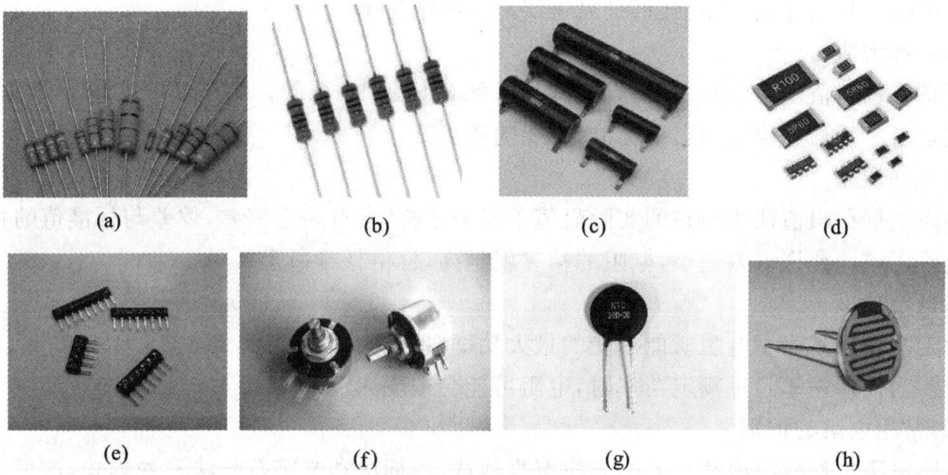

图 4-1 电阻器外形图

(a) 碳膜电阻；(b)金属膜电阻；(c) 绕线电阻；(d)贴片电阻；
(e)电阻排；(f)电位器；(g)热敏电阻；(h)光敏电阻

4.1.1 固定电阻器

固定电阻器通常简称为电阻，其电路符号如图 4-2 所示。

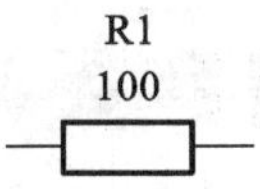

- 电阻图形符号中两侧的两条直引线表示电阻的两根引脚；
- 字母R表示电阻器；
- R1中的1表示该电阻器在电路图中的编号，即位号；
- 100表示该电阻器的阻值为100 Ω，一般阻值低于100 Ω时，不带单位，大于或者等于100 Ω时，数字后带上k，例如1000 Ω的电阻表示为1 k。

图 4-2 电阻的图形符号与外观

(1)几种常用的固定电阻

①碳膜电阻：它是由碳沉积在瓷质基体上制成的，通过改变碳膜厚度或长度，可以得到不同的阻值。其特点是性能一般、价格便宜，早期使用广泛，一般为土黄色或粉红色等，色环是四个环。

②金属膜电阻：它是采用高温真空镀膜技术将镍铬或类似的合金紧密附在瓷棒表面形成皮膜，经过切割调试阻值，并在其表面涂上环氧树脂密封保护而成的。其特点是稳定、性能好、

价格高，一般为蓝色，色环是五个环。

③绕线电阻：它是用康铜丝或锰铜丝绕在绝缘骨架上制成的。其特点是耐高温、精度高、低频，但其体积大、阻值较低。另外，由于结构的原因，其分布电容和电感系数都比较大，不能在高频电路中使用，一般用在大功率场合。

④贴片电阻：又称片式电阻。它是将金属粉和玻璃釉粉混合，采用丝网印刷法印在基板上制成的。其特点是体积小，耐潮湿和高温，温度系数小。

⑤电阻排：它是一种把按一定规律排列的分立电阻器集成在一起的组合型电阻器，也称为集成型电阻器，是一种电阻网络。其特点是体积小，规整化，精密度高。

(2)电阻的主要指标

电阻的主要指标包括标称阻值、允许误差和额定功率。

①标称阻值

所谓标称阻值就是电阻表面标出的阻值，如 330 Ω、1 kΩ 等。为了便于实际生产和使用，国家规定了一系列数值作为阻值标准，不能随意更改。

②允许误差

电阻的标称阻值往往与它的实际阻值不完全相符，会有一定偏差，偏差与标准值的百分比叫作允许误差。允许误差越小，电阻的精度就越高，价格就越昂贵。

③额定功率

额定功率用来表示电阻所能承受的最大功率，单位为瓦特(W)，有 1/16 W、1/8 W、1/4 W 等多种。当使用功率超过额定功率时，电阻可能会被烧坏。

(3)常用电阻的识别

表示电阻的标称阻值和误差的方法有直标法、色标法和文字符号法三种形式，这里主要介绍色标法。

色标法是用不同的色环表示电阻的标称值和误差。普通电阻采用四环表示，精密电阻采用五环表示，如图 4-3 所示。五环电阻的前三环是有效数字，第四环是倍率，第五环是误差；而四环电阻前两环是有效数字，第三环是倍率，第四环是误差。因此，准确识别首位色环，对准确读出电阻器的标称阻值非常重要。

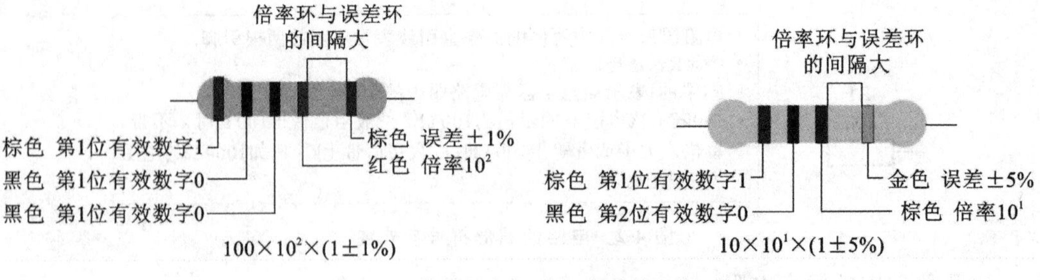

图 4-3 电阻的色标法标注阻值示例

①一般色环电阻中，金、银色环一般表示精度，即在色环中金色或银色环通常为末位色环。

②当倍率环颜色没法判断时，可通过色环之间的距离来判断，倍率环与误差环之间的间隔会比第一、二环之间的间隔大。

色环电阻中颜色与数字之间的对应关系见表 4-1。

表 4-1　色标法中颜色与数字的对应关系

颜色	黑	棕	红	橙	黄	绿	蓝	紫	灰	白	金	银
数字	0	1	2	3	4	5	6	7	8	9		
倍率	1	10	10^2	10^3	10^4	10^5	10^6	10^7	10^8	10^9	10^{-1}	10^{-2}
误差/%		±1	±2			±0.5	±0.2	±0.1			±5	±10

色环电阻的额定功率一般不标注，但可以通过其体积判断，电阻的额定功率与电阻的体积成正比，即额定功率大那么其体积也会大一些。

4.1.2　可变电阻器

可变电阻器，即阻值可以调整的电阻器，用于需要调节电路电流或需要改变电路阻值的场合。其中电位器是一种带滑动端的可变电阻器，常用来改变电位，用作分压器。其电路符号如图 4-4 所示。

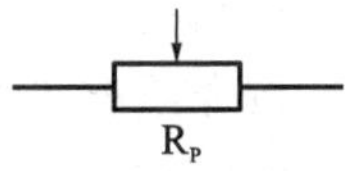

图 4-4　电位器的电路符号

特殊的可变电阻器不能人工进行调整，阻值随外界环境的变化而变化，常见的有热敏电阻、光敏电阻、压敏电阻、湿敏电阻等。热敏电阻大多由单晶、多晶半导体材料制成，阻值会随温度的变化而变化；光敏电阻是利用半导体的光导电特性，使阻值随着入射光线的强弱发生变化；压敏电阻是当外加电压施加到某一临界值时，压敏电阻的阻值就会急剧变小，起到瞬态过电压保护作用；湿敏电阻是由感湿层（或湿敏膜）、引线电极和具有一定强度的绝缘基体组成，阻值可随着湿度的变化而变化，常用作传感器。

4.1.3　测量

①首先将万用表调至欧姆挡。

②数字式万用表需要切换至自动读取电阻值模式；指针式万用表需要红、黑表笔短接调零。

③两支表笔分别接被测电阻两端，如图 4-5 所示。测量时注意不要双手同时触及电阻引线的两端，以免将人体电阻并联至被测电阻，影响测量的准确性。测量完成后，计算元件的实际误差，用来和允许误差做对比。

$$实际误差=\frac{测量值-标称值}{标称值}\times 100\%$$

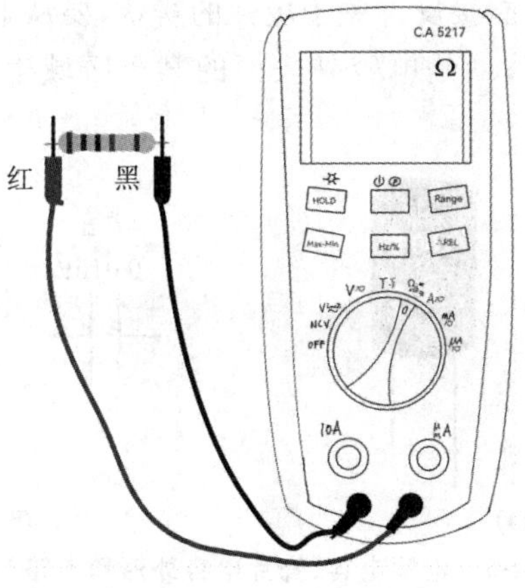

图 4-5　电阻测量示意图

4.2 电 容 器

电容器就是容纳和释放电荷的电子元器件，其结构主要由两块正负电极和夹在中间的绝缘介质组成。电容器的基本工作原理就是充放电，在电路中起滤波、耦合、旁路、去耦及信号调谐等作用。

4.2.1 电容器的基本知识

(1)电容器的分类

①按结构可分为：固定电容、可变电容和微调电容。

②按介质材料可分为：气体介质电容、液体介质电容、无机固体介质电容、有机固体介质电容及电解电容。

③按极性可分为：有极性电容和无极性电容。

④按在电路中的作用可分为：高(低)频旁路电容器、滤波电容器、调谐电容器、高(低)频耦合电容器等。

几种常用电容器的特性对比如表 4-2 所示。常用的电容外形和电路符号如图 4-6 所示。

表 4-2 几种常用电容器的特性对比

名称	容量	稳定性	损耗	频率	耐压
聚丙烯膜电容器	1000 pF～10 μF	中	低	中	中
涤纶电容器	40 pF～4 μF	差	高	低	中
云母电容器	40 pF～0.1 μF	高	低	高	高
玻璃釉电容器	10 pF～0.1 μF	高	低	高	中
陶瓷电容器	0.5 pF～6800 pF	高	低	高	中
电解电容器	0.1 μF～10000 μF	中	高	低	中

其中，常用电解电容的外形和电路符号如图 4-6(a)所示。电解电容属于有极性电容，对于有极性的元器件，正、负引脚不能接反。关于极性的辨认，要从电解电容外观来看，一是引脚的长短，长脚为“+”，短脚为“－”；二是电容外表面的某个区域生产厂家已将极性标识好，从图 4-6(a)中可看出。

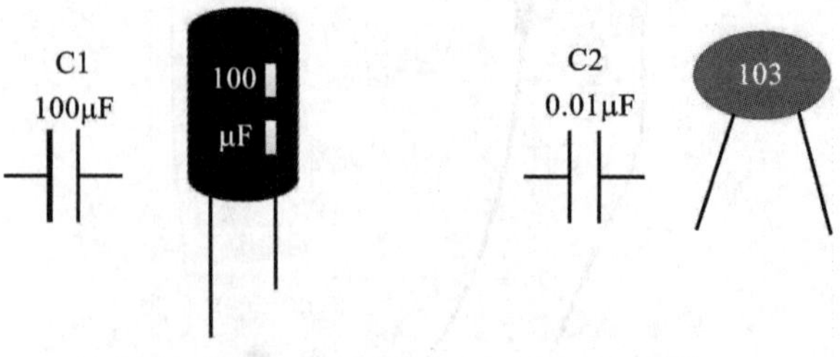

图 4-6 电解电容、瓷片电容外形和电路符号

(a)电解电容；(b)瓷片电容

瓷片电容是一种用陶瓷材料作介质的电容器，属于无极性电容，没有正负极之分，外形和电路符号如图 4-6(b)所示。

(2)电容的主要参数

①标称容量与允许误差

电容外壳表面标出的电容量值，称为电容的标称容量。允许误差为电容实际容量和标称容量允许的最大偏差范围。常用的电容器其精度等级和电阻器的表示方法相同，如表 4-3 所示。

表 4-3　字母与电容器精度对照表

符号	D	F	G	J	K	L	M	N	Z
允许误差/%	±0.5	±1	±2	±5	±10	±15	±20	±30	+80 −20

②额定工作电压

电容器在电路中能够长期稳定、可靠地工作，所承受的最大直流电压又称耐压。对于结构、介质、容量相同的器件，耐压越高，体积越大。使用时，外加电压最大值一定要小于电容的额定工作电压，通常外加电压应在额定电压的 2/3 以下。

③绝缘电阻

电容的绝缘电阻用来表征电容的漏电性能，在数值上等于加在电容两端的电压除以漏电流。绝缘电阻越大，漏电流越小，电容的质量越好。一般小容量的电容，绝缘电阻很大，在几百兆欧姆或几千兆欧姆；电解电容的绝缘电阻较之会小一点。

④损耗

在电场的作用下，电容器在单位时间内发热而消耗的能量称为损耗。这些损耗主要来自介质损耗和金属损耗。

⑤频率特性

电容器的电参数随电场频率而变化的性质称为频率特性。随着频率的上升，一般电容器的电容量会下降。

(3)电容的标注方法

电容的标注方法主要有直标法、文字符号法、数字计数法和色标法四种。电容器容量单位是法拉(F)、微法(μF)、皮法(pF)、纳法(nF)。它们之间的换算关系为：

$$1F=10^6\mu F;1\mu F=10^6pF;1nF=10^3pF$$

①直标法

直标法是用字母和数字把型号、规格直接标在外壳上，常用于电解电容参数的标注。

②文字符号法

文字符号法是将数字、文字符号有规律地组合来表示容量。容量的整数部分写在容量单位符号之前，小数部分写在容量单位之后，例如 2.2 记作 2P2。

③数字计数法

在一些瓷片电容上常用三位数字表示标称电容，单位为 pF。其中前两位表示有效数字；第三位表示倍率，即乘以 10^n。例如，103 表示 10×10^3 pF=10 000 pF=0.01 μF。

④色标法

与电阻的色环表示法类似，其颜色代表的数字与电阻的色环完全一致，单位为 pF。

4.2.2 电容器的检测

1)指针式万用表测量电容

(1)电解电容

①将万用表量程置于 R×1 kΩ 挡,表笔短接调零。

②将被测电容两个引脚短接放电。

③如图 4-7 所示,测电容绝缘电阻时,黑表笔接电容正极,红表笔接电容负极,对电容进行充电。此时表针迅速向右摆动,然后慢慢向左退回(接近电阻无穷大),待指针不动时指示的电阻值越大,表示电容漏电流越小,电容质量越好。若指针向右摆到电阻"0"位不向左边退回,表明电容已经击穿;若指针不摆动,说明电容内部开路。

注意:铝电解电容的绝缘电阻应超过 200 kΩ 才可使用。

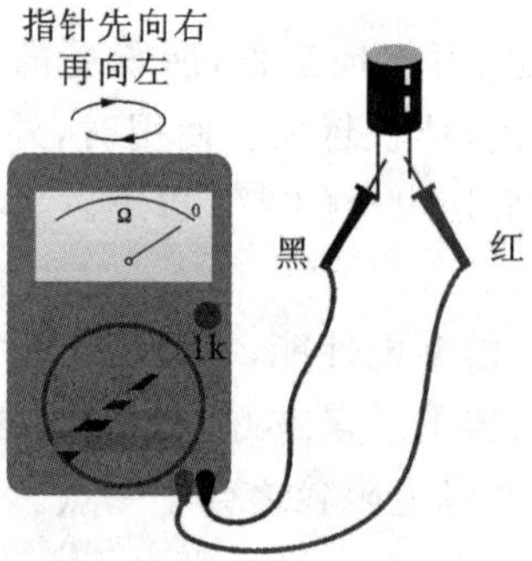

图 4-7 指针式万用表测量电解电容示意图

(2)小电容测量

将万用表量程置于 R×10 kΩ 挡,并调零。将被测电容两个引脚短接放电。由于没有极性,不用区分红黑表笔。给电容充电时,因容量小充电很快,可能会看到表针轻微地抖动,或者表针处于电阻无穷大时不动。

2)数字式万用表测量电容

将万用表置于电容挡,测电容容量。对于有极性的电容,红表笔接电容正极,黑表笔接电容负极。在正常情况下应有一个固定的电容量,并且接近标称值。若实测电容量与标称值相差较大,则说明所测电容器损坏。

4.3 电 感 器

电感器是能够把电能转化为磁能而存储起来的元件,主要利用电磁感应原理工作,其作用是阻交流通直流、阻高频通低频。变压器、各类振荡线圈、喇叭等都是电感类元件。

4.3.1 电感器的分类

电感线圈通常由骨架、绕组、屏蔽罩、磁芯等组成。在电子设备中,可分为自感器和互感器两大类。

(1)自感器

由单一线圈组成的电感器称为自感器,也称为电感线圈。电感线圈的用途很广,在电路中常用于滤波器、调谐放大器、去耦电路等。在电路中常用的电感线圈大致分为以下几种:按电感形式来分,可分为固定电感和可变电感;按导磁体性质来分,可分为空芯线圈、铁氧体线圈、铁芯线圈和铜芯线圈;按工作性质来分,可分为天线线圈、振荡线圈、扼流线圈、陷波线圈和偏转线圈。几种电感线圈的电路符号如表 4-4 所示。

表 4-4　几种电感线圈的电路符号

符号		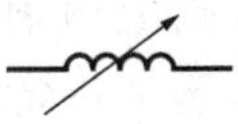		
名称	空芯线圈	可变电感线圈	铁芯电感线圈	磁芯电感线圈

(2)互感器

两个电感线圈相互靠近时,一个电感线圈的磁场变化将影响另一个电感线圈,这种影响就是互感。互感的大小取决于电感线圈的自感与两个电感线圈耦合的程度,利用此原理制成的元件叫作互感器。变压器就是利用互感作用来传递交流信号和电能,同时起到阻抗变换作用的。常用的变压器有电源变压器、音频变压器、高频变压器等。

4.3.2　电感器的主要参数

(1)电感量

电感器上标注的电感量的大小,表示线圈本身固有特性,主要取决于线圈的圈数、结构及绕制方法等。电感量与电流大小无关,反映的是电感线圈存储磁场能的能力,也反映电感器通过变化电流时产生感应电动势的能力,单位为亨(H)。

(2)允许误差

电感的实际电感量相对于标称值的最大允许偏差范围称为允许误差。

(3)品质因数

品质因数用字母 Q 表示。Q 值越高,表明线圈的功耗越小,效率越高,则“品质”越好。Q 值与线圈的结构(如导线粗细、匝数、绕法、磁芯)有关。

(4)额定电流

额定电流是指电感器在允许的工作环境下能承受的最大电流值。若工作电流超过额定电流,则电感器就会因发热而使性能参数发生改变,甚至还会因过流而烧毁。

(5)分布电容

分布电容是指线圈的匝与匝之间、线圈与磁芯之间存在的电容。电感器的分布电容越小,其稳定性越好。

4.3.3　电感器的检测

(1)直观检查

直接观察电感器的引脚是否断开,磁芯是否松动,绝缘材料是否破损或烧焦等。

(2)万用表检测

常使用万用表电阻挡测量电感器的通断及电阻值大小来判断电感器好坏。将万用表置于

R×1 Ω 挡，红、黑表笔各接电感器的任一引出端，此时指针应向右摆动，根据测出的电阻值大小，可具体分下述三种情况进行判断。

①被测电感器电阻值太小，说明电感器内部线圈有短路性故障。注意测试操作时，一定要先认真将万用表调零，并仔细观察指针向右摆动的位置是否确实到达零位，以免造成误判。当怀疑电感器内部有短路性故障时，最好是用 R×1 Ω 挡反复多测几次，这样才能做出正确的判断。

②被测电感器有电阻值。电感器直流电阻值的大小与绕制电感器线圈所用的漆包线线径、绕制圈数有直接关系，线径越细，圈数越多，则电阻值越大。一般情况下用万用表 R×1 Ω 挡测量，只要能测出电阻值，则可认为被测电感器是正常的。

③被测电感器的电阻值为无穷大，表明电感器内部的线圈或引出端与线圈接点处发生了断路性故障。

4.4 二 极 管

二极管由一个 PN 结加上相应的电极引线及管壳封装构成，具有单向导电性。二极管品种很多，外形、大小各异。较常见的有：玻璃壳二极管、塑封二极管、金属壳二极管、大功率螺栓状金属壳二极管、微型二极管、片状二极管等。二极管从功能上可分为发光二极管、整流二极管、开关二极管、稳压二极管等。常用的二极管实物如图 4-8 所示。

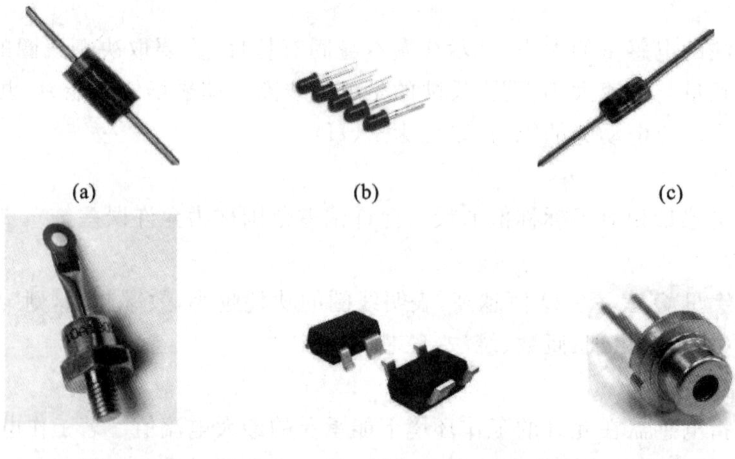

图 4-8 常用的二极管实物图

(a)整流二极管(塑封)；(b)发光二极管；(c)稳压二极管(玻璃壳)

(d)大功率整流二极管；(e)贴片二极管；(f)激光二极管

4.4.1 二极管的主要参数

(1)最大整流电流

最大整流电流是指二极管长期连续工作时，允许正向通过 PN 结的最大平均电流。其值与 PN 结面积及外部散热条件等有关。在规定散热条件下，二极管使用过程中不要超过二极管最大整流电流值。

(2)最大反向电压

最大反向电压是指反向加在二极管两端而不致引起PN结击穿的最大电压。在实际应用中应选用最大反向电压大于实际工作电压2倍以上的二极管。

(3)正向导通电压

二极管通过额定正向电流时,在两极间所产生的压降称为正向导通电压。硅二极管的正向压降为0.6～0.8 V;锗二极管为0.2～0.3 V。大功率的硅二极管的正向压降往往能达到1 V。

(4)最高工作频率

最高工作频率是二极管工作的上限频率。因二极管与PN结一样,其结电容由势垒电容组成。所以最高工作频率的值主要取决于PN结电容的大小。若是超过此值,则单向导电性将受影响。

(5)反向电流

反向电流是指在规定的反向电压条件下流过二极管的反向电流值。反向电流越小,表明二极管的单向导电性能越好。

4.4.2 二极管的识别与检测

(1)普通二极管

①极性判断

二极管两管脚有正、负极之分。电路符号如图4-9所示,图中,三角底边为正极,短杠一端为负极。实物中,有的将电路符号印在二极管上标示出极性;有的在二极管负极一端印上一道色环作为负极标记;有的二极管两端形状不同,平头为正极,圆头为负极,具体如图4-9所示。

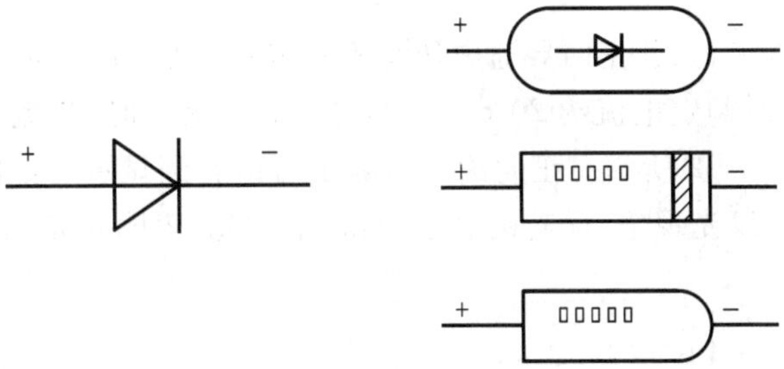

图4-9 二极管的电路符号与实物极性

②万用表测量

将数字万用表置于“二极管”挡,表笔放在被测二极管两端,具体操作如图4-10所示。红色表笔接二极管正极,黑色表笔接二极管负极,观察所测得的二极管正向导通电压,若实测在0.6～0.7 V,则说明该二极管为硅管;若实测在0.2～0.3 V,则说明该二极管为锗管。如果将表笔反接,应该显示“OL”开路状态。

(2)发光二极管

①极性判断

发光二极管的电路符号与实物外观如图4-11所示。极性分别可从两方面判断:一是从引脚长短可以看出,长脚为正,短脚为负;二是从发光二极管的灯头中可以分辨,对着光可以看到,灯头中有两个半导体晶片大小不一,小片为正极,大片为负极。

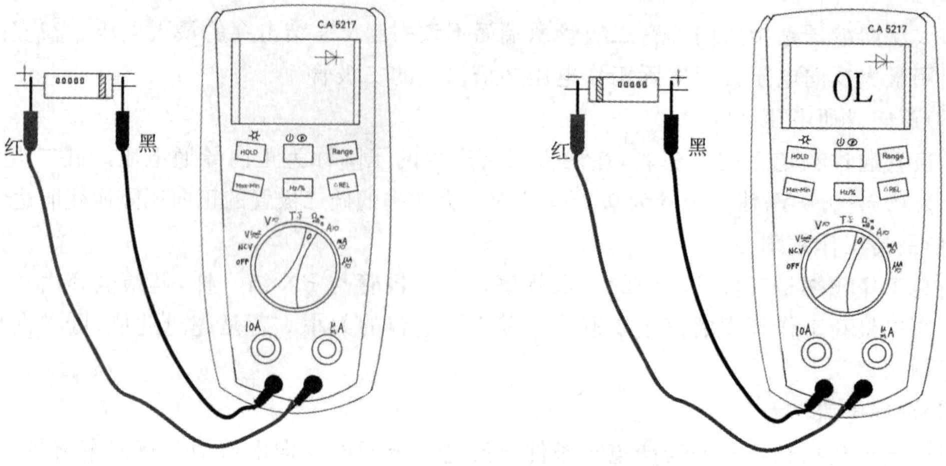

图 4-10　用数字万用表检测普通二极管

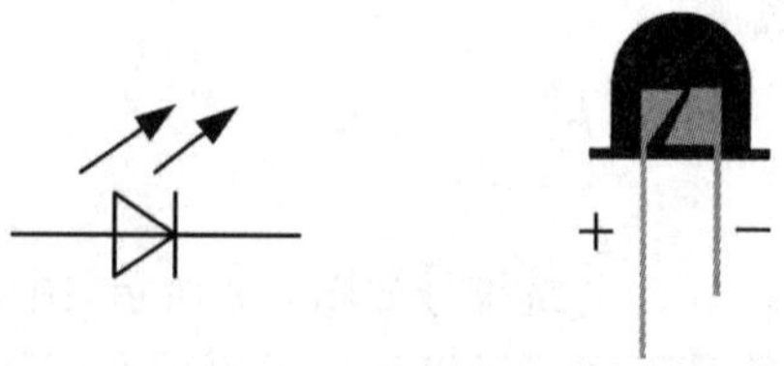

图 4-11　发光二极管的电路符号与实物外观

②万用表测量

不同颜色的发光二极管，其正向导通电压是不一样的，红和黄的是 2 V 左右，蓝、绿、白的是 3 V 左右，正常发光时额定电流约 20 mA。测量发光二极管时，将数字万用表同样置于“二极管”挡，具体操作如图 4-12 所示。正向测量时除了可以看到显示的正向导通电压数值外，还可以看到发光二极管的发光现象，反向则显示开路，不发光，表明发光二极管是好的。

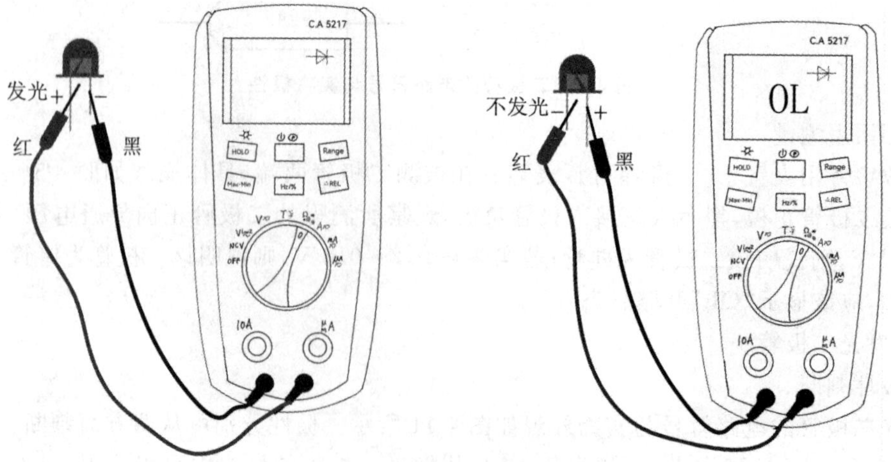

图 4-12　数字式万用表检测发光二极管

4.5 三 极 管

三极管又称为双极性晶体三极管,内含两个PN结,按两个PN结组合方式不同分为NPN型三极管和PNP型三极管,对应的电路符号以及引脚排列如图4-13所示。三极管是一种以小电流控制大电流的半导体器件,可用来对微弱信号进行放大和用作无触点开关。它具有结构牢固、寿命长、体积小的优点,在各个领域得到了广泛应用。

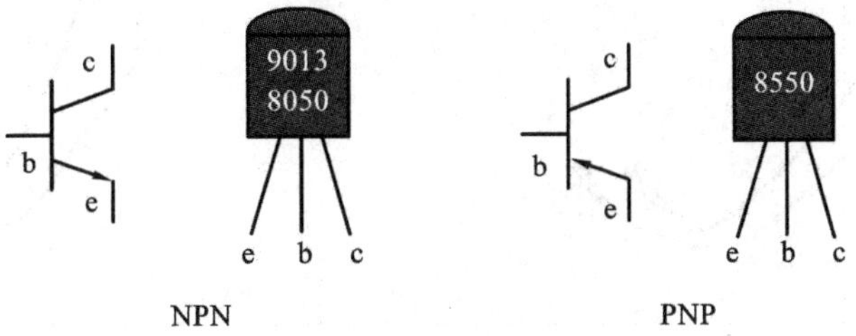

图4-13 三极管电路符号以及引脚

4.5.1 三极管的识别

目前三极管种类较多,封装形式不一,引脚也有多种排列方式。多数金属封装的小功率管的引脚是等腰三角形排列。顶点是基极,左边为发射极,右边为集电极。此外,也有少量的三极管的引脚是一字形排列,中间是基极,集电极管脚较短,或用集电极与其他电极距离最远来区别;有的高频三极管有四根引出电极,是为了屏蔽高频电磁场干扰,将其中d用作接地极。大功率三极管一般直接用金属外壳作集电极。

在无法直观识别三极管引脚排列时,可通过万用表测量各引脚间的电阻来判别引脚类别,进而判别它是PNP型管还是NPN型管。

(1)判断基极和管型

①首先将数字万用表打到“二极管”档,同时要注意数字万用表的红表笔始终是电源正极。

②然后红表笔接在任一个脚上,黑表笔依次接触另外两个脚,如果两次万用表显示的值为“0.7 V”左右或显示溢出符号“OL”,则红表笔所接的脚是基极;若一次显示“0.7 V”左右,另一次显示溢出符号“OL”,则红表笔接的不是基极,此时应更换其他脚重复测量,直到判断出基极为止。同时可知:两次测量显示的结果为“0.7 V”左右的三极管是NPN型,两次测量显示的是溢出符号“OL”的三极管是PNP型。

(2)判断集电极和发射极

①以NPN型三极管为例。将万用表设置到“MΩ”挡,把红表笔假设接到集电极c上,黑表笔接到假设的发射极e上,并且用手分别握在b极和c极(b极和c极不能直接接触),如图4-14(a)所示,两个手指之间相当于在b、c之间接入偏置电阻,读出万用表所示c、e间的电阻值。

②然后将红、黑表笔反接重测。若第一次电阻比第二次电阻小(第二次阻值接近于无穷大),如图4-14(b)所示,说明原假设成立,即红表笔所接的是集电极c,黑表笔接的是发射极e。

注意:三极管引脚必须识别清楚后才能接入电路,否则会导致电路不能正常工作或者烧坏三极管以及其他电路。

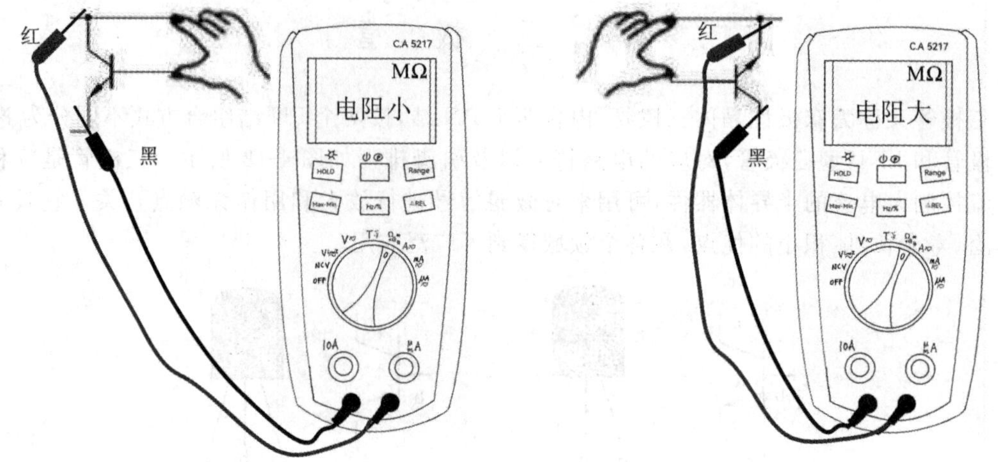

图 4-14 集电极与发射极的判别

4.5.2 三极管的检测

(1)NPN 三极管好坏检测

①万用表调至“二极管”挡位。

②红表笔接三极管 b 极，黑表笔分别测量 c 极和 e 极，此时万用表正向导通电压应为 0.5～0.7 V。

③黑表笔接 b 极，红表笔测量 c、e 两极，反向应该为无穷大，万用表显示“OL”。

④c 极、e 极正反向测量，其正向导通压降值应为 1～2 V，反向为无穷大。

(2)PNP 三极管好坏检测

与 NPN 三极管测量方式一样，表笔相反，黑表笔测量基极，红表笔测量集电极与发射极为正向。具体操作列于表 4-5。

表 4-5 三极管的检测

	NPN 测量示意图	说　明
正向	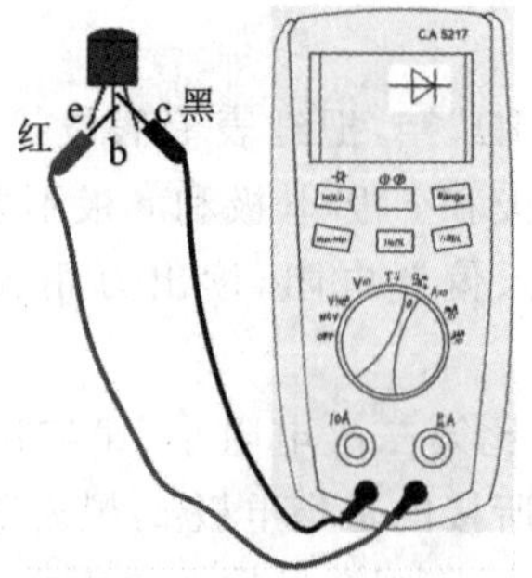	红表笔接中间 b 极上，黑表笔分别接三极管的 e 极与 c 极，三极管正向导通，正向导通电压约为 0.7 V

续表 4-5

	NPN 测量示意图	说 明
反向	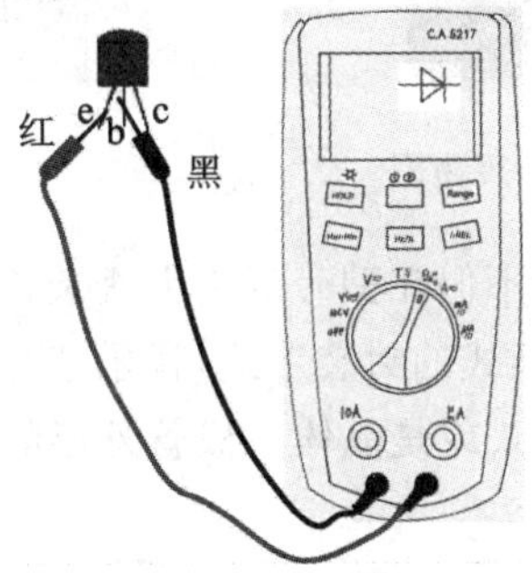	黑表笔接中间 b 极上，红表笔分别接三极管的 e 极与 c 极，三极管反向截止，万用表开路状态显示“OL”
	PNP 测量示意图	说 明
正向	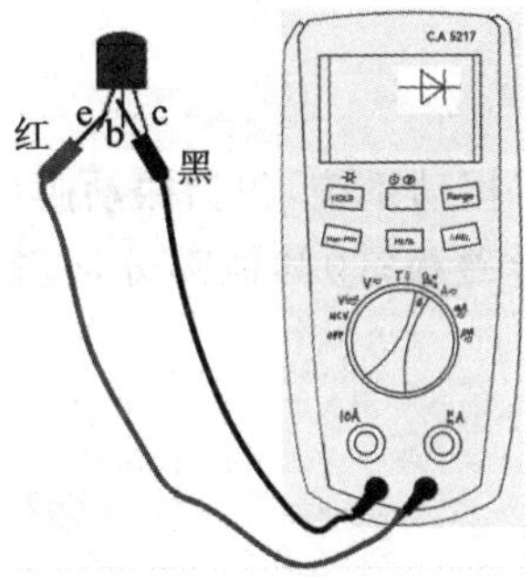	黑表笔接中间 b 极上，红表笔分别接三极管的 e 极与 c 极，三极管正向导通，正向导通电压约为 0.7V
反向	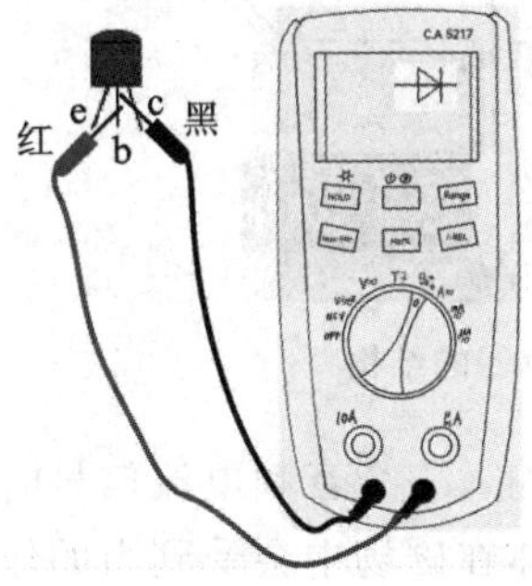	红表笔接中间 b 极上，黑表笔分别接三极管的 e 极与 c 极，三极管反向截止，万用表开路状态显示“OL”

4.6 集成芯片

集成芯片是基于集成电路技术制成的器件，采用一定的工艺，把一个电路中所需的晶体管、二极管、电阻、电容和电感等元件及布线互连在一起，制作在一小块或几小块半导体晶片或介质基片上，然后封装在一个管壳内，成为具有所需电路功能的微型结构。集成芯片可以作为一个独立的整体应用在集成电路里，其实物如图 4-15 所示。

图 4-15 集成芯片实物图

由于使用环境、用途不同，生产历史等原因，芯片不但在型号规格上繁杂，而且封装形式也多样。图 4-15 中 555 芯片和 CD4017 芯片都是双列直插式的封装形式；音乐芯片采用的是软封装，也就是芯片上的黑色圆饼，当然市面上也有双列直插式或是晶体三极管外形的音乐芯片。

4.7 其他元件

4.7.1 电动式扬声器

(1)电动式扬声器的结构与工作原理

如图 4-16 所示，电动式扬声器由三部分组成：①振动系统，包括振动膜(锥形纸盆)、音圈、定心支片；②磁路系统，包括磁铁、导磁柱(T 铁)、导磁板；③其他部分，包括盆架、接线板、导线、压边和防尘盖等。

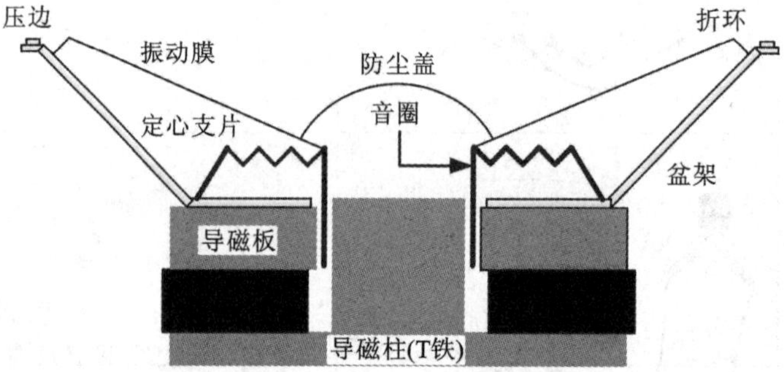

图 4-16 电动式扬声器的结构

电动式扬声器采用通电导体作音圈，当音圈中输入一个音频电流信号时，音圈相当于一个载流导体。如果将它放在固定磁场里，根据载流导体在磁场中会受到力的作用而运动的原理，音圈会受到一个大小与音频电流成正比、方向随音频电流变化而变化的力。这样，音圈就会在磁场作用下产生振动，并带动振动膜振动，振动膜前后的空气也随之振动，这样就将电信号转换成声波向四周辐射。

(2)电动式扬声器的检测

将万用表置于 R×1 Ω 挡，使黑表笔与扬声器外接焊点处接触好，红表笔点触扬声器的另外一个引脚，如图 4-17 所示。

①若有"咔咔"声，并且表针所示阻值与标称阻值接近，表明扬声器是好的；

②若有"咔咔"声，但是读取的阻值与标称阻值不符，可能是部分音圈被烧毁；

③若没有"咔咔"声，且读取的阻值为 0，表明音圈已被烧毁(短路)；

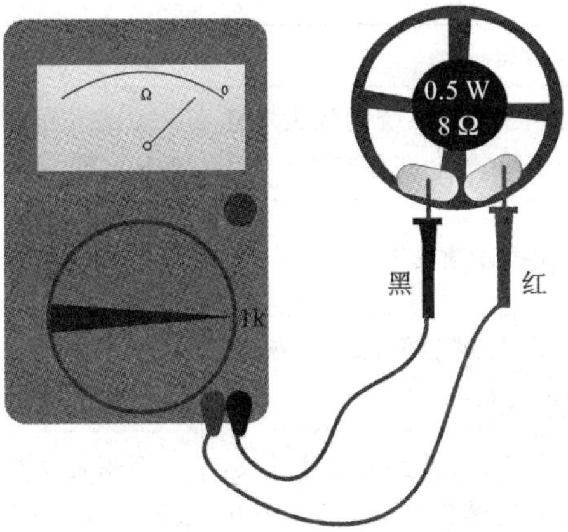

图 4-17　电动式扬声器的测量

④若没有“咔咔”声，但是读取的阻值与标称阻值接近，表明音圈卡死；

⑤若没有“咔咔”声，且读取的阻值为无穷大，说明音圈断路，也有可能是引线断了。

4.7.2　蜂鸣器

蜂鸣器是一种一体化结构的电子讯响器，采用直流电压供电，作为发声器件广泛应用于计算机、打印机、复印机、报警器、电子玩具、汽车电子设备、电话机、定时器等电子产品中。

蜂鸣器主要由振动装置和谐振装置组成。蜂鸣器根据驱动不同，可分为有源蜂鸣器和无源蜂鸣器，实物图如图 4-18 所示。这里的“源”并不是指电源，而是指振荡源。

(a)

(b)

图 4-18　有源蜂鸣器和无源蜂鸣器的实物图

(a)有源蜂鸣器；(b)无源蜂鸣器

(1)有源蜂鸣器与无源蜂鸣器的区别

从图 4-18 中可以看出有源蜂鸣器与无源蜂鸣器在外观上比较类似，但两者在使用时有很大的不同，具体区别如表 4-6 所示。

表 4-6　有源蜂鸣器与无源蜂鸣器的区别

不同方面	有源蜂鸣器	无源蜂鸣器
外观	引脚朝上放置时，没有电路板，而用黑胶封闭	引脚朝上放置时，可以看出有绿色电路板

续表 4-6

不同方面	有源蜂鸣器	无源蜂鸣器
驱动方式	直流电源输入，经过振荡系统的放大取样电路在谐振装置作用下产生声音信号	方波信号输入谐振装置转换为声音信号输出
应用	接上额定电源，就可连续发声	类似扬声器，需要接在音频输出电路上才可以发声
极性	有极性，长脚为正，短脚为负；标签上标有“+”的为正，没标的为负	没有极性
检测	万用表置于 R×1 Ω 挡，黑表笔接触正极，红表笔接触负极，能连续发声，且阻值为几百欧姆	万用表置于 R×1 Ω 挡，黑表笔接触一个引脚不动，红表笔在另一引脚上来回碰触，会发出“咔咔”声，且电阻只有 8 Ω(或 16 Ω)

(2)蜂鸣器的检测

有源蜂鸣器在检测时若出现不能发声或声音很小，表明内部音频振荡电路可能出现损坏；无源蜂鸣器的检测与扬声器类似，检测结果可参照扬声器的检测来判断。

4.7.3 开关

开关主要是用来控制电路电源的通断，实验室常用的是单刀双掷开关，其实物图如图 4-19 所示。

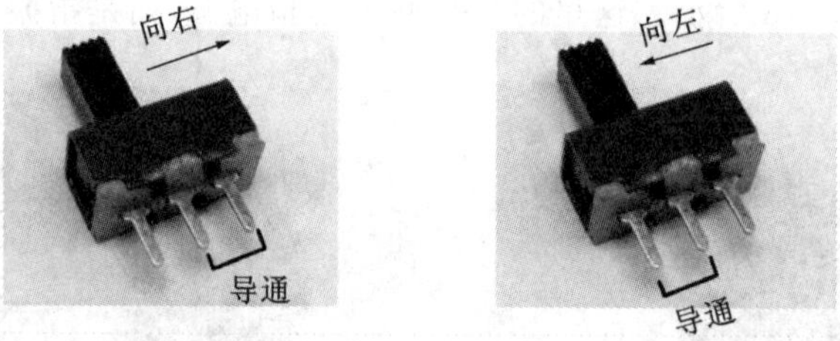

图 4-19 开关实物图

> **强调：**
>
> • 在分发元器件时，请同学们一定妥善保管好自己的东西。测量时，需要记录各种测试数据，一定要实事求是，看到什么就记录什么，不允许随意修改数据。
>
> • 万用表使用完后挡位放在交流电压最大挡或者 OFF 挡，放回实验桌的抽屉还原。

本章测试

1. 色环电阻的最后一环是________。
2. 电容上标识 682，电容的容量为________。
3. 电感器的主要参数有________、________、________、________、________。

4. 测量红色发光二极管，指针式万用表应该用__________挡。

5. 型号为 8550 的三极管是____________类型。

6. 测量电动式扬声器时，指针式万用表放在__________挡。

7. 怎么识别电阻的第一环和最后一环？

8. 如何测量 100 μF 电容器的好坏？

9. 如何用万用表测量型号 9013 三极管的好坏？

5　电子产品手工焊接与技术

安全规范

1. 注意用电安全，烙铁会产生高热，避免触电及烫伤事故发生；
2. 烙铁的放置应遵循“右插左放”原则，以便将其完全纳入视线观察范围；
3. 使用尖锐工具时，注意自身及周围同学的安全。

教学目标

1. 能正确装配电子元器件，并做到美观、合理；
2. 能合理使用及维护常用烙铁，熟练使用电烙铁；
3. 能对照电路图完成电路板的装配、焊接及拆焊等工作。

学习任务

1. 学习教材第 5.1 节。
要求：能够根据电路板的实际情况完成元器件引脚成型与正确装配。
2. 学习教材第 5.2 节至第 5.4 节。
要求：①了解焊锡丝的特性与作用。
②掌握点、线以及贴片元器件的焊接方法，对问题焊点能够及时修正。
③能够使用适当的工具拆除电路板上的问题元件。
3. 学习教材第 5.5 节。
要求：了解电路板常见的故障排查方法。
4. 完成章节作业。

学习资源

1.《电工电子实习指导书 A》第 5 章；
2. 电工实验中心教学实训平台；
3. 超星平台“电工电子实习 A”课程第 4 章视频、PPT；
4. 学习资源库；
5. 班级 QQ 群。

5.1 电子产品装配工艺

电子产品装配工艺包括元器件引线的成型、焊接，导线的加工以及印制电路板的组装等。这些装配工艺的质量会直接影响到整个产品的装配质量。

5.1.1 元器件的插装方法

电子元器件种类繁多，其外形结构也多种多样，甚至同一类元器件，其外形结构也不尽相同。加之，电子产品受体积或性能的限制和要求，对元器件的插装也有着不同的要求。

图 5-1(a)是电阻类元器件的卧式插装示例，图 5-1(b)则是电阻类元器件的立式插装示例。通过对比可以看出，卧式插装需要的电路板面积较大，但是其电路高度较小；立式插装则可以在面积较小的电路板上完成电路的搭建，但其高度会较大。在实际电子生产中，可根据产品需要，选择不同的插装方式。

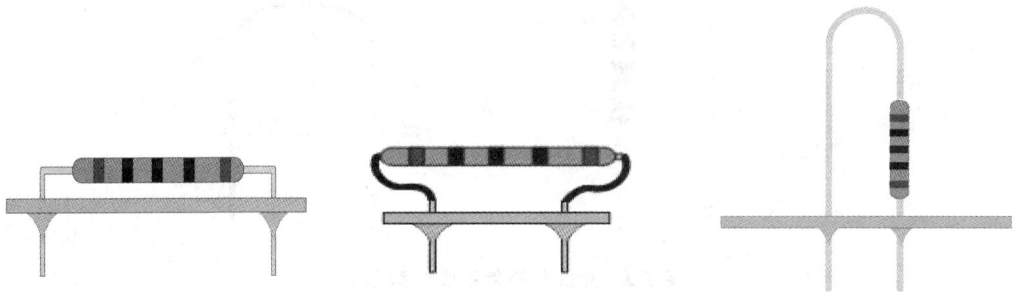

(a) (b)

图 5-1 电阻类元器件的两种插装方式

(a)卧式插装；(b)立式插装

5.1.2 元器件的引脚成型要求

元器件的引脚加工成型的形状，对印制电路板部件的质量和生产效率有着直接的影响。元器件引脚的预成型可以克服焊接时元器件的脱落及浮焊，减少焊点的修整工时。因此，将元器件引脚进行预成型加工是一个很重要的工艺环节。

根据元件成型机操作规程，为确保成型后的引线跨距与印制板上的插装孔相匹配，安装高度符合散热要求，对于小功率卧式手工插件和手工焊接的元器件，其引脚一般应加工成如图 5-2 所示的形状。折弯点至元器件的长度应大于 1.5 mm，两条引脚折弯后应平行。

对于立式手工插件和手工焊接的元器件，其引脚一般应加工成如图 5-3 所示。须注意：R 应大于元器件半径，r 应大于引脚直径的 2 倍；印有型号、规格等字符的部分应明显可见，以便检查和维修。

总而言之，在对元器件进行成型时，须注意折弯尺寸，不得损伤元器件的绝缘层，不得使引脚根部受力从而损伤元器件引脚。元器件成型后，其引脚不能再扳向另一个方向，以免降低其机械强度或折断引脚。必要时，可使用镊子、尖嘴钳等工具或成型机帮助引脚成型。

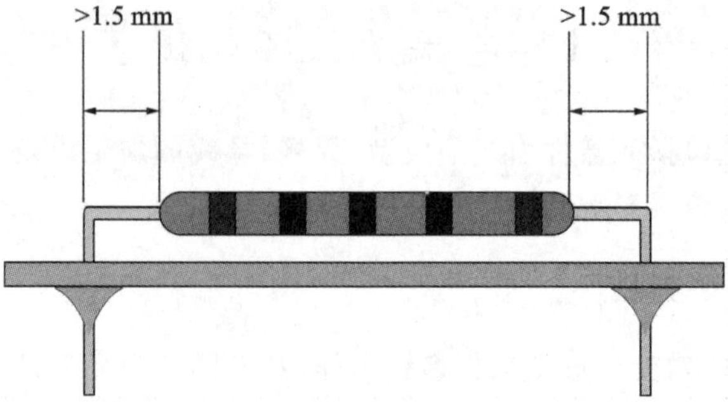

图 5-2 卧式元器件引脚成型示例

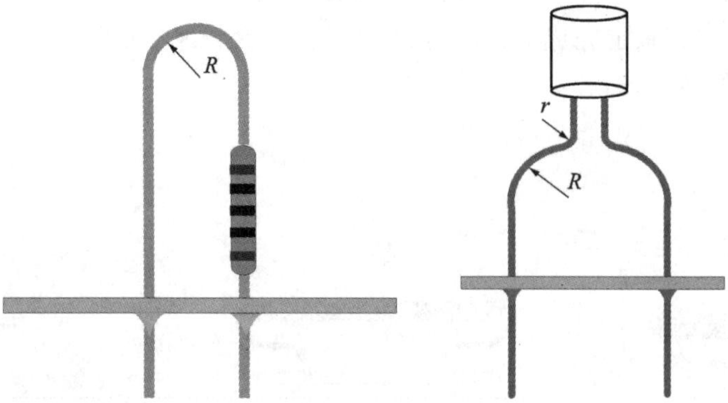

图 5-3 立式元器件引脚成型示例

5.1.3 集成类元器件的插装

集成类元器件通常是整个电路的核心部分。合理、正确地布置好集成电路(IC)，是成功搭建整个电路的关键。集成电路通常有扁平、双列直插、单列直插等几种封装形式，在集成外壳上都设有供识别管脚排序定位的标记。正确的芯片安装方法如图 5-4(a)所示。

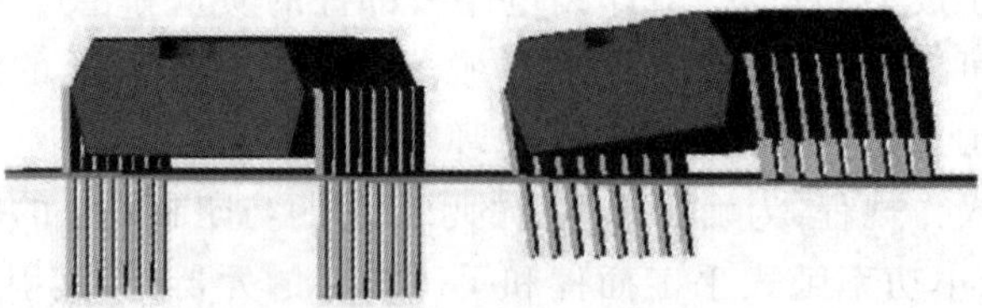

(a) (b)

图 5-4 芯片的安装

(a)芯片正确安装；(b)芯片不良安装

在实际电路中，集成类元器件是与对应引脚数的芯片底座相搭配使用的。图 5-5(a)所示为 NE555 芯片与 8 引脚芯片底座，图 5-5(b)所示为 CD4017 芯片与 16 引脚芯片底座。

需要特别强调的是，在电子线路板的制作中，一般都是将芯片底座进行插装、焊接，IC 则

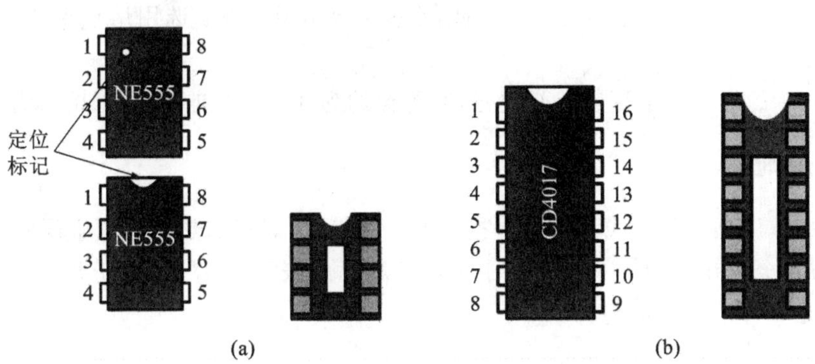

图 5-5 集成芯片与对应芯片底座

(a)NE555 芯片与 8 引脚芯片底座;(b)CD4017 芯片与 16 引脚芯片底座

插装在芯片底座上接入电路。这是因为,一旦 IC 质量有损,可通过更换 IC 来修整线路故障,而不需要费时费力地将其拆焊再重焊。

5.1.4 元器件插装工艺要求

元器件的插装是一道工艺和工序。安插元器件除了对电路板元器件排列是否整齐美观产生影响外,更重要的是其直接影响电路板的安装质量,所以安插元器件有严格的要求。

(1)元器件的插装应遵循先小后大、先低后高、先里后外的原则,这样有利于插装的顺利进行。

(2)各种元器件的安装应尽量使其标记(数值、精度等用色码或字符标记)向上或朝易于识别的方向,并注意标记的阅读方向一致(从左到右或从上到下),以利于后续的目视检查。

(2)功率小的元器件可以贴近印制电路板平面插装,功率大的元器件距离印制电路板平面要有 2 mm,以便于元器件散热。

(3)电容、三极管等元器件立体插装时,引线不能保留太长,否则会降低元器件的稳定性;但也不能过短,以免焊接时因过热损坏元器件。一般距离电路板 2 mm,并且要注意电解电容的正负极性和三极管的管脚。

(4)元器件在印制电路板上的插装应分布均匀、排列整齐美观,不能斜插、立体交叉和重叠排列。元器件外壳和引线不能相碰,要留有一定的间距。

5.2 焊接常用材料

电烙铁是锡焊常用的基本工具。通电后,电烙铁将电能转换成热能,用以加热工件,熔化焊锡,使焊锡附着在元器件、导线及电路板上,并将它们牢固地连接组成电路。因此,选择性能良好的焊料和焊剂有助于提高焊接质量。

5.2.1 焊料

为了获得良好的焊接质量,要求焊料熔点低、流动性好,对元器件和导线的附着力强,机械强度足够高，还要保证焊点光亮美观。因此，在实际操作中，通常选用熔点低于 450℃的软锡铅焊料。

图 5-6 所示的焊料为常用管状焊锡丝，其配比约为：60％锡和 40％铅，熔点为 183℃。

5.2.2　助焊剂

助焊剂的作用是去除引线和焊盘焊接面的氧化膜，在焊接加热时包围金属的表面，使之与空气隔绝，防止金属在加热时氧化，同时可降低焊锡的表面张力，有助于焊锡浸润焊件。图 5-7 为松香，是一种常用助焊剂。

图 5-6　焊料——焊锡丝

图 5-7　助焊剂——松香

5.3　手工焊接技术

焊接是连接各电子元器件及导线的主要手段。焊接分为熔焊、钎焊及接触焊三大类，在电子装配中主要使用的是钎焊。

5.3.1　点焊接技术

电子实验中对插件元器件进行手工焊接时，通常采用送锡焊接法，可分为五步，如图 5-8 所示：

①装配得当：对照电路图，在万用板上选取合适的位置将元器件进行装配，保持元器件引脚笔直且居于引线孔正中位置，如图 5-8(a)所示；

②加热焊盘及被焊件：将烙铁头移动置于引脚和焊盘处加热，如图 5-8(b)所示；

③加入焊锡丝：被焊件受热达到一定温度后，将左手捏握的焊料移至被焊件上，如图 5-8(c)所示；

④移开焊锡丝：当焊料熔化适宜分量后，迅速移开焊锡丝，如图 5-8(d)所示；

⑤移开电烙铁：当焊料扩散达到要求后，移开电烙铁，如图 5-8(e)所示。

为保证焊接质量，在手工焊接时还应注意以下事项：

①对小型电子元器件的焊接温度要适当，过热会使焊盘脱落，温度不够时容易产生虚焊；

②加热时间要短，一般焊接时间为 2～3 s；

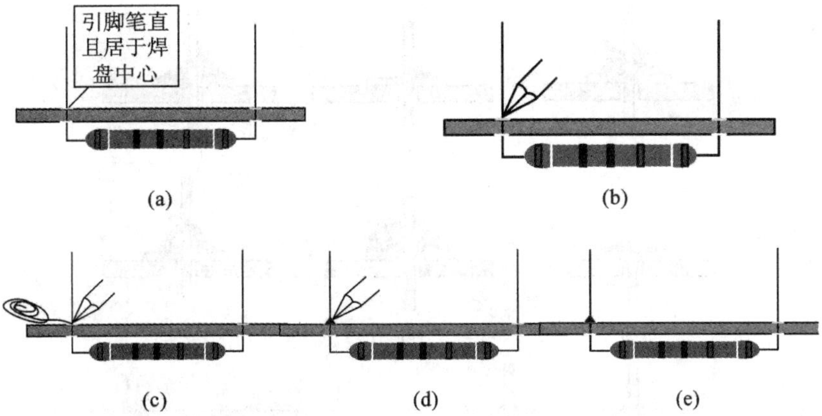

图 5-8 电子手工焊接步骤

(a)装配得当;(b)加热焊盘及被焊件;(c)加入焊锡丝;(d)移开焊锡丝;(e)移开电烙铁

③焊接时,焊料添加应适中,既不能过多,也不能太少,否则都不会做出标准合格的焊点;

④焊接时要防止焊锡四处流动,否则极易造成焊点与焊点之间的短路;

⑤焊接中在焊锡冷却凝固前不要触动焊点,否则焊点易发生变形,造成虚焊;

⑥应及时清理焊接中掉落的锡渣,以防造成偶然短路。

5.3.2 焊点要求

如图 5-9 所示,一个良好的锡焊焊点,应具备以下要求:

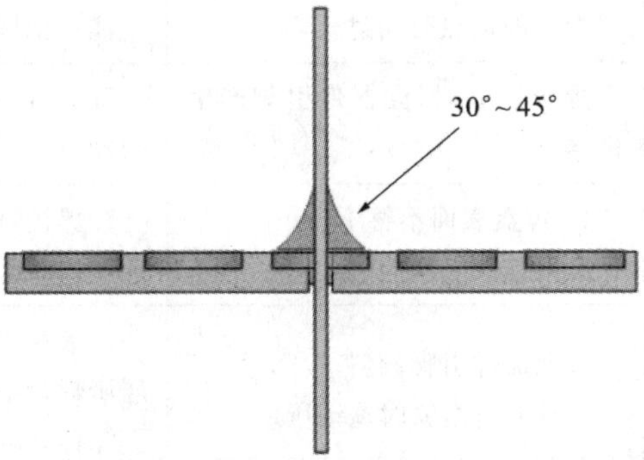

图 5-9 焊点示例

①焊点应该有良好的电接触;

②焊点要有足够的机械强度,以保证被焊件不脱落;

③焊点表面光洁、美观。

但在实际焊接中,常常因为各种原因,例如被焊接表面处理不够干净,焊盘及引线的可焊性差,或焊接工艺不合适等引起焊接不良。图 5-10 中列举了几种常见的焊点缺陷。

表 5-1 中针对常见的焊点缺陷,说明了其产生原因,并给出了相应的修正方法。在实际电子焊接操作中,还需要多练习、多体会。

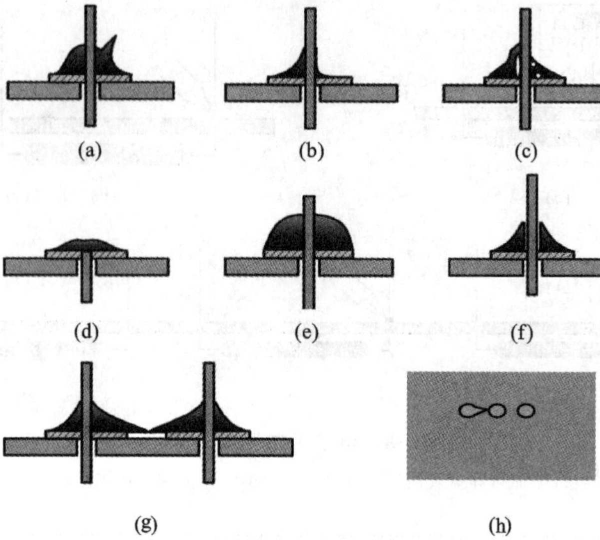

图 5-10　常见焊点缺陷

(a)拉尖;(b)焊料不均匀;(c)有气泡;(d)引线退回;
(e)焊料过多;(f)引线可焊性差;(g)焊料结块;(h)桥接

表 5-1　常见不良焊接及修正方法

序号	不良焊接现象	产生原因	修正方法
1	焊盘脱落	焊料温度过高或焊接时间过长	对焊接时间及温度进行工艺调整
2	焊点亚光色泽或发黑	焊料的加热时间过长	注意把握移开电烙铁的时间
3	裂纹	焊料凝固时,元器件引脚产生位移	确保焊料凝固时,元器件引脚不发生变动
4	焊盘相连	1. 焊盘表面不够干净; 2.电烙铁工作面过大	1.焊接时要注意保持焊盘表面的清洁; 2.抬高电烙铁,减小焊接时的接触面
5	焊点歪斜	1.元器件引脚倾斜; 2.移开电烙铁时拖动所致	1.装配元器件时应保证其引脚笔直且居于焊盘中心位置; 2.移开电烙铁时应果断
6	元器件引脚粘锡	移开电烙铁时向上拖行	移开电烙铁时应做到平移
7	焊点成球形或其他形状	焊料过多	注意双手的配合,把握准确的焊接时间
8	焊点拉尖	1.烙铁头表面不够洁净,粘锡量过大; 2.撤离电烙铁时,过快或过慢; 3.元器件管脚氧化	控制好焊接时间与电烙铁移动速度

5.3.3 多余引脚的处理

通常，插件元器件完成点焊接后，会在焊接面留下较长的引脚余量。为了后续电路制作的方便，需要将多余的引脚进行处理。一般来说，不能将元器件多出来的引脚余量作为电路连接线使用。这是因为作为电路连接线使用时，一是需要考虑该线路上的电流/电压荷载，二是导线成型时有可能损坏元器件本身。所以，电子焊接实操中会将元器件引脚的余量进行剪除处理。

在剪除引脚时，首先应注意适当保留引脚长度。一般在剪除点焊接后的引脚时，不可将其沿焊点顶端剪除，须在焊点顶端留出 1～2 mm 引脚，也可参照电路板上的集成元器件引脚的高度。

其次，剪除引脚时还须注意引脚余料的飞溅方向。如图 5-11 所示，预留适当的引脚长度后，将剪刀比对在正确的剪除位置，此时须将剪除面朝向操作人员身体外侧（注意周边环境，切勿朝向他人），并压向操作台桌面方可用力剪除。

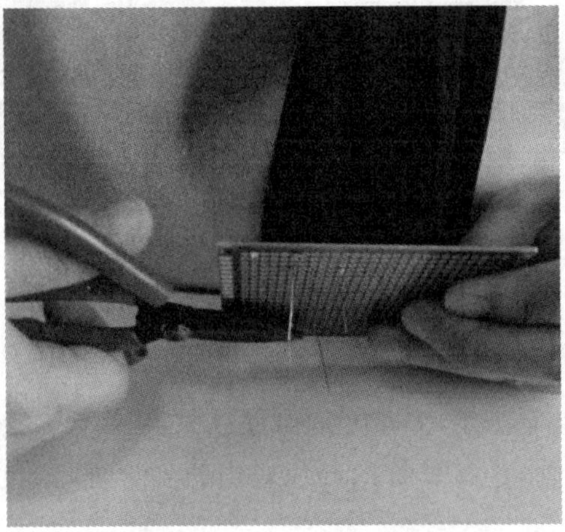

图 5-11　剪除多余引脚

5.3.4 导线焊接技术

电路板的制作离不开导线的连接，导线将电路板上的各个元器件按照电路原理或串联或并联，以实现电路功能。连接导线时，须尽量使导线布局均匀，横平竖直，避免出现交叉线、跳线等情况。

焊接导线时，一般采用带锡焊接法，通常分以下四个步骤，如图 5-12 所示：

①将导线去皮捋直：用剥线钳或者电工剪刀将导线外面的绝缘胶皮层去除，如图 5-12(a)所示。需要注意的是，去除了绝缘胶层的导线金属丝极容易弯折变形，因此在焊接导线的过程中，根据实际使用长度逐一剥线。

②将导线始端搪锡：用电烙铁给导线的起始端涂抹上一点锡料，以便后续焊接，如图 5-12(b)所示。

③将导线始端与焊点对齐并进行焊接，如图 5-12(c)所示。此时，电烙铁只须在贴合处进行点加热即可。遇热的锡料会熔化在一起，移除电烙铁后，稍一冷却，导线和焊点就牢牢地焊

接住了。

④导线转折处处理：借助工具将导线进行直角成型，如图 5-12(d)所示。

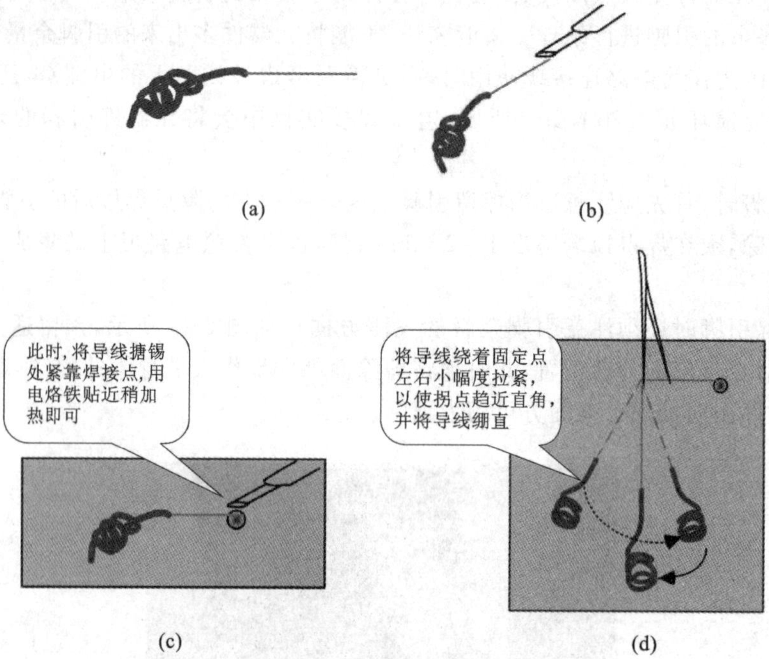

图 5-12　导线的焊接步骤

(a)将导线去皮捋直；(b)将导线始端搪锡；

(c)将导线始端与焊点对齐并进行焊接；(d)导线转折处处理

以上操作完成后，从侧面观察焊点以及焊点之间的导线，将得到如图 5-13 所示的视觉效果图。通过观察可以发现，连接良好的导线应当长度合理、顺直不弯曲、贴近板面穿焊点而过。

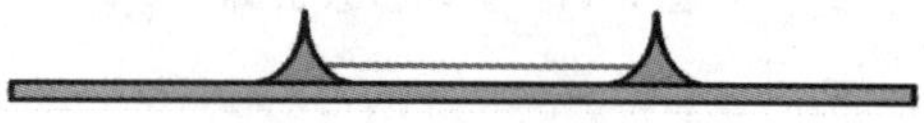

图 5-13　焊点及导线效果图

5.3.5　贴片元件焊接技术

与直插(引线)元件相比，贴片元件具有以下优点：

第一，贴片元件体积小、重量轻，易于携带和保存；

第二，贴片元件较直插元件更易于焊接和拆卸；

第三，贴片元件提高了电路的稳定性和可靠性，提高了电路制作的成功率。

图 5-14 是一些常用的贴片元件，其中(a)图为贴片电阻元件，(b)图为贴片电容元件，(c)图为贴片三极管，(d)图为贴片集成电路元件。

以贴片集成电路元件为例，在焊接多管脚贴片元件时，应遵循以下步骤：

①清理和固定电路板：在焊接前应对电路板进行检查，清除其表面的油性手印及氧化物。特别注意避免手指接触焊盘，以免影响上锡。

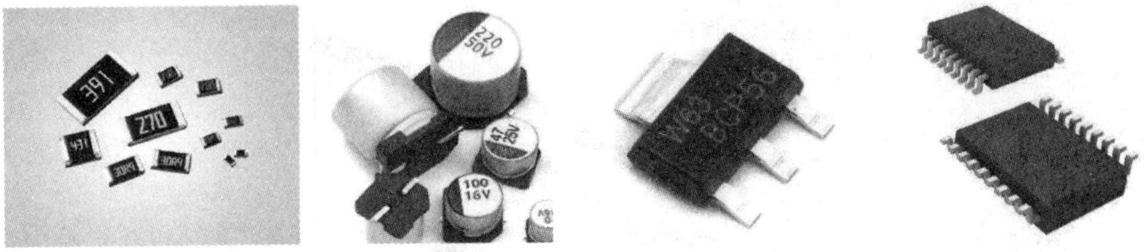

(a) (b) (c) (d)

图 5-14 常见的贴片元件

(a)贴片电阻元件;(b)贴片电容元件;(c)贴片三极管 (d)贴片集成电路元件

②固定贴片元件:贴片元件的固定非常重要,一般采用单脚固定法,即先对其一个管脚进行焊接。焊接时,先对焊盘上锡,然后将管脚比对、贴近,再用电烙铁加热以焊接管脚。一般来说,焊接的第一个管脚应位于贴片元件对角线的顶点处。

③先焊对角线管脚,再焊剩余管脚:完成上一步骤后,再焊接该对角线的另一顶点。这样,贴片元件就被固定在相应位置,剩余管脚也与各自的焊盘位置一一对应。

综合步骤②和步骤③可知,焊接贴片元件时,选取的管脚的顺序应如图 5-15 所示。

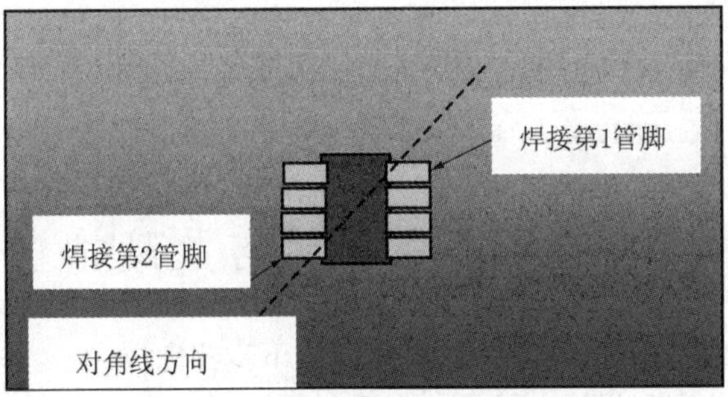

图 5-15 多管脚贴片元件焊接顺序

④清除多余焊锡:由于贴片元件的体积较小,在焊接时容易造成管脚短路。因此,在焊接过程中和完成焊接后,需要仔细检查焊接效果,及时将多余的焊锡清除掉,避免电路板故障。

⑤清洗焊接处:用高度酒精清洗助焊剂之类的残留物。要注意力度,以免擦伤阻焊层或元件管脚。

5.4 常用拆焊技术

当元器件焊接后发现与电路图不符,或者元器件发生故障需要更换时,就需要对问题元器件进行拆焊。如果元器件引脚数较少时,可用电烙铁配合 IC 起拔器(镊子或尖嘴钳)一起拆卸元器件。具体方法:在焊接面用电烙铁对拆焊点进行加热,当拆焊点的焊锡遇热熔化时,即刻用 IC 起拔器或镊子稍用力向外侧撬起元器件直至移除,如图 5-16 所示。

对于集成电路,因其引脚数较多,如采用上述拆焊方法,在实际操作中并不可行。更换集成电路的方法通常有:吸锡拆卸法、使用专用烙铁拆卸法、空心针头拆卸法及简易拆卸法,如图 5-17 所示。

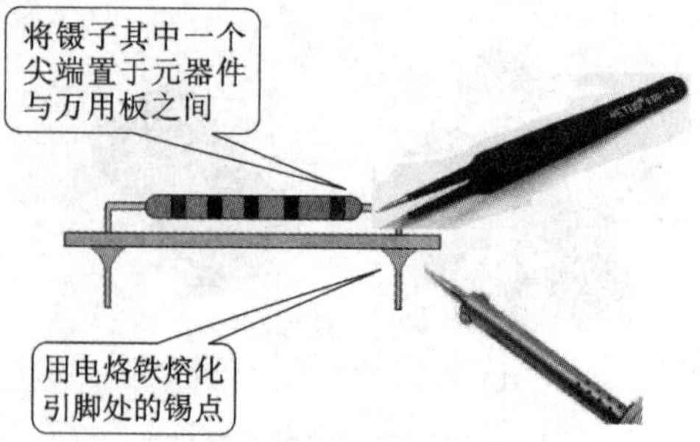

图 5-16 拆拿焊接元器件

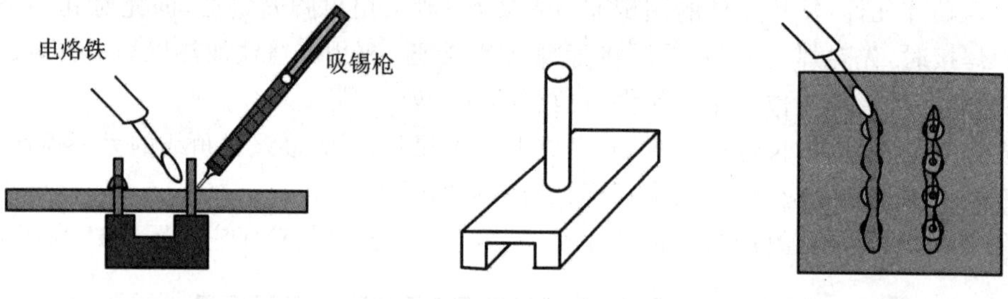

(a) (b) (c)

图 5-17 集成电路拆卸方法

(a)吸锡拆卸法;(b)使用专用烙铁头拆卸法;(c)简易拆卸法

5.5 电路板的调试与故障排查

掌握上述知识后,便可以进入实际操作,即分以下步骤完成:

元器件装配与焊接→导线的布置与连接→电路板的检查与调试

一旦发现电路板不能正常工作时,需要对电路板进行故障排查。电子产品在排查故障时,既可以采取顺序排找法,也可以采取逆序排找法。

①顺序排找法:从电源处出发,按照电子线路的工作顺序,逐一进行排查;

②逆序排找法:从故障产生处开始,沿着该路电子线路,逐个地倒序排查。

常用的电子产品的故障排除法有以下几种:

(1)直观检查法

直观检查法就是通过直接观察电子产品在静态、动态、故障状态下产生的具体现象,从而可直接发现故障部位或产生原因。

针对电子线路板而言,直观检查法可理解为对照既定电子线路图,逐一检查线路板的各电子元器件的使用型号、插装极性、焊接工艺和连线准确性。

(2)电阻检查法

电阻检查法是通过使用万用表欧姆挡检查线路的通断、阻值大小及元器件质量,从而判断故障产生原因的一种方法。

(3)电压(电流)检查法

电子电路正常工作时,电路中各点的工作电压表征了一定范围内电子元器件及电路的工作情况。电压(电流)检查法就是借助万用表测量电路及主要元器件的工作电压(电流),并与完好状态下的正常值进行比较,从而推断出故障产生的原因。

(4)信号寻迹检查法

借助特定的信号寻迹仪器查找信号踪迹,从而准确锁定故障位置。目前,该方法已普遍应用于电气工程系统中。

(5)代换检查法

代换检查法即采用已知质量完好且可靠的元器件替代故障可疑元器件,从而达到准确判断故障产生原因的方法。

强调:

- 修剪元器件引脚时板子一定不要对着自己的面部,也不要对着他人。
- 焊接时烙铁头的温度能达到300℃以上,一定注意安全,防止烫伤。
- 焊接时身体坐直,保持写字姿势,眼睛离电路板保持30 cm的距离。

本章测试

1. 集成电路通常有__________、__________、__________等几种封装形式。
2. 焊锡丝里包含__________、__________两种物质。
3. 电烙铁在进行焊接时,其加热对象包括__________和__________。
4. 一个良好焊点的特点主要有哪几个?
5. 常用电子产品的故障排除法有哪几种?
6. 简述贴片元件的焊接步骤。

6 555 声光报警器

安全规范

1. 烙铁的放置应遵循“右插左放”原则，避免高温高热导致烫伤事故；
2. 使用尖锐工具时，注意自身及周围同学的安全。

教学目标

1. 能正确辨识、测量实验项目所涉及的元器件类型、型号及参数；
2. 了解电路原理，能根据电路图自行完成电路的装配及焊接工作；
3. 根据电路原理，调试电路板使其达到正常工作状态。

学习任务

1. 学习教材第 6.1 节与第 6.2 节。

要求：掌握 555 芯片脚封装 DIP-8 的排列顺序，读懂 555 的真值表，会计算 555 多谐振荡的周期。

2. 学习教材第 6.3 节与第 6.4 节。

要求：会清理元件，根据所学知识装配、焊接报警电路。

3. 学习教材第 6.5 节。

要求：能够使用万用表测量电路板的关键参数，能够处理电路板的简单故障。

4. 完成章节作业。

学习资源

1.《电工电子实习指导书 A》第 6 章；
2. 电工实验中心教学实训平台；
3. 超星平台“电工电子实习 A”课程第 2.2 节、第 2.3 节、第 3 节、第 5 节视频与 PPT；
4. 学习资源库；
5. 班级 QQ 群。

6.1 项目主要元件

以 555 芯片为例。555 定时器是一种多用途的数字-模拟混合集成电路，利用它能极方便地构成施密特触发器、单稳态触发器和多谐振荡器。由于使用灵活、方便，所以 555 定时器在波形的产生与交换、测量与控制、家用电器、电子玩具等许多领域中都得到了广泛应用。标准的 555 芯片集成有 25 个晶体管、2 个二极管和 15 个电阻，并通过 8 个引脚引出，内部电路结构如图 6-1 所示。

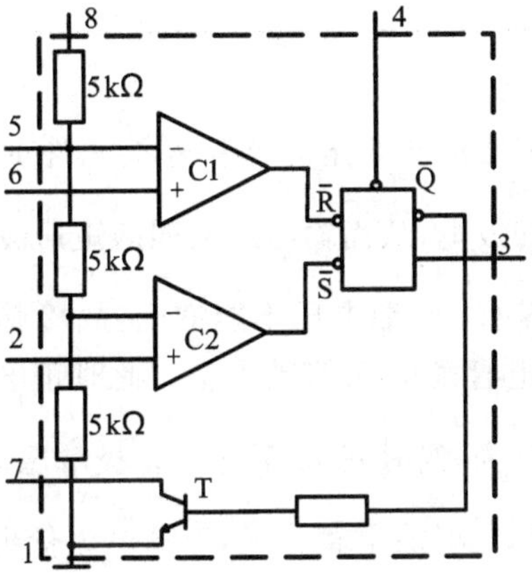

图 6-1 NE555 芯片内部结构

(1)555 芯片及其引脚

常见的 555 芯片采用 DIP-8 封装方式，构成为双列直排。芯片背部印有型号，并常伴有圆点或半圆形的缺口作为定位标识。芯片的 8 个引脚按照“U ”字形顺序排列，左上角起为 1 引脚，右上角终止为 8 引脚，如图 6-2 所示。

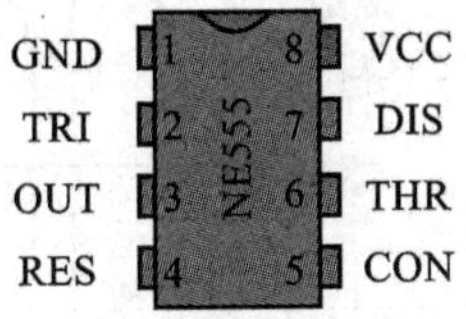

1 脚：电源负　　5 脚：控制端
2 脚：触发端　　6 脚：阈值端
3 脚：输出端　　7 脚：放电端
4 脚：复位端　　8 脚：电源正

图 6-2 555 芯片及引脚功能说明

(2)555 真值表

555 的 8 脚是集成电路工作电压输入端，以 VCC 表示。将电位 $U<\frac{1}{3}VCC$、$U>\frac{1}{3}VCC$ 分别视为 2 脚的“0”和“1”电位，将 $U<\frac{2}{3}VCC$ 和 $U>\frac{2}{3}VCC$ 分别视为 6 脚的“0”和“1”电位，555 真值表见表 6-1。

555 真值表说明：

①2 脚为 0，输出 3 脚为 1，7 脚为高阻(与电源负断开)；

②6 脚为 1，输出 3 脚为 0，7 脚为低阻(与电源负连通)；

③2、6 脚电位在中间段时，3 脚保持原状态不变；

④在任何时候，4 脚为 0，输出为低（强制复位）。

表 6-1 555 真值表

2 脚	6 脚	4 脚	输出 3 脚	放电端 7 脚
0	0	1	1	断
1	0	1	1	断
1	1	1	0	通
1	0	1	0	通
*	*	0	0	通

（3）555 多谐振荡电路波形图

如图 6-3（a）所示，多谐振荡器由 555 定时器和外接元件 R1、R2、C1 和 C2 组成，电容 C1 在$\frac{2}{3}$VCC 和$\frac{1}{3}$VCC 之间充电和放电，从而输出一系列的矩形波，波形如图 6-3（b）所示。

该电路初次通电时，因电容 C1 两端电压不能突变，故 2 脚电位为低电平，555 时基电路置位，3 脚输出高电平，内部放电管截止，7 脚被置空。此时正电源通过电阻 R1 和 R2 给电容 C1 充电，使 C1 两端电压不断升高，经时间 t1 后，C1 正极电压即 6 脚电位升至$\frac{2}{3}$VCC 后，555 时基电位复位，3 脚输出低电平，同时放电管导通，7 脚也为低电平，电容 C1 存储的电荷通过 R2 向 7 脚放电，从而使 2 脚电平不断下降，经过 t2 时间降至$\frac{1}{3}$VCC，555 时基电路再次置位，3 脚又输出高电平，7 脚再次被置空，又一个周期开始，循环往复。

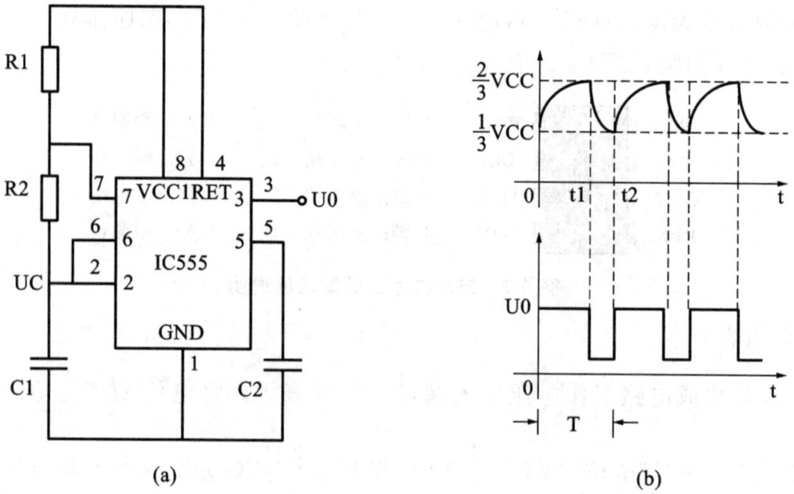

图 6-3 555 多谐振电路与波形

（a）555 多谐振荡电路；（b）555 振荡电路波形

C1 充电过程中，电压在电源$\frac{1}{3}$VCC～$\frac{2}{3}$VCC 之间变化，故：

3 脚输出高电平的时间：$t1=-(R1+R2)C1\ln\left(\frac{VCC-2VCC/3}{VCC-VCC/3}\right)$

$$=(R1+R2)C1\ln 2$$
$$\approx 0.693(R1+R2)C1$$

3 脚输出低电平的时间：$t2=0.693R2C1$

振荡重复周期：$T=t1+t2=0.693(R1+2R2)C1$

振荡频率：$f=\frac{1}{T}\approx\frac{1.44}{(R1+2R2)C1}$

输出脉冲的占空比为：$D=\frac{t1}{T}\approx\frac{R1+R2}{R1+2R2}$

6.2　555 声光报警器工作原理

555 声光报警器电路如图 6-4 所示，其工作原理如下：电路中开关 K1 闭合，发光二极管 LED3 亮；555 芯片的 2 脚和 6 脚为低电平 0，输出端 3 脚为高电平 1，LED1 亮，三极管 VT1 导通，蜂鸣器 J1 报警，三极管 VT2 截止，LED2 灭，7 脚为高阻态；随着时间的增长，电容 C1 通过电阻 R1、R2 充电，2 脚和 6 脚电位升高，最终达到高电平 1，3 脚输出低电平 0，LED1 灭，三极管 VT1 截止，蜂鸣器 J1 报警停止，三极管 VT2 导通，LED2 亮，7 脚为低阻态，通过电源负开始放电，使 2 脚和 6 脚电位降低。循环往复，电路又开始报警。其中电路的定时时间为：$T=\ln 2(R1+2R2)C1$。

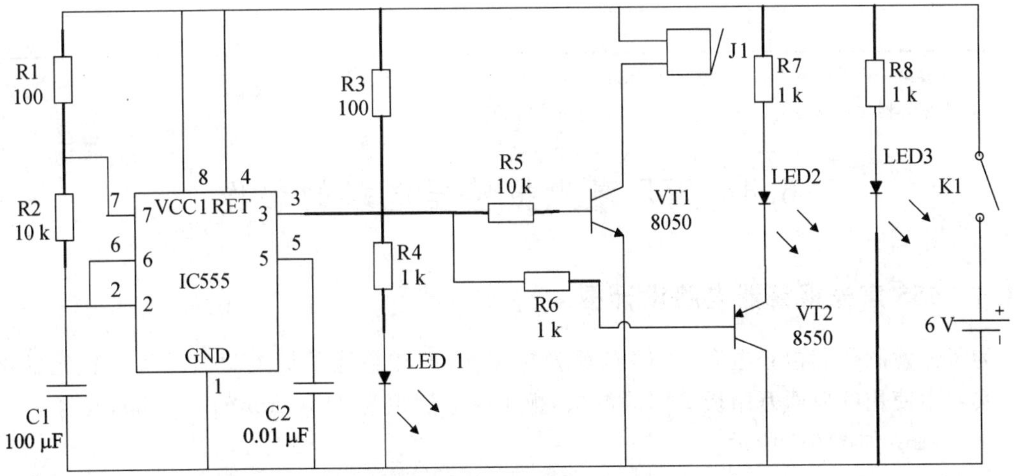

图 6-4　555 声光报警器原理图

6.3　元器件清单及参数测量

制作 555 声光报警器，需要用到电阻、电容、二极管和三极管等多种电子元器件。本项目所需元器件的具体型号及数量如表 6-2 所列。

取得相关元器件后，需要对元器件进行辨识和测量，以判断其是否适用。元件的测量参数判断可适用后填入表 6-3。

表 6-2 555 声光报警器所需元器件清单

序号	元器件	数量	备注	序号	元器件	数量	备注
1	元件收纳袋	1		11	三极管 8550	1	
2	万用板	1		12	LED 灯	3	
3	555 芯片	1		13	蜂鸣器	1	
4	8 脚芯片座	1		14	排针	1	
5	100 Ω 电阻	2		15	排座	1	
6	1 kΩ 电阻	4		16	电池	4	
7	10 kΩ 电阻	2		17	电池盒	1	
8	100 μF 电容	1		18	开关	1	
9	电容 103	1		19	导线	1	
10	三极管 8050	1		20	焊锡丝	1	

表 6-3 元器件参数测量与记录

序号	位号	标称值	允许误差	测量值	实际误差	适用判断
1	R1	100 Ω	5%	99 Ω	1%	√

注：1. 此表第一行是以电阻 R1 为例，其他元器件可参照；

2. 根据元器件实际种类和数量，该表在填写时可自行调整。

6.4 555 声光报警器电路的制作

6.4.1 555 声光报警器电路设计图

为了方便制作和检查电路，电路布置为单面板，即在绝缘基板上只有一面放铜箔的电路板。实习中使用的单面万用板又叫洞洞板，板子参数洞距为 2.54 mm(100 mil)，孔径 1 mm，板厚 1.5 mm，如图 6-5 所示。

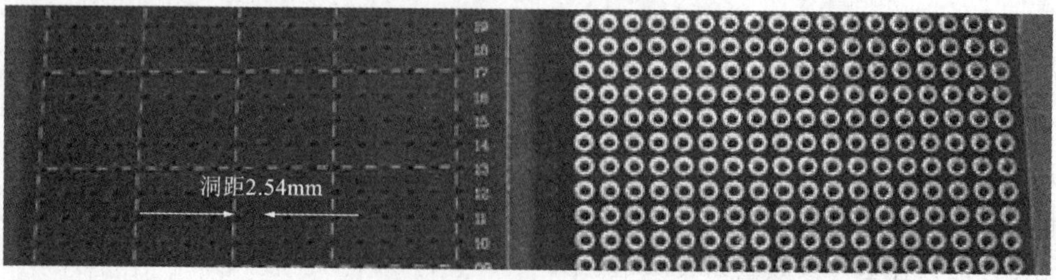

图 6-5 电路母板

电路板的设计要求如下：

①元件摆放合理、美观；

②3 个 LED 灯有序排放在一起，引脚排列为 1×6 的模式；

③整个线路平铺在电路板上，不允许交叉、跳线；

④相邻两个焊盘中间不能穿线；

⑤注意电路板上顶层与底层的镜像关系；

⑥导线连接应遵循“横平竖直”原则。

图 6-6 为 555 报警电路设计图示例。其中图(a)为电路实物装配图，图(b)为焊接工艺图。需要特别注意的是，图(a)与图(b)为镜像关系。在制作过程中，一定请正确参照设计图进行装配或焊接。

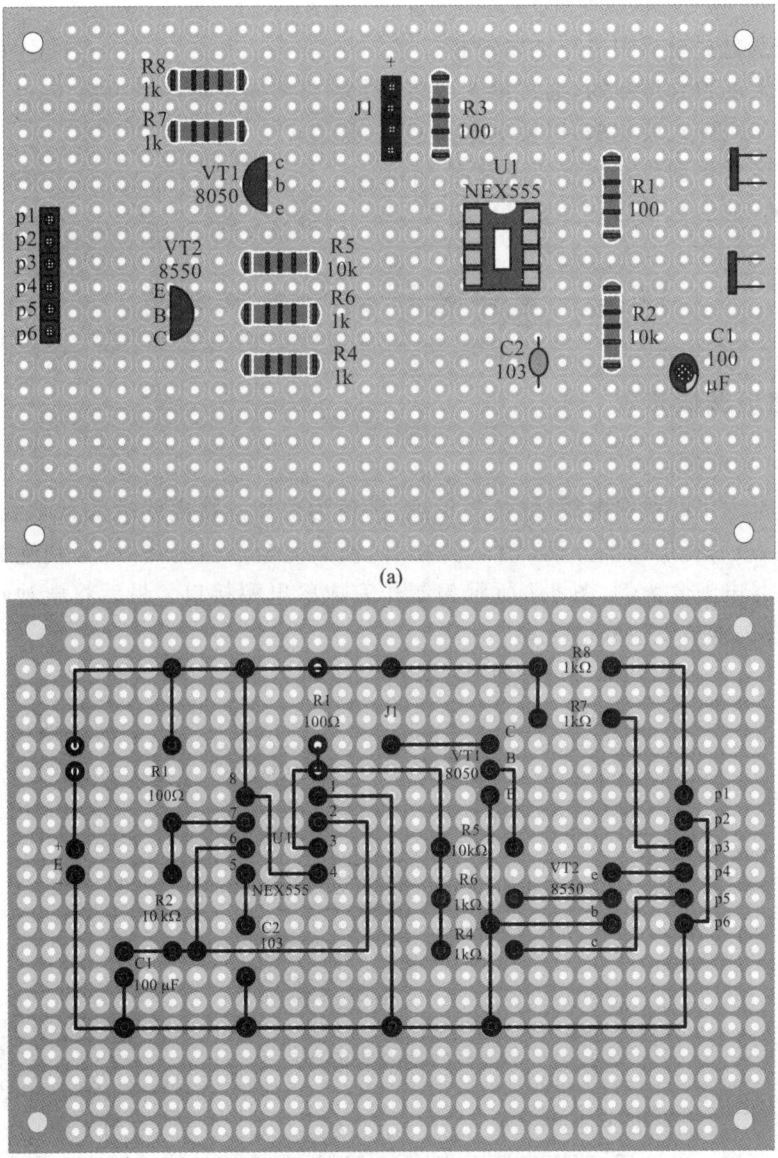

图 6-6　555 报警电路设计图

(a)555 报警电路实物装配图；(b)555 报警连线工艺图

6.4.2 电路板制作步骤

①辨识相关元器件，并测量、记录各元器件实际参数；
②在了解电路原理的基础上，自主设计并绘制实物装配图及焊接工艺图；
③对照电路图，将元器件在万用板上合理布局并装配；
④熟悉电工焊接工艺，对装配好的元器件逐个进行焊接；
⑤参照电路设计图进行连线焊接。

6.4.3 电路板标准化工艺要求

①严格按照电路设计图进行电路安装；
②元器件装配须合理布局，通常可选取核心元器件将整个电路进行定位；
③元器件采用卧式装配法，以使电路板美观、整洁；
④电路板的焊接面所有焊点要求圆润、光亮；
⑤导线的连接应横平竖直并紧贴电路板，走线简洁、无交叉。

6.5 电路板调试与故障分析

6.5.1 电路板调试步骤

(1)制作外接电源接口

电池盒外部引出的两根电线，红色为正极，黑色为负极。将电线端头处剥线、搪锡后再与杜邦簧片相连，最后将连接部分套以 PE 热缩管，使其完全被包裹住，以起到绝缘和固定的作用。以四节五号电池盒为例，图 6-7 所示为制作完成的电源接口。最后将电池正确放入形成串联，电源电压为四节电池的电压和。

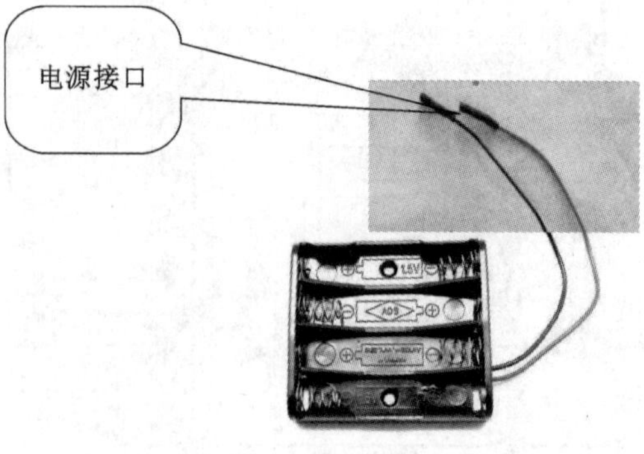

图 6-7 外接电源接口

(2)使用万用表测量电压值并记录

将上述电源接入电路后，万用表调至直流 10 V 挡，黑表笔始终放置在电源负极上，红表笔分别放置在 555 芯片的各引脚处，如图 6-8 所示。将测量值填入表 6-4。按照此方法，测量三极管各管脚电压，记录并填入表 6-5。在表 6-6 中，记录下各负载的工作状态(注意，描述要清楚且准确)。

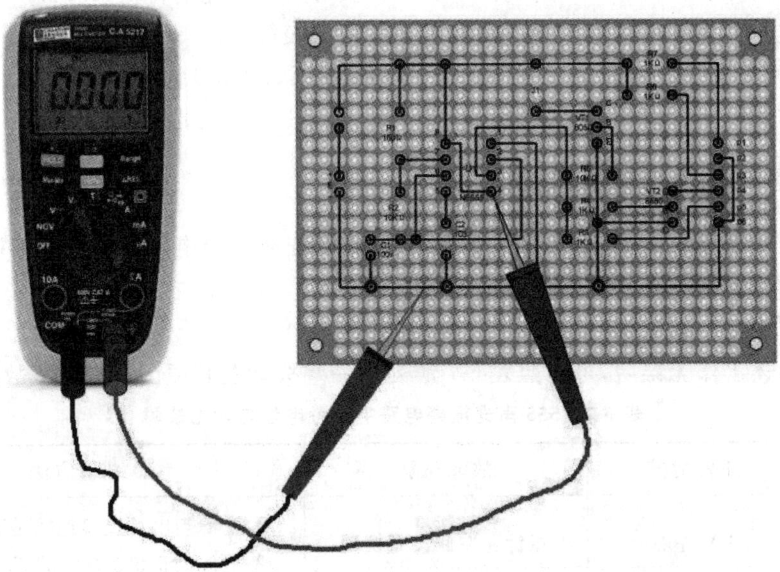

图 6-8　使用万用表对 555 声光报警器电路进行电位测量

表 6-4　555 芯片管脚电位

555 管脚	1	2	3	4	5	6	7	8
电压值/V								

表 6-5　三极管各管脚电位

型号	e	b	c

表 6-6　负载状态记录

负载	状　　态	
LED	L1	
	L2	
	L3	
蜂鸣器		

6.5.2　电路板功能与表征

作品焊接完毕后,为了较好地验证电路板的正确性,须进行以下操作:

①将 555 芯片正确插入 8 脚芯片座后接入电路进行工作;

②将 LED 灯正确接入对应位置,以显示电路工作情况;

③将蜂鸣器正确插入对应位置，以直观反映电路功能。

之后，可通过观察所接 LED 灯的闪烁情况以及蜂鸣器的鸣响特征来验证所搭建的电路是否正确。功能完备且正确的电路板应当具备下述两点表征：

①L3 实现常亮，L1 与 L2 实现对闪（即 L1 亮 L2 灭，L2 亮 L1 灭）；

②蜂鸣器的鸣响带有明显而有规律的频率，且与 L1 同频工作。

6.5.3 电路常见故障分析与排查

当电路板接通电源后，出现故障或工作不良时，首先须对照电路图进行仔细检查，并确认：

①所有的元器件无一遗漏地全部焊接；

②所有连线无一遗漏，并且没有虚焊及短路情况。

在确保上述工作无误后，可参照表 6-7 所列的一些故障及其原因对电路板故障进行排查。

表 6-7 555 声光报警电路中参考电位与常见故障

测量位置	正常情况	故障现象	排查方法
电源	6 V 左右	指针在左侧没有摆动	1. 电源与电源接口连接是否有松动； 2. 电源的正负极接入是否正确
555 芯片	功能正常	除 L1 实现常亮外，其他功能均不正确	检查芯片的插放是否正确
芯片 1 脚	0 V	测量 1 脚时，万用表的指针发生小幅度偏转	检查 1 脚与电源负极之间的连接
芯片 8 脚	6 V 左右	电压过低	检查 8 脚与电源正极之间的连接是否良好
芯片 2、6 脚	动态电位	1. 电位低，无摆动	检查电容有无短路、有无接反，有无连接不良的情况
		2. 电位高，无摆动	检查 555 芯片是否插好、555 芯片是否完好，7 脚与电路是否接触良好
		3. 有微小摆动	检查电阻 R1 与 R2 是否接反
芯片 4 脚	6 V 左右	电压过低	4 脚是否忘记与 8 脚连接
芯片 7 脚	动态电位，略高于 2、6 脚	无摆动，发光二极管只亮灭一次	7 脚与电路是否接触良好
		电压低	检查电阻 R1 与 R2 是否接反
芯片 5 脚	4 V	该引脚故障较少	
芯片 3 脚	大角度的动态电位	该引脚电位发生错误时，须追溯至其他引脚以排除故障	
三极管	LED 灯实现对闪	L1 与 L2 同时亮灭	1. 检查三极管的型号是否用错； 2. 三极管各基极接入是否正确
蜂鸣器	规律地鸣响	完全没有声响	检查蜂鸣器接入电路的正负极性是否正确

强调：

- 制作过程中使用的工具一定要放回原处，方便大家使用时都能找到。
- 务必重视万用表的使用，电子元器件有问题首先想到使用万用表。
- 调试电路板时无论现象对错，都必须测量数据，根据数据加以分析，查找原因。

本章测试

1. 555 芯片是 DIP-8 的封装，第一个引脚位于＿＿＿＿＿＿，最后一个引脚位于＿＿＿＿＿＿。

2. 555 报警电路中决定 LED 灯闪烁频率的元件是＿＿＿＿＿＿。

3. 电路中 9013 是＿＿＿＿类型的三极管，8550 是＿＿＿＿类型的三极管，它们在电路中起的作用都是＿＿＿＿。

4. 使用万用表测量电路板的电位时，须调至＿＿＿＿＿挡位。

5. 如果电路板出现蜂鸣器常响、LED1 常亮、LED2 长灭，分析可能的故障原因。

6. 如果电路板出现蜂鸣器响一声，LED1 和 LED2 各亮灭一次，分析可能的故障原因。

7 流水彩灯音乐盒的设计与制作

安全规范

1. 烙铁的放置应遵循“右插左放”原则，避免高温高热导致的烫伤事故；
2. 剪短元器件引脚时，注意余料的飞溅方向。

教学目标

1. 能正确辨识和测量实验项目所涉及的元器件类型、型号及参数；
2. 了解电路原理，能根据电路图自行完成电路的装配及焊接工作；
3. 根据电路原理调试电路板，使其达到正常工作状态。

学习任务

1. 学习教材第 7.1 节、第 7.2 节内容。

要求：①读懂 CD4017 芯片资料，读懂音乐芯片资料；

②能够很好地理解电路原理。

2. 学习教材第 7.3 节与第 7.4 节。

要求：①根据清单表整理元件并逐一识别测量；

②按照要求装配焊接出流水灯音乐电路。

3. 学习教材第 7.5 节。

要求：利用万用表测量电路板的关键参数，掌握电路板调试方法，能够分析故障原因并处理。

4. 完成章节作业。

学习资源

1.《电工电子实习指导书 A》第 7 章；
2. 电工实验中心教学实训平台；
3. 超星平台“电工电子实习 A”课程第 7 节、第 10 节、第 11 节；
4. 学习资源库；
5. 班级 QQ 群。

7.1　项目主要元件

7.1.1　CD4017 芯片介绍

CD4017 芯片是 5 位 Johnson 计数器，如图 7-1 所示，采用 16 个引脚双列直插封装形式，即 DIP-16 的封装形式。它具有 10 个译码输出端，CP、CR、INH 输入端。时钟输入端(14 脚)的斯密特触发器具有脉冲整形功能，对输入时钟脉冲上升和下降时间无限制。INH(13 脚)为低电平时，计数器在时钟上升沿计数；反之，计数功能无效。CR(15 脚)为高电平时，计数器清零。CD4017 输出高电平的顺序分别是 3、2、4、7、10、1、5、6、9、11 脚，各种发光方式可按自己的需要进行具体的组合。

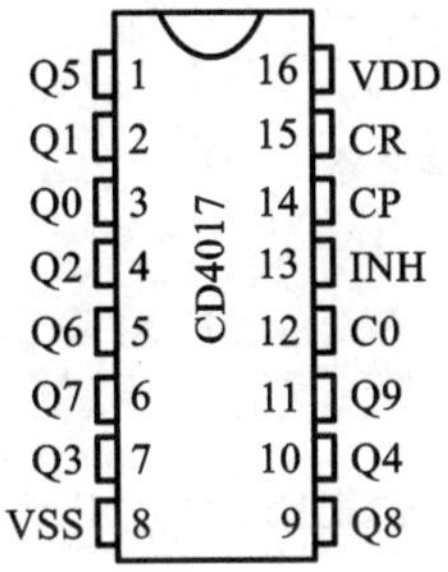

8脚：电源负　　16脚：电源正
12脚：进位端　　13脚：时序允许
14脚：频率输入　　15脚：复位端
其余引脚均为输出端

图 7-1　CD4017 芯片及引脚功能说明

CD4017 真值表如表 7-1 所示。

表 7-1　CD4017 真值表

输入			输出	
CP	INH	CR	Q0—Q9	CO
×	×	1	Q0=1(复位)	
↑	0	0	计数	计数脉冲为 Q0—Q4 时，CO=1 计数脉冲为 Q5—Q9 时，CO=0
1	↓	0		
×	1	0	保持原状态，禁止计数	
0	×	0	保持原状态	
↓	×	0		
×	↑	0		

注：1 为高电平，0 为低电平。

7.1.2　音乐芯片

音乐芯片是一种比较简单的语音电路，它通过内部的振荡电路，再外接少量分立元件，就能产生各种音乐信号。目前广泛用于音乐卡、电子玩具、电子钟、电子门铃、家用电器等场合。

音乐芯片由逻辑控制电路、振荡器、地址计数器、音符节拍存储器(ROM)、音阶发生器、输出驱动器这几个部分组成。它的工作原理如下：振荡电路产生的信号供各个电路使用；控制电路从存储器中读出代码，根据代码来控制节拍器和音调器协调工作，从而产生相应的音乐输出。

如图 7-2 所示，图中的音乐芯片为单曲芯片，是印刷电路板(PCB)，尺寸大小约为 20 mm ×10 mm，采用 COB 黑膏软封装。芯片上预留的开孔用来连接电容和三极管，黑色圆点区域即为软封装的音乐包。因此，该音乐芯片的曲目在封装完成后不可再更改。

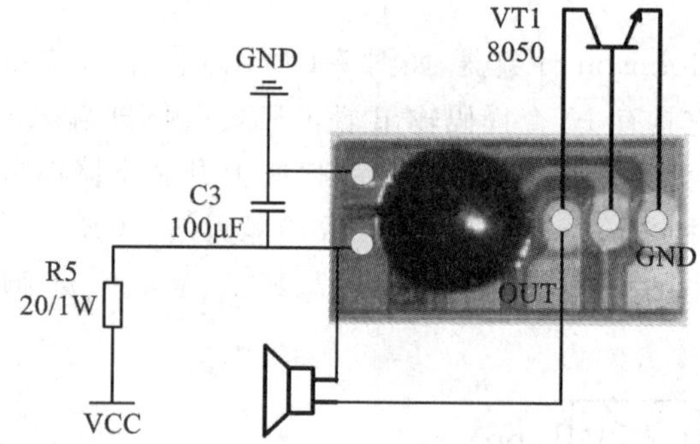

图 7-2　音乐芯片与外接电路

7.2　流水彩灯音乐盒的原理

流水彩灯音乐盒电路由 NE555、CD4017、音乐芯片和 LED 灯组几个主要部分组合而成。接通电源后，系统可以依次点亮每一盏 LED 灯，LED 灯间隔亮的时间可以通过改变电位器的阻值来实现。电路硬件框图如图 7-3 所示。

图 7-3　流水彩灯音乐盒电路框图

如图 7-4 所示，NE555 芯片构建的定时器电路，输出的振荡电压连接 CD4017 的输入端，实现计数器功能。定时器的时钟周期由 R1、R2 和 C1 组成，时钟周期 $T=0.693\ (R1+2R2)C1$。彩灯的变化频率可通过改变电容 C1 和电位器 R2 的大小来控制。

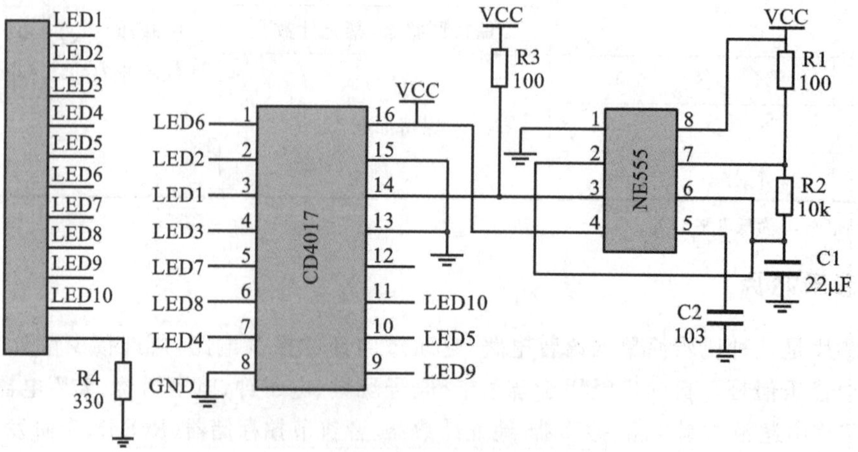

图 7-4　流水彩灯音乐盒电路原理图

7.3 元器件清单及参数测量

制作流水彩灯音乐盒电路需要用到电阻、电容、二极管和三极管等多种电子元器件。各元器件具体型号及数量如表 7-2 所列。

表 7-2 555 声光报警器所需元器件清单

序号	元器件	数量	备注	序号	元器件	数量	备注
1	元件收纳袋	1		14	电容 103	1	
2	万用板	1		15	三极管 8050	1	
3	555 芯片	1		16	LED 灯	10	
4	8 脚芯片座	1		17	扬声器	1	
5	音乐芯片	1		18	排针	1	
6	CD4017 芯片	1		19	电池盒	1	
7	16 脚芯片座	1		20	电池	4	
8	100 Ω 电阻	2		21	开关	1	
9	330 Ω 电阻	1		22	杜邦线	11	
10	10 kΩ 电阻	1		23	导线	1	
11	20 Ω 电阻	1		24	焊锡丝	1	
12	22 μF 电容	1		25	杜邦簧片	1	
13	100μF 电容	1		26	热缩套管	1	

取得相关元器件后，需要对元器件进行辨识和测量，以判断其是否适用。元器件的测量参数判断适用后填入表 7-3。

表 7-3 元器件参数测量与记录

序号	位号	标称值	允许误差	测量值	实际误差	适用判断
1	R1	100 Ω	5%	99 Ω	1%	√

注：1. 此表第一行以电阻 R1 为例，其他元器件可参照；

2. 根据元器件实际种类和数量，该表在填写时可自行调整。

7.4 流水彩灯音乐盒电路设计与制作

7.4.1 流水彩灯音乐盒电路设计图

流水彩灯音乐盒的电路板设计图可参考图 7-5，其中，图(a)为实物装配图，图(b)为焊接工艺图。需要特别注意的是，图(a)与图(b)为镜像关系。在制作过程中，请一定要正确参照设计图进行装配或焊接。

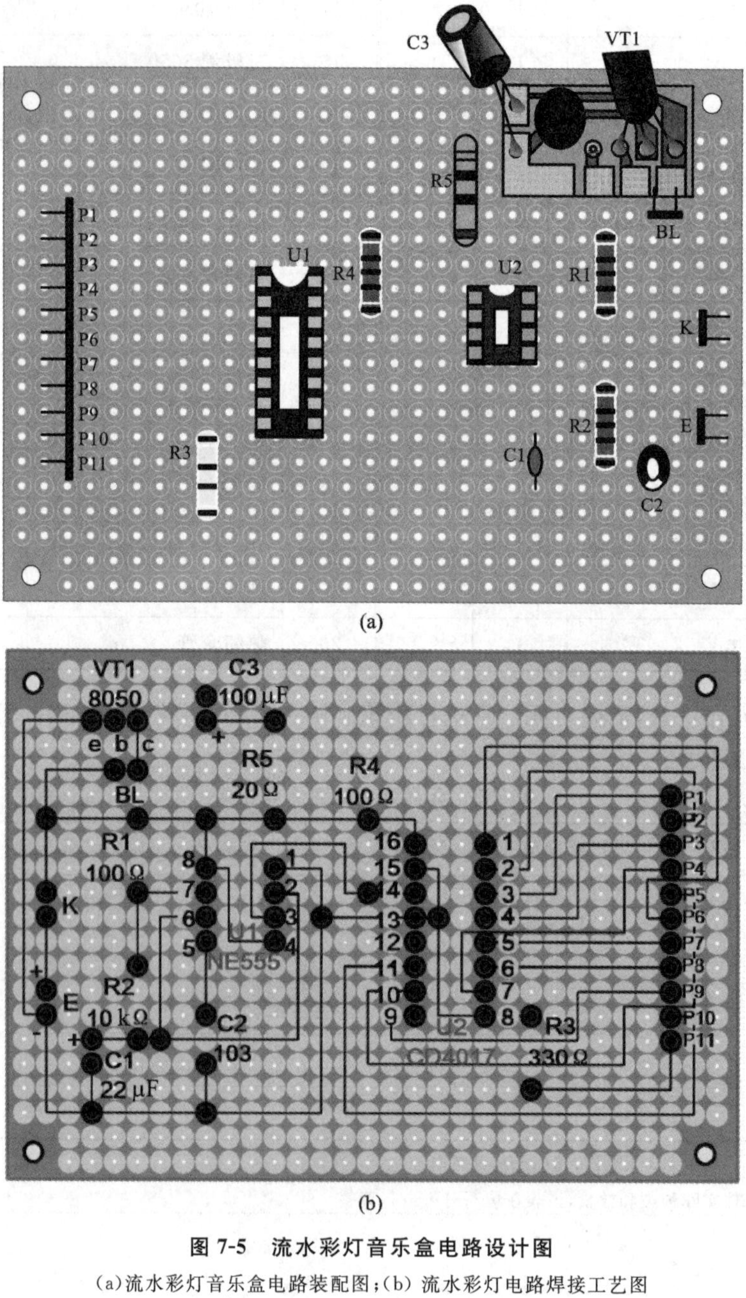

图 7-5　流水彩灯音乐盒电路设计图

(a)流水彩灯音乐盒电路装配图；(b) 流水彩灯电路焊接工艺图

7.4.2 流水彩灯音乐盒的电路板制作步骤

①辨识相关元器件,并测量各元器件实际参数;

②在了解电路原理的基础上,设计并绘制实物装配图及焊接工艺图;

③对照电路图将元器件在万用板上合理布局并装配;

④熟悉电工焊接工艺,对装配好的元器件逐个进行焊接;

⑤参照电路设计图进行连线焊接。

其中,该实习项目的制作难点在于音乐播放芯片部分的装配及焊接。仔细观察图 7-5(a)可以发现,音乐芯片放置于万用板上方,通过 C3 和 VT1 达到固定状态并接入电路。实际制作中,音乐芯片上的开孔与万用板上的开孔并非工整对应。因此,在装配环节需要将 C3 和 VT1 穿过音乐芯片后,再装配到万用板上,这个过程需要对元件引脚实施微调。所以,音乐芯片部分须将两个元器件完全装配妥当后方可开始焊接。

装配妥当后,音乐芯片和万用板贴合紧密可视为一个操作平台。C3 和 VT1 与此平台接触的上、下两面都需要焊接。对于音乐芯片面上的焊接尤其需要注意:各元件引脚都应预留一定高度,以方便焊接操作;各焊点应牢固,且相互不得粘连。

音乐芯片部分的元器件装配与焊接步骤如下:

①将元器件在音乐芯片上进行装配:须注意辨识元器件的极性,以正确插装在音乐芯片上,如图 7-6(a)所示。

②与万用板进行装配:由于万用板与音乐芯片上的孔洞并非工整对应,因此,装配完成后,音乐芯片平面与万用板平面会有一定角度的倾斜,如图 7-6(b)所示。

③调整元器件高度:在步骤②中,元器件可能下落至贴近于音乐芯片平面,此时,我们需要将两个元器件拉拔至一定高度,以便电烙铁能够伸入焊点进行焊接,如图 7-6(c)所示。

④调整音乐芯片位置及贴合度:将音乐芯片平面调整至与万用板平面平行(即两个矩形的各边保持平行),并且使两个平面紧密贴合,如图 7-6(d)所示。

⑤调整元器件姿态:经过步骤④的调整,两个元器件的各引脚进深不尽相同,从而其姿态可能发生倾斜。此时,我们需要再次调整元器件的各引脚,以确保从电路板装配面看,元器件保持直立姿态,如图 7-6(e)所示。

⑥对元器件进行上、下两面焊接:这两个元器件不仅需要在万用板上进行焊接,也需要在音乐芯片上进行焊接,以驱动音乐芯片工作,如图 7-6(f)所示。

最终,装配焊接完成的流水彩灯音乐盒电路板效果图如图 7-7 所示。

7.4.3 电路板标准化工艺要求

①严格按照电路设计图进行电路安装;

②元器件装配须合理布局,通常可选取核心元件将整个电路进行定位;

③元器件采用卧式装配法,以使电路板美观、整洁;

④电路板的焊接面所有焊点要求圆润、光亮;

⑤导线的连接应横平竖直并紧贴电路板,走线简洁、无交叉。

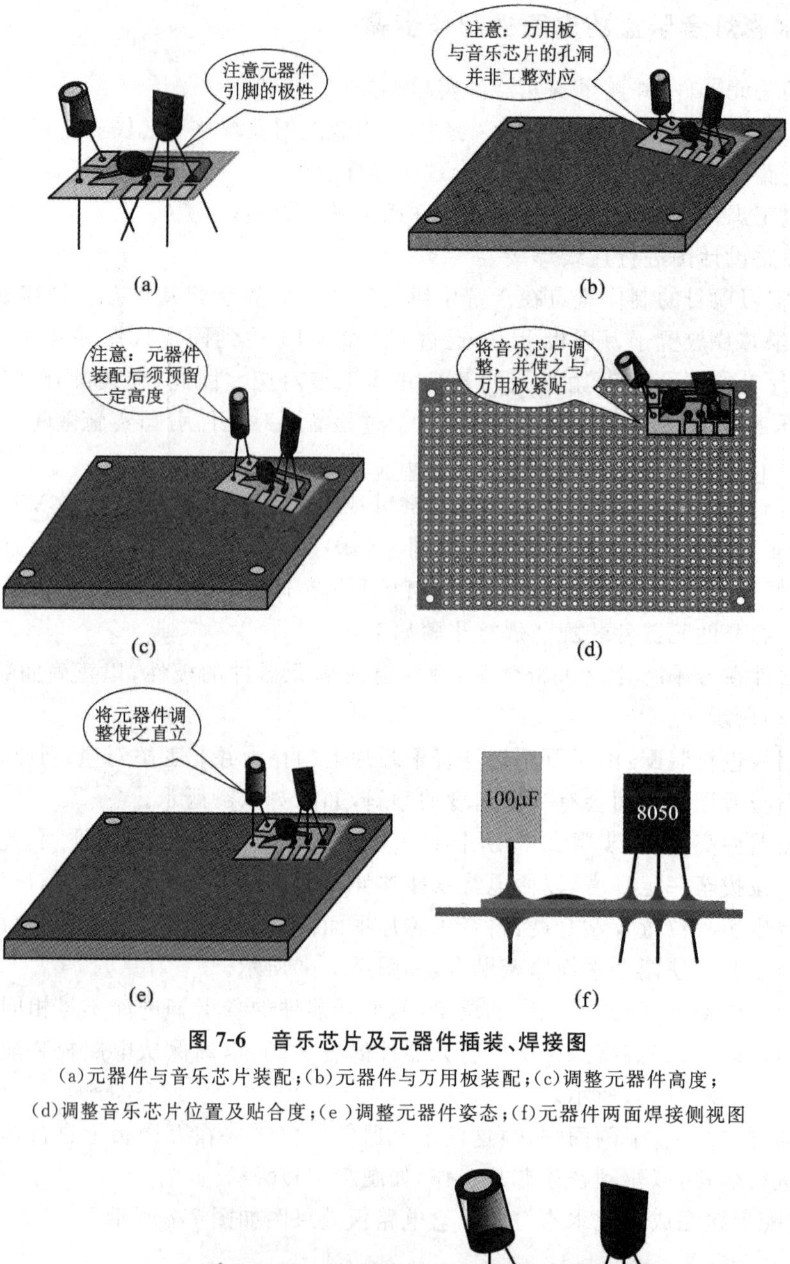

图 7-6　音乐芯片及元器件插装、焊接图

(a)元器件与音乐芯片装配；(b)元器件与万用板装配；(c)调整元器件高度；
(d)调整音乐芯片位置及贴合度；(e)调整元器件姿态；(f)元器件两面焊接侧视图

图 7-7　流水彩灯音乐盒电路板效果图

7.5 电路板调试与故障分析

7.5.1 电路板调试步骤

(1)制作连接口

利用杜邦簧片和热缩管一起制作可插拔连接口,步骤如图 7-8 所示。制作完成的连接口即可与排针配套使用。具体制作步骤如下:

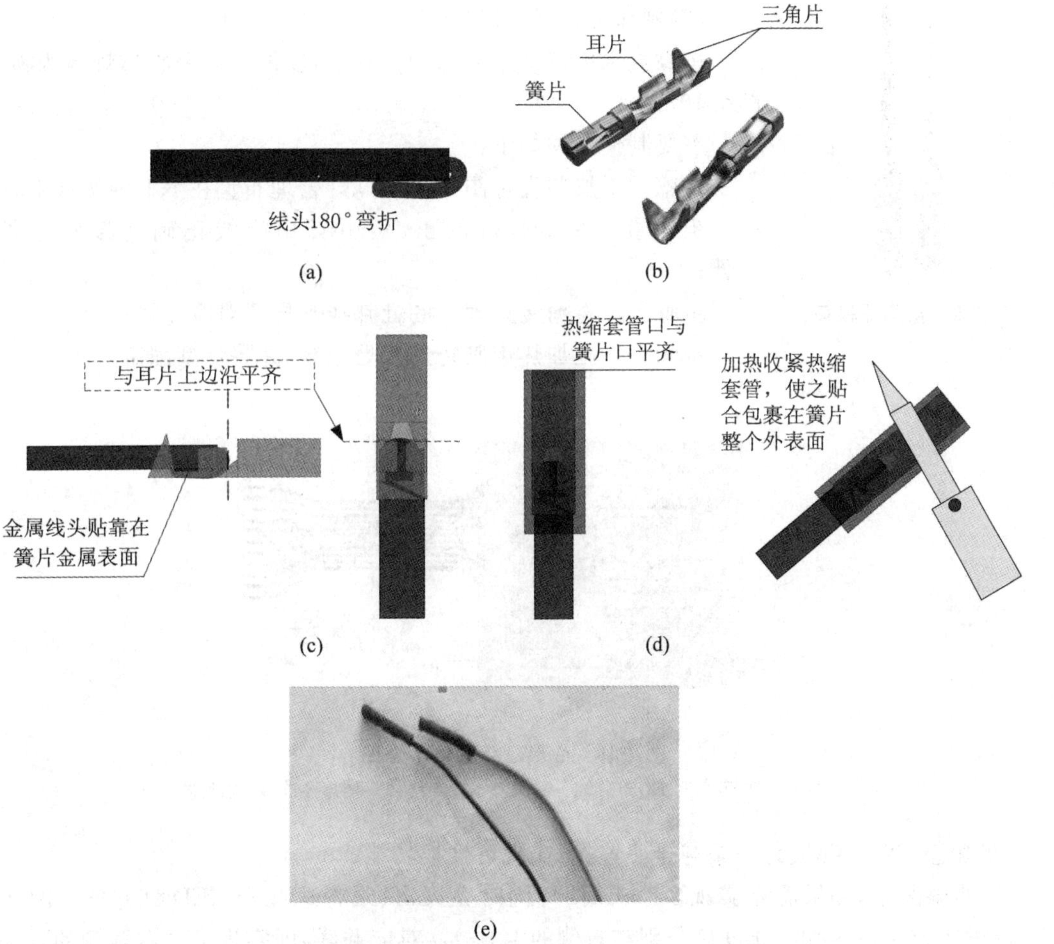

图 7-8 杜邦簧片和热缩管制作接口

(a)导线端头的处理;(b)杜邦簧片;(c)将杜邦簧片与导线连接;(d)进行绝缘处理;(e)处理完毕后的接口

步骤 1:将导线端头做去皮处理并镀锡,之后将其向后弯折 180°;

步骤 2:认识杜邦簧片,其中三角片的上、下片及耳片是需要处理的部分;

步骤 3:将处理后的金属线头伸向杜邦簧片卡槽压紧,再用尖嘴钳或剪刀将上、下片及耳片依次压紧以固定导线;

步骤 4:将剪出的热缩套管(长约 15 mm)套在杜邦簧片上,再用烙铁头侧面靠近热缩套管表面,直至热缩套管收缩套紧,最后用手将套管捏紧熨成如图 7-8(e)所示即可。

(2)制作扬声器接口

扬声器是一种把电信号转变为声信号的换能器件,其用途十分广泛。扬声器的种类繁多,电子制作中通常选用电动式锥形纸盆扬声器。

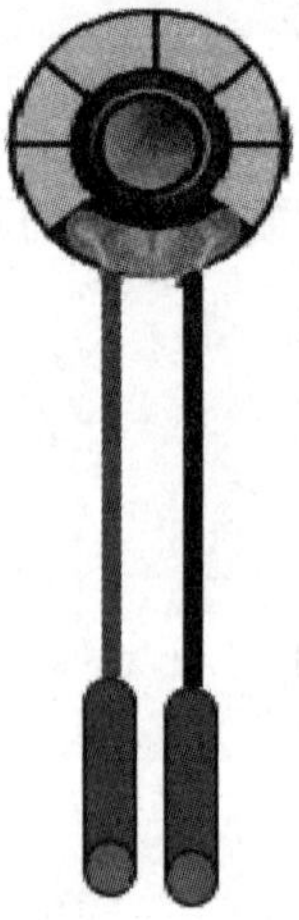

图 7-9 扬声器接口

制作扬声器接口时,只须将扬声器背面金属部分与导线连接,再对导线的另一端加以杜邦簧片和热缩管(如图 7-8 所示步骤进行处理),即可完成。需要注意的是,在将导线和扬声器进行焊接时,动作要迅速,以免烫坏扬声器或熔松扬声器内部接线。图 7-9 为制作完成的扬声器接口。

(3)制作 LED 灯板接口

按照流水彩灯音乐盒的制作要求,以设计一个心形灯组为例,如图 7-10 所示。

主要制作步骤如下:

步骤① 按照设计图,将 LED 灯合理布置在 KT 泡沫板上;

步骤② 将 LED 灯的正、负引脚用导线正确连接并延长至一处;

步骤③ 将搪锡处理后的杜邦线与导线对应连接;

步骤④ 施加热熔胶将连接处绝缘,并将灯型固定;

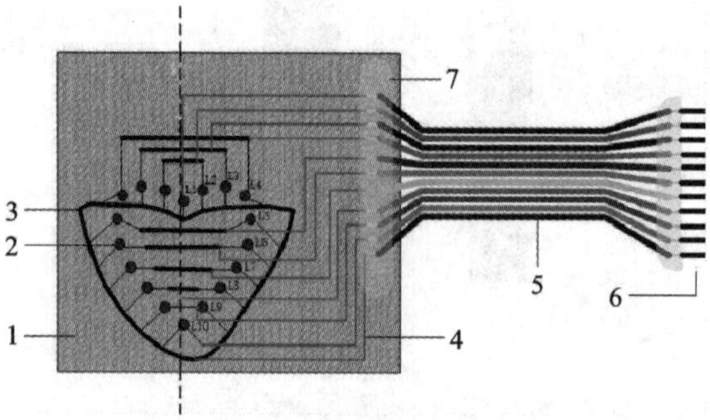

图 7-10 心形灯组制作示意图

1—KT 泡沫板;2—LED 灯;3、4—导线;5—杜邦线;6—杜邦接口;7—热熔胶

步骤⑤ 将杜邦线另一头与排座连接,实现可插拔功能。

在步骤②中,如果需要实现多个 LED 灯同时亮灭,只须将这几个 LED 灯并联。图 7-10 中,以虚线为界,左侧的 LED 灯分别与右侧的 L2—L9 对应并联,即实现了左右两侧的灯同步亮灭。

在步骤③中,须特别注意,所有 LED 灯的负极连接到同一根导线上,即实现共阴极,然后再接出一根导线连接至杜邦线。

当灯组完成后,与电路板对接时,也尤其需要注意正确辨识此根线路,以防止对接错误。

(4)使用万用表测量电压值并记录

将电源接入电路后,万用表调至直流 10 V 挡,黑表笔始终放置在电源负极上,红表笔分别放置在 555 芯片的各引脚处、CD4017 芯片各引脚处及输出 P1—P11 处,如图 7-11 所示。再将测量值填入表 7-4 至表 7-6 的对应位置。

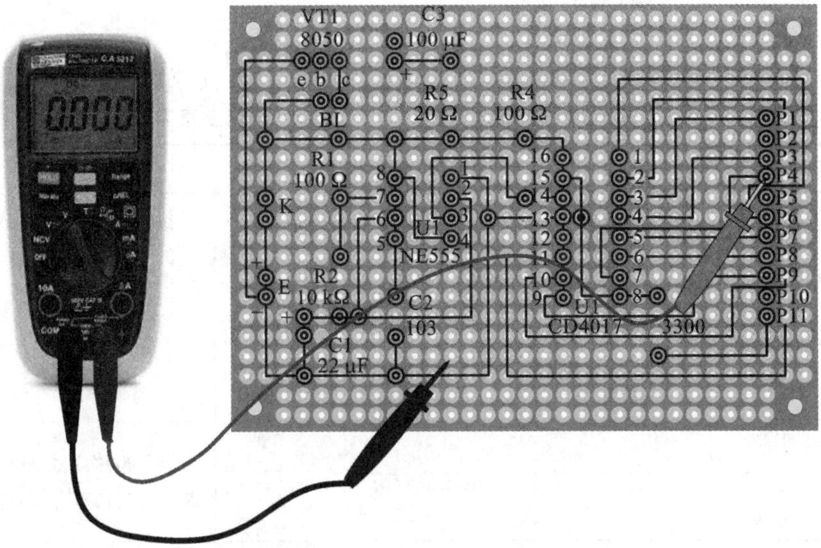

图 7-11　用万用表测量电路板电压值

表 7-4　555 芯片各管脚电位

555 管脚	1	2	3	4	5	6	7	8
电位/V								

表 7-5　CD4017 芯片各管脚电位

CD4017 管脚	1	2	3	4	5	6	7	8	9	10	11	12	13	14	15	16
电位/V																

表 7-6　音乐芯片电路电位

音乐芯片上电容电位/V	电容正极	电容负极	音乐芯片上三极管电位/V	e	b	c

7.5.2　电路板功能与表征

电路板焊接完成后，还须进行以下操作：

①将 CD4017 芯片和 555 芯片分别正确插入对应管脚数的芯片座；

②将开关、电源、灯组、扬声器组成的外围电路部分正确接入电路。

这样就可以通过观察灯组及扬声器的工作情况检验电路板是否工作良好。功能完备且正确的电路板应当具备下述表征：

①扬声器能够流畅地播放音乐芯片中烧制曲目；

②10 路 LED 灯按照既定频率依次闪烁，此现象可重复。

7.5.3　电路常见故障分析与排查

当电路板接通电源后，出现故障或工作不良时，首先须对照电路图进行仔细检查，并确认：

①所有的元件无一遗漏地全部焊接；

②所有连线无一遗漏，并且没有虚焊及短路情况。

在确保上述工作无误后，可参照表 7-7 所列的一些故障及其原因对电路板故障进行排查。

表 7-7　流水彩灯音乐盒电路中常见故障及原因

测量位置		正常情况	故障现象	排查方法
扬声器		流畅地播放音乐	电压值为 0	扬声器断路，检查扬声器与杜邦线的连接是否松动
			不播放音乐	1. VT1 损坏或引脚点虚焊； 2. C3 与音乐芯片虚焊
555 芯片		功能正常	3 引脚不能输出动态电压	可参考表 6-7 进行故障排查
CD4017 芯片	8 引脚 13 引脚 15 引脚	电压为 0	电压值较高	555 芯片 1 引脚应当与 CD4017 芯片 13、15 引脚相接
	14 引脚	动态电压	无动态电压	检查该引脚是否连接 U1 芯片的 3 引脚
	L4 L5 L6	正常闪烁	1. 频率不正确； 2. 其他灯闪烁时有微弱亮光	检查该线路上的绝缘措施是否良好
	10 个输出端	以固定频率依次输出高电平	不输出高电平	1. 16 引脚是否接入高电平； 2. P11 接线是否脱落
LED 灯组		以固定频率依次闪烁	不能正常闪烁	1. 检查灯组与插座的连接是否松动； 2. 检查灯组的共阴极连线； 3. 辨识灯组的地址顺序，是否正确插置

总而言之，555 芯片的 3 引脚是后续电路的输入信号，因此这个引脚的电位是判断电路故障的重要依据。电路板功能正常的情况下，3 引脚的输出应为矩形波。所以，电路板发生故障时，可首先检测 555 芯片 3 引脚的电位。如果该处所测电位出现错误，则电路板故障大概率出现在 555 芯片构成的振荡电路部分；如果该处所测电位正确，则电路板故障大概率出现在 CD4017 芯片所在的后半部分。

强调：

- 观察原理图元件引脚之间连接关系的多种表达方式。
- 音乐芯片上的焊盘要用小刀或细砂纸刮擦一下，立在上面的电容和三极管一定要双面焊接。
- 调试电路板时无论现象对错，都必须测量数据，务必认真分析数据并排查故障。

本章测试

1. CD4017 芯片是____________计数器，14 号脚是______________。
2. 音乐芯片上所接三极管型号是________，其作用是______________。
3. 音乐芯片上的 C3 和 VT1 需要________焊接。
4. 如果所接的 10 个 LED 灯里只有某一个常亮，请分析故障原因。
5. 如果音乐电路正常，555 芯片 3 号脚输出正常，但是 10 个 LED 灯都不亮，请分析原因。

8　实用电子电路的制作

教学目标

1. 以小组为单位选择本章的一个项目完成；
2. 完成项目总结报告；
3. 制作 PPT，汇报小组完成情况。

学习任务

1. 学习第 8.1 节至第 8.4 节内容；
要求：①选择第 8.1 节至第 8.4 节其中的一个项目完成电路板制作；
②完成书面的项目总结报告；
③完成汇报 PPT，以小组为单位汇报；
④完成小组总结汇报。
2. 完成章节作业。

学习资源

1.《电工电子实习指导书 A》第 8 章；
2. 电工实验中心教学实训平台；
3. 学习资源库；
4. 班级 QQ 群。

8.1 迷你小音箱

8.1.1 工作原理

迷你小音箱主要由 TDA2822 功放集成电路与扬声器构成,原理是将电信号转化为声音信号,原理图如图 8-1 所示。

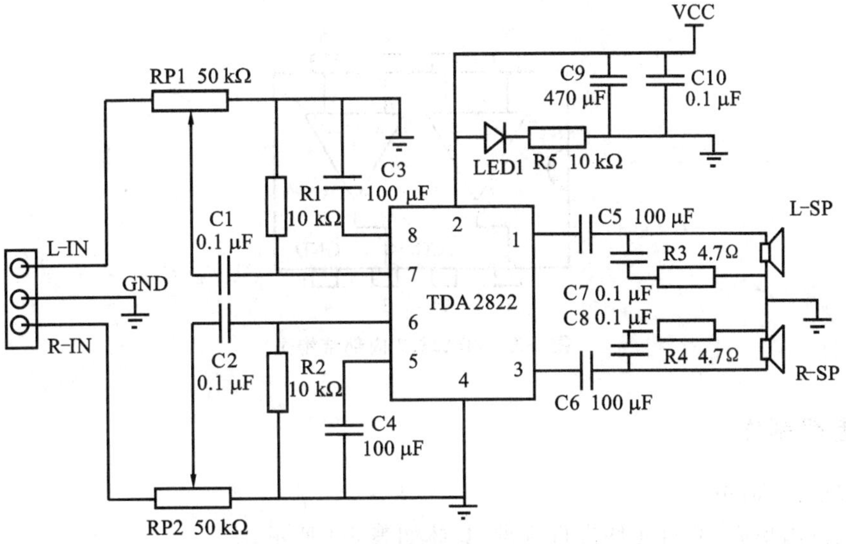

图 8-1 迷你小音箱原理图

这种迷你小音箱也称为双声道功放电路,如图 8-1 中音频信号经 L-IN 和 R-IN 输入,L 为左声道,R 为右声道。信号分别从 TDA2822 的 6、7 脚进入芯片内,经功率放大后从 1、3 脚输出,从而推动扬声器发声。

图 8-1 中电位器 RP 用于调节音量;C1、C2 为输入耦合电容;R1、R2 为输入偏置电阻;C3、C4 为负反馈接地电容;C5、C6 为输出耦合电容;R3、C7 和 R4、C8 是高次谐波抑制电路,用于防止电路振荡;C9 为低频滤波;C10 为高频滤波;LED1 为电源指示灯;R5 为限流电阻。

8.1.2 TDA2822 芯片资料

TDA2822 是一块双通道单片功率放大集成电路,通常在袖珍式放音机、收录机和多媒体有源音箱中用作音频放大器。该芯片具有电源电压范围宽(1.8～15 V)、静态电流小、音质好、电路简单等特点。

TDA2822 有双列直插 8 脚封装(DIP-8)和贴片式封装(SOP-8)两种。芯片上方的中间有个小半圆形的缺口,缺口的左上角是芯片的 1 脚,右上角是芯片的 8 脚,引脚排列呈 U 字形,如图 8-2 所示。

TDA2822 具有双通道功率放大的作用,其芯片内部结构如图 8-3 所示。

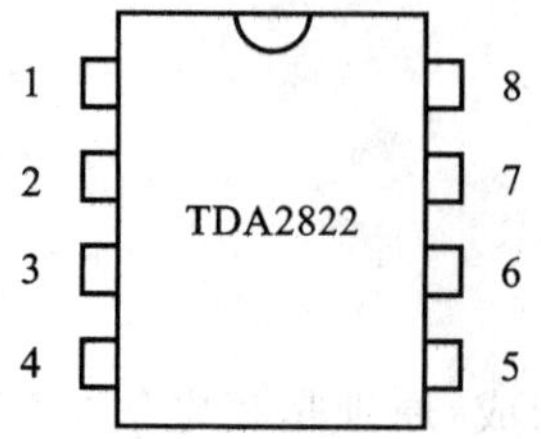

1脚：输出端1(OUT1)　5脚：反向输入端2（IN－2）
2脚：电源正(VCC)　6脚：正向输入端2（IN＋2）
3脚：输出端2(OUT2)　7脚：正向输入端1（IN＋1）
4脚：地（GND）　8脚：反向输入端1（IN－1）

图 8-2　TDA2822 芯片引脚

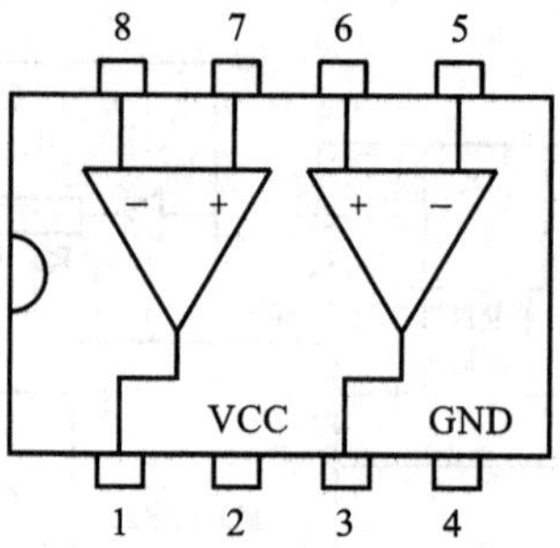

图 8-3　TDA2822 内部结构图

8.1.3　电路制作

(1)整理元件清单

列出元件清单表,并对元件进行测量,具体如表 8-1 所示。

表 8-1　元件清单及测量表

序号	位号	标称值	允许误差	测量值	实际误差	适用判断	备注
1	R1	10k	±1%	9.98k	－0.2%	√	

(2)使用 Multisim 仿真

对电路进行仿真,观察放大后的波形是否有失真的现象。

(3)绘制电路板

电路仿真无误之后,可以使用 Altium Designer 绘制电路板,布线时最多为双面板,尽量保证线路的整洁、美观。地线尽可能粗一些,输入输出音频信号通路尽可能平行走线,保证信号之间互不干扰。

(4)焊接

严格按照工艺要求对电路进行装配。装配时先选取定位元件,一般选取核心元件为定位点,然后将其他元件依照从低到高安装。焊接时要保证所有焊点光亮、圆润,具有良好的导电效果。

(5)电路调试

①目测:电路板焊接完成之后,不要立即通电运行,对照电路原理图一一核对元件位置是否放错以及元件正负极性有无装反。

②带电检测:目测电路板无误之后,可通电使电路板运行以观察现象,如发生故障,可先从电路原理来分析可能的故障原因;再测量电位,检查是否有虚焊或者漏焊的地方。

8.2 基于NE555的简易电子琴

8.2.1 工作原理

电子琴的工作原理是利用半导体集成电路产生不同频率的电信号,从而驱动扬声器发出不同音阶的声音。本节介绍一款基于NE555的简易电子琴制作,原理如图8-4所示。

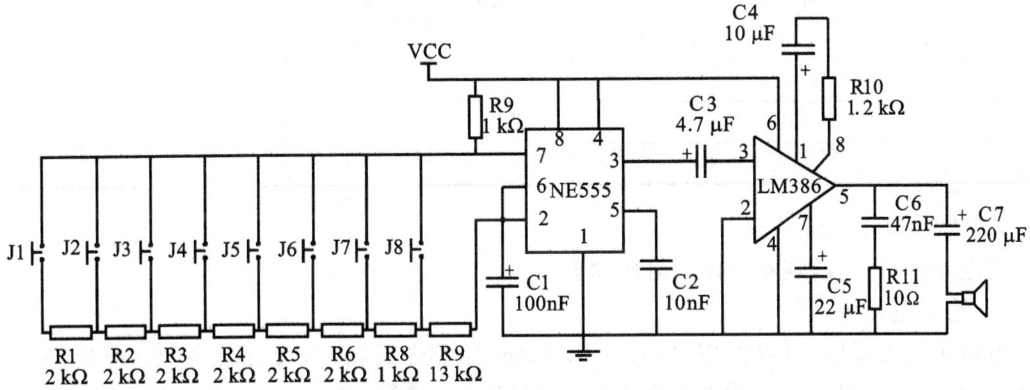

图8-4 简易电子琴原理图

555芯片及其构成的多谐振荡电路在本书第6章中已做详细讲解,其主要作用是将输入的直流信号转换为矩形波输出,通过改变定时电阻R2的阻值可以改变矩形波的周期,也就改变了输出信号的频率。NE555振荡部分产生不同频率的电信号之后,通过LM386放大后驱动扬声器工作。在图8-4中,C3电容为输出耦合电容;C4、R10改变增益;C5为旁路电容;C6、R11是高次谐波抑制电路,用于防止电路振荡;C7电容为滤波电容。

已知八个基本音阶在C调时对应的频率,具体如表8-2所示。根据NE555多谐振荡电路的频率计算公式,可计算出对应的电阻值。

表8-2 C调八个基本音阶频率

C调	1	2	3	4	5	6	7	i
f/Hz	264	297	330	352	396	440	495	528

8.2.2 LM386芯片资料

LM386是一种低电压通用型音频集成功率放大器,广泛用于收音机、对讲机和信号发生器中。该芯片具有自身功耗低、更新内链增益可调整、电源电压范围大、外接元件少和总谐波失真小等特点。封装为双列直插8脚(DIP-8),芯片引脚排列如图8-5所示。

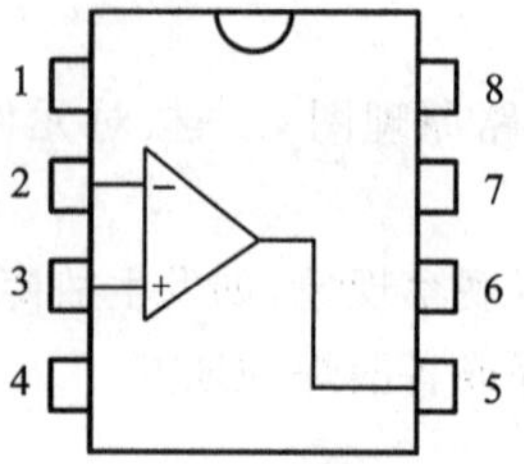

图 8-5 LM386 芯片引脚

8.2.3 电路制作

(1)整理元件清单

列出元件清单表,并对元件进行测量,具体如表 8-3 所示。

表 8-3 元件清单及测量表

序号	位号	标称值	允许误差	测量值	实际误差	适用判断	备注
1	R1	13k	±1%	13.1k	0.7%	√	

(2)使用 Multisim 仿真

对电路进行仿真,观察现象及电压波形。

(3)绘制电路板

电路仿真无误后,可以使用 Altium Designer 绘制电路板,布线时最多为双面板,尽量保证线路的整洁、美观。放大电路部分外围元件尽量靠近 LM386,地线尽可能粗一些;输入输出音频信号通路尽可能平行走线。

(4)焊接

严格按照工艺要求对电路进行装配。装配时先选取定位元件,一般选取核心元件为定位点,然后将其他元件依照从低到高的顺序安装。焊接时要保证所有焊点光亮、圆润,具有良好的导电效果。

(5)电路调试

①目测:电路板焊接完成之后,不要立即通电运行,首先对照电路原理图一一核对元件位置有无放错以及元件正负极性有无装反。

②带电检测:目测电路板无误之后,可通电使电路板运行以观察现象,如有故障先从电路原理来分析可能的故障原因,再测量电位,检查是否有虚焊或者漏焊的地方。

8.3 TP4056 锂电池充电器

8.3.1 工作原理

(1)主控电路

锂电池是当前使用非常广泛的一种化学电源。锂电池在生活中有许多应用,比如手电筒、理发器、剃须刀等。锂电池对充电和放电有严格的要求，如果处理不当，就有可能损坏。

锂电池的标称电压是3.7 V，实际上，锂电池充满电的最大电压为4.2 V，“使用完”的电压一般不能低于3.0 V。锂电池在使用过程中，电压如果低于3.0 V，就有可能永久损坏，再也无法充电。在充电的过程中，锂电池电压高于4.2 V，也有可能永久损坏锂电池，甚至可能会使其燃烧。

TP4056是一款完整的单节锂离子电池充电器管理芯片，最大充电电流可达1A，使用较少的外部元件就可以完成一个充电器电路，所以被广泛应用于便携式电路设计中。TP4056芯片内部有防倒充电设计，所以不需要在外部加隔离二极管。内部的热反馈机制可以对充电电流进行自动调节，芯片如果过热，就会减小充电电流，从而对芯片温度加以限制。

TP4056芯片有8个引脚，采用SOP-8的封装形式，典型应用电路如图8-6所示，主要元件及其功能如下：

①电源VCC为5V，接了一个0.4Ω的电阻R4，作用是对电源进行分压，减小TP4056的输入电压，减小TP4056在充电时的热损耗，其自身也可以消耗一部分功率。

②与VCC相连的C1电容和与BAT相连的C3电容是电源滤波电容，用来平稳电源。

③CHRG引脚连接红色LED，充电时，该引脚被拉低，LED亮，指示充电。

④STDBY是充电完成指示引脚，在充电时，该引脚处于高阻态；当充电完成时，该引脚被拉低，绿色LED亮，指示已经充电完毕。

⑤PROG引脚连接的电阻用来设置充电电流的大小，该引脚接1.2 kΩ，充电电流可达到1A。

⑥直接把TEMP引脚接地，禁止使用监测电池温度的功能。

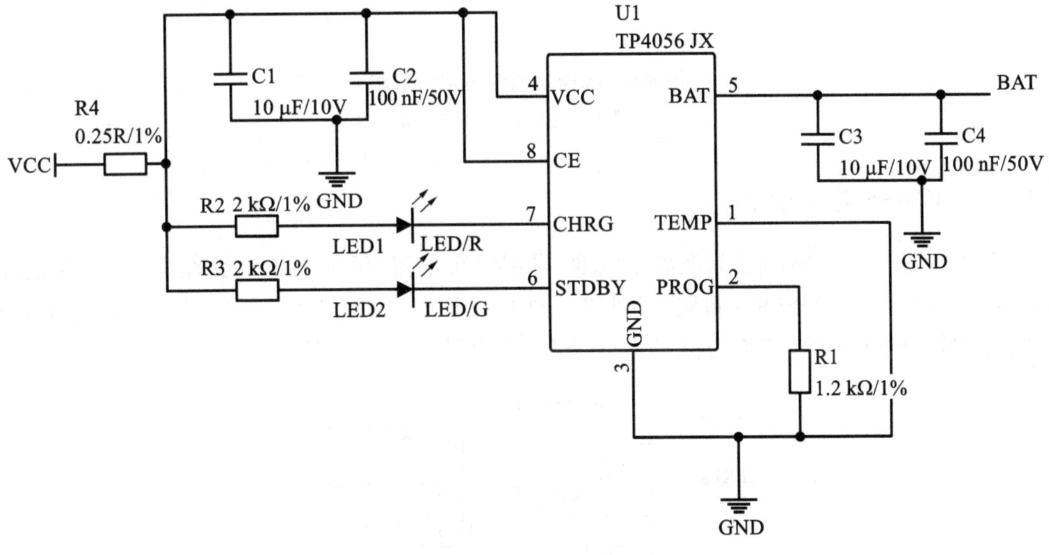

图8-6　TP4056主控电路

(2)接口电路

电源供电采用USB接口的形式，USB接口分为很多种，这里选用Mini-USB接口。Mini-USB接口的引脚有5条，引脚的外形如图8-7所示，引脚定义列于表8-4。

图 8-7 Mini-USB 接口外形和引脚定义

表 8-4 Mini-USB 引脚定义

引脚序号	引脚名称	线的颜色	描述
1	VBUS	Red(红)	电源正 5V
2	D−	White(白)	数据线负
3	D+	Green(绿)	数据线正
4	ID	None(无)	分 A 和 B 两种接口： A—与地线相接； B—不与地线相接
5	GND	Black(黑)	信号地线

在该电路中，只须使用电源引脚。除了 USB 接口，还可以有其他的电源输入方法，所以，再给电路板上放两个直插焊盘，用来做输入电压的正负极，如图 8-8(a)所示。锂电池接口一条正极线，放置网络标签 BAT；一条负极线放置 GND，如图 8-8(b)所示。

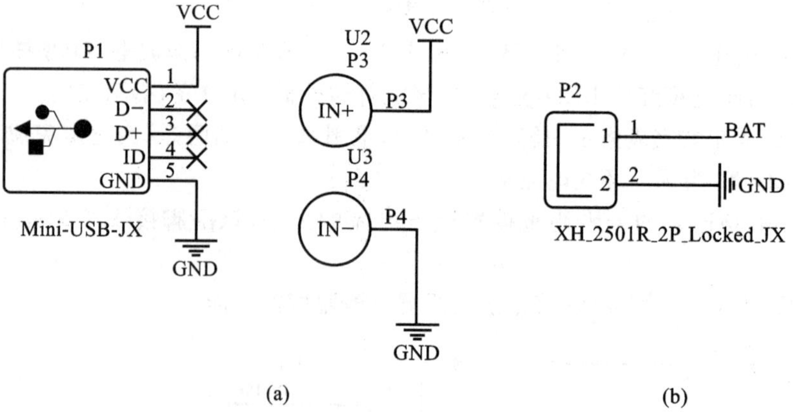

图 8-8 锂电池电源与接口电路

(a)锂电池电源；(b)接口电路

8.3.2 TP4056 芯片资料

TP4056 是一款完整的单节锂离子电池，采用恒定电流/恒定电压线性充电器。它的底部带有散热片的 SOP8/MSOP8 封装，且外部元件数目较少，因而 TP4056 成为便携式应用的理想选择。图 8-9 为 SOP8 封装方式的芯片外观，其引脚功能列于表 8-5 中。

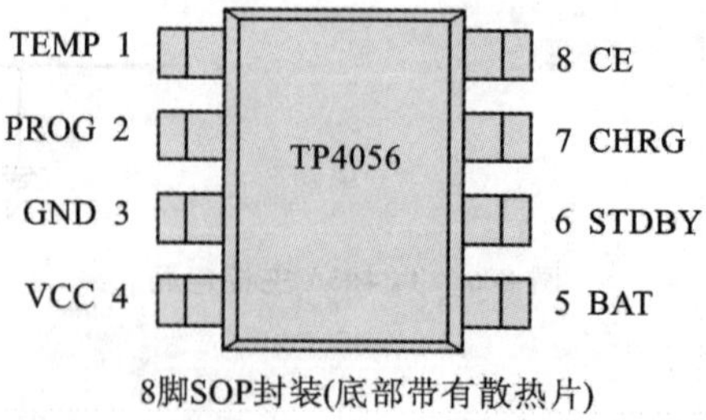

图 8-9 TP4056 芯片的 SOP8 封装

表 8-5　TP4056 引脚功能

引脚序号	引脚名称	作用	引脚序号	引脚名称	作用
1	TEMP	电池温度检测输入端	5	BAT	电池连接端
2	PROG	恒流充电电流设置和充电电流监测端	6	STDBY	电池充电完成指示端
3	GND	电源地	7	CHRG	漏极开路输出的充电状态指示端
4	VCC	输入电压正输入端	8	CE	芯片使能输入端

8.3.3　电路制作

按照“整理元件→绘制 PCB 板→焊接制作→调试”的步骤完成电路制作。

8.4　音乐电平指示灯

8.4.1　工作原理

音乐电平指示灯电路的原理是通过麦克风将声音信号转换为电信号，经 LM386 芯片 3 号脚输入，进行放大后从 5 号脚输出，送入 LM3915 芯片的 5 号脚。LM3915 内部有 10 个步进分压器，能根据信号大小进行不同的信号输出，从而通过 LED 灯对音乐电平的高低进行直观展示。LM386 是一款小功率放大器。LM3915 芯片是一款 10 灯电平指示灯控制芯片，灵敏度很高。电路接收的音频信号越小，亮起的 LED 越少；电路接收的音频信号越大，亮起的 LED 越多。电路原理图如图 8-10 所示。

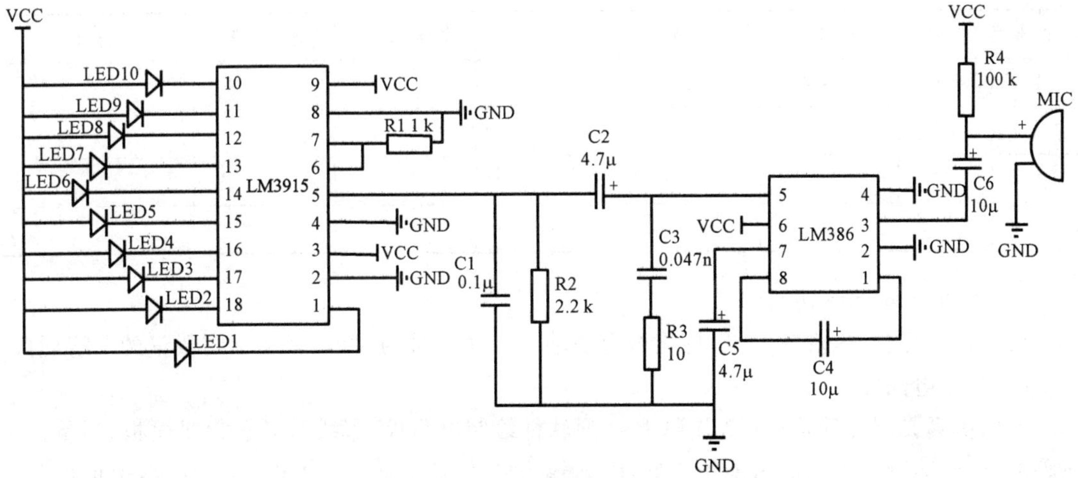

图 8-10　音乐电平指示灯原理图

8.4.2　LM3915 芯片资料

LM3915 是一种 10 灯电平指示灯控制芯片，可以提供 30 dB 的动态指示范围，每路驱动电平相差 3 dB。该芯片驱动的 LED 无须限流电阻，芯片内部集成电流调节电路，内部集成基准电压范围为 1.2～12 V。整个芯片采用最低 3 V、最高 25 V 的单电源供电。输入芯片的信号经缓冲器后送入比较器网络，信号为 0 V 时，所有比较器反向输入端为 0，故所有比较器的输出为高电平，LED 均不发光；当信号存在电压时，电压的变化将导致比较器输出状态不断变化，部分比较器在某一时刻存在同向输入端电压小于反向输入端的情况，此时部分比较器输出低电平，LED 灯点亮。芯片引脚排列如图 8-11 所示，芯片封装采用双列直插 18 脚(DIP-18)。

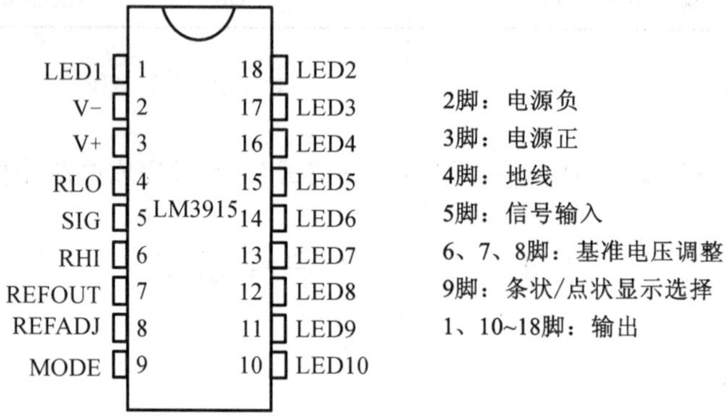

图 8-11 LM3915 芯片引脚

8.4.3 电路制作

(1)整理元件清单

列出元件清单表，并对元件进行测量，具体如表 8-6 所示。

表 8-6 元件清单及测量表

序号	位号	标称值	允许误差	测量值	实际误差	适用判断	备注
1	R1	1k	±1%	0.99k	−1%	√	

(2)使用 Multisim 仿真

对电路进行仿真，观察 LED 灯是否会随输入音频信号的大小，亮起不同数量的 LED 灯。

(3)绘制电路板

电路仿真无误之后，可以使用 PCB 绘图软件绘制电路板，布线时最多为双面板，尽量保证线路的整洁、美观。地线尽可能粗一些，输入输出音频信号通路尽可能平行走线，保证信号之间互不干扰。

(4)焊接

严格按照工艺要求对电路进行装配。装配时先选取定位元件，一般选取核心元件为定位点，然后将其他元件从低到高安装。焊接时要保证所有焊点光亮、圆润，具有良好的导电效果。

①麦克风：需要采用杜邦接头等制作方式，通过杜邦导线插装在主电路板上。

②LED灯组：LED灯组需要采用杜邦接头等制作方式，通过杜邦导线插装在主电路板上；灯头需要排列整齐，依序焊接固定在灯板上或产品外壳上。

(5)电路调试

①目测：电路板焊接完成之后，不要立即通电运行，对照着电路原理图一一核对元件位置有无放错，以及元件正负极性有无装反。

②带电检测：目测电路板无误之后，可通电使电路板运行以观察现象，如发生故障，可先从电路原理来分析可能出现的故障原因；再测量电位，检查是否有虚焊或漏焊的地方。

本章测试

1. 在TDA2822功放集成电路中，C1、C2为__________；C3、C4为__________；C5、C6为________；R3、C7和R4、C8是__________，用于防止电路振荡；C9为__________；C10为__________。

2. LM386是一种____________集成功率放大器。

3. TP4056的第2个引脚是________，主要作用为____________________。

4. Mini-USB的电源应该接在_____和_____引脚上。

5. 设计一个救护车的报警电路，并完成制作与调试。

6. 设计一个十进制的计数器，并完成制作与调试。

9　电子产品外壳设计与制作

安全规范

1. 注意用电安全，热熔胶枪会产生高温，避免触电及烫伤事故发生；
2. 对板料进行加工时，合理利用各类工具，遵循其使用规范；
3. 加工室内，请勿拥挤、围观、推搡、打闹。

教学目标

1. 能够规范、准确、清晰地绘制外观设计三视图；
2. 能掌握电子产品外观从设计到成型的整个流程；
3. 能够实现外观立体模型的拼接，并完成电路与外设电路的整合，使之成为一个整体。

学习任务

1. 学习第 9.1 节至第 9.4 节内容。

要求：①设计一个能够装下电路板、电池盒、所有外设电路的外观，空间布置合理，满足设计要求；

②能够使用实验室提供的工具制作完成一个成品。

2. 完成章节作业。

学习资源

1. 《电工电子实习指导书 A》第 9 章；
2. 电工实验中心教学实训平台；
3. 超星平台“电工电子实习 A”课程第 12 节；
4. 学习资源库；
5. 班级 QQ 群。

9.1　电子电器产品外壳防护概述

一般使用的电子电器产品，都会有不同等级的防尘防水要求，例如汽车中的电子电器、自动化仪表等。设备的外壳防护等级是保证设备正常运行、产品安全可靠的一项重要指标。因此，在选择与使用产品时，就要特别关注一下产品的防护等级，这对于正确地进行产品选型及产品安装与使用都有着非常重要的意义。

9.1.1　IP 代码的配置

国际上普遍采用 IEC60529 标准界定电器设备外壳防护性能。这个标准将量化的不同类别的防护等级，主要包括针对固体异物侵入外壳的防护（包括工具、手指或者灰尘等）和对于水的防护（水以凝结、冲洗、沉浸等方式进入壳内对设备造成有害影响）。外壳防护等级用 IP 代码以下述方式表示：

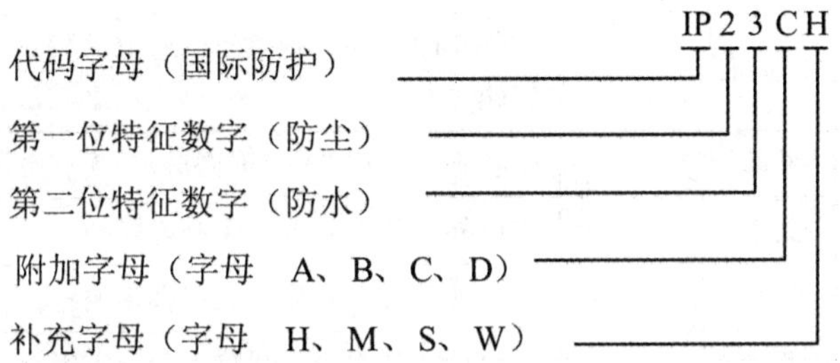

当不要求规定的特征数字时，用字母“X”代替，如果两个数字都省略，则用“XX”表示。附加字母和补充字母可省略，不需替代。

9.1.2　第一位特征数字

IP 代码第 1 位特征数字有两重含义：第一是对设备防护的含义，防止固体异物进入；第二是对人员防护的含义，防止接近危险部件。表 9-1 给出了第一位特征数字的防护等级。

表 9-1　第一位特征数字的防护等级

数字或字母	对设备防护的含义（防止固体异物进入）	对人员防护的含义（防止接近危险部件）
0	无防护	无防护
1	≥直径 50 mm	手掌
2	≥直径 12.5 mm	手指
3	≥直径 2.5 mm	工具
4	≥直径 1.0 mm	金属线
5	防尘	金属线
6	尘密	金属线

“固体异物进入”的防护说明和含义：

（1）当第 1 位特征数字为 1 或 2 时，是指物体试具不得完全进入外壳，即球的整个直径不得通过外壳开口；

(2)当第 1 位特征数字为 3 或 4 时，物体试具完全不得进入外壳；

(3)当第 1 位特征数字为 5 的防尘外壳时，允许进入数量有限的灰尘；

(4)当第 1 位数字特征为 6 的防尘外壳时，不允许任何灰尘进入。

9.1.3 第二位特征数字

第二位特征数字表示外壳防止由于进水而对设备造成有害影响的防护等级，表 9-2 给出了第二位特征数字的防护等级。

表 9-2 第二位特征数字的防护等级

数字或字母	对设备防护的含义(防止进水造成有害影响)	含 义
0	无防护	完全防水无保护
1	垂直滴水	垂直方向滴水应无有害影响
2	15°滴水	外壳的各垂直面在 15°范围内倾斜时，垂直水滴应无有害影响
3	淋雨	各垂直面在 60°范围内淋水，无有害影响
4	溅水	向外壳各方向溅水无有害影响
5	喷水	向外壳各方向喷水无有害影响
6	猛烈喷水	向外壳各方向猛烈喷水无有害影响
7	短时间浸水	浸入规定压力的水中经规定的时间后外壳进水量不致达到有害程度
8	连续浸水	按照生产厂和用户双方同意的条件(应比特征数字为 7 时严酷)持续潜水后外壳进水量不致达到有害程度
9	高温/高压喷水	向外壳各方向喷射高压和高温水应无有害影响

9.2 电子产品外壳设计及工程制图

9.2.1 电子产品外壳设计要求

在工业生产中，外观设计与包装已愈来愈受到生产制造商的重视。对电子产品而言，不同的外观能赋予同一个电路设计不同的意义和功用。但究其本质，电子产品外观的作用即封闭电路板及线路。因此，电子产品的外观设计需要遵循以下几点基本要求：

①利用开关实现电源控制，操作简单且方便；

②电池拆装便捷；

③电路部分实现可查看、可维修；

④外观为可封闭体，防止电路外泄。

电子产品外观的制作选材应具有一定硬度并且能够稳定塑性。因此在实际设计中，通常采用工程塑料(ABS)、亚克力(PMMA)、聚碳酸酯(PC)、实木、密度板、合成金属等材料。本章结合教学实际,主要讲述以密度板为主材的制作工艺和技术。图 9-1 中列举了往届同学制作的优秀作品。

(a)　(b)　(c)　(d)

图 9-1　电子产品外观制作实例

(a)青春力量;(b)甲虫;(c)田园小舍;(d)宜家小宠

9.2.2　工程制图基础与步骤

确定一个物体的空间形状,通常需要三个投影。当我们用视线代替投影线,并把所看到的投影图形叫作视图时,就产生了"三视图",如图 9-2 所示。工程图样一般都采用三视图。

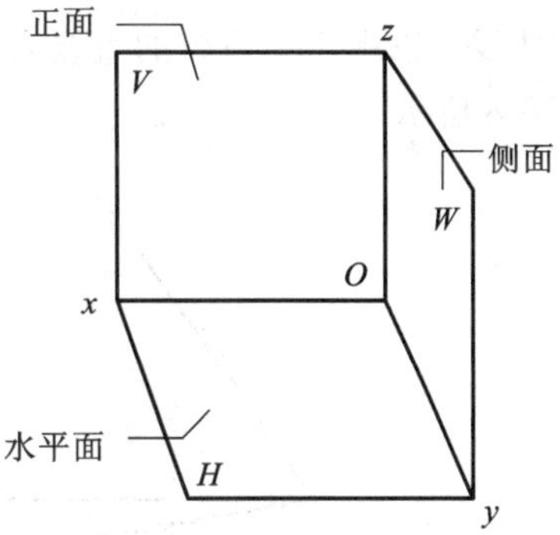

图 9-2　三视图投影面体系

"三视图"具体是指主视图、侧视图和俯视图。

①主视图:从前向后看,即 V 面上的投影。

②侧视图:也叫左视图,从左向右看,即 W 面上的投影。

③俯视图:从上向下看,即 H 面上的投影。

图 9-3 中展示了一个长方体的三视图投影,参照此图可绘制图 9-4。因此,三视图的投影具有一定规律,即:主、俯视图长对正,主、左视图高平齐,左、俯视图宽相等。

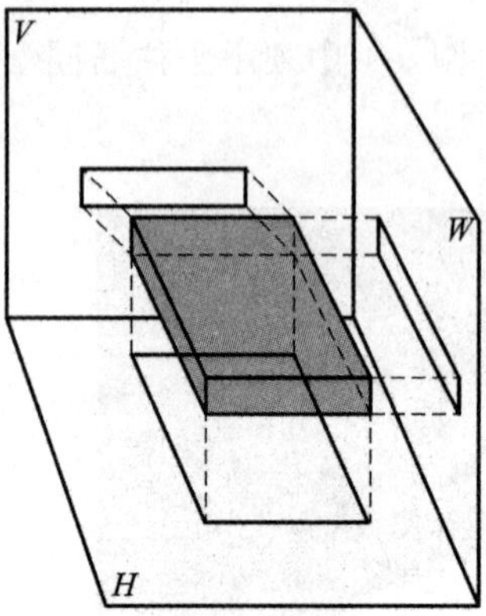

图 9-3　长方体三视图投影

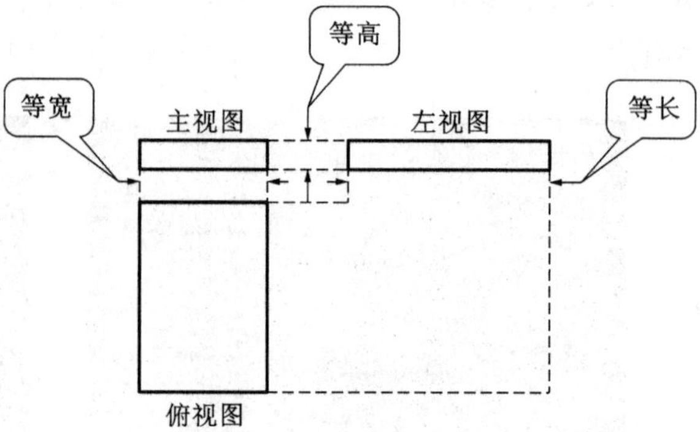

图 9-4　长方体三视图

三视图绘制完成后，即需要给各图样进行尺寸标注。尺寸标注需要注意以下几点：

①图样上的尺寸，包括尺寸界线、尺寸线、尺寸起止符号和尺寸数字，如图 9-5 所示。

②图样上的尺寸单位尽量统一，通常以 mm 为单位。

③角度的尺寸线应以圆弧表示。该圆弧的圆心应是该角的顶点，角的两条边为尺寸界线。起止符号应以箭头表示，如图 9-6 所示。

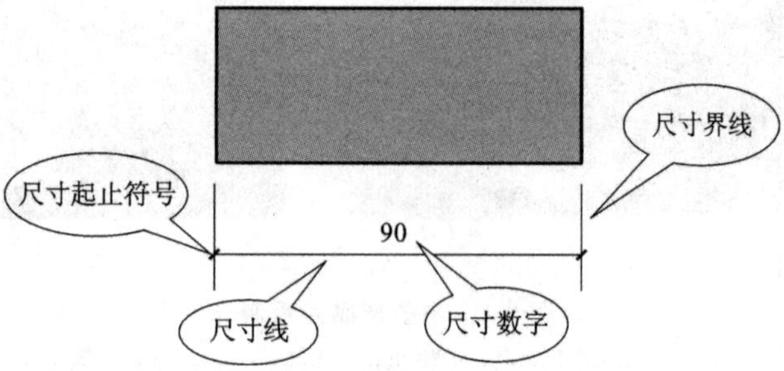

图 9-5　尺寸标注示例

④标注圆弧的弧长时，尺寸线应以与该圆弧同心的圆弧线表示，尺寸界线应指向圆心，起止符号用箭头表示，弧长数字上方应加注圆弧符号“⌒”，如图 9-7 所示。标注圆弧的弦长时，尺寸线应以平行于该弦的直线表示，尺寸界线应垂直于该弦，起止符号用中粗斜短线表示，如图 9-8 所示。

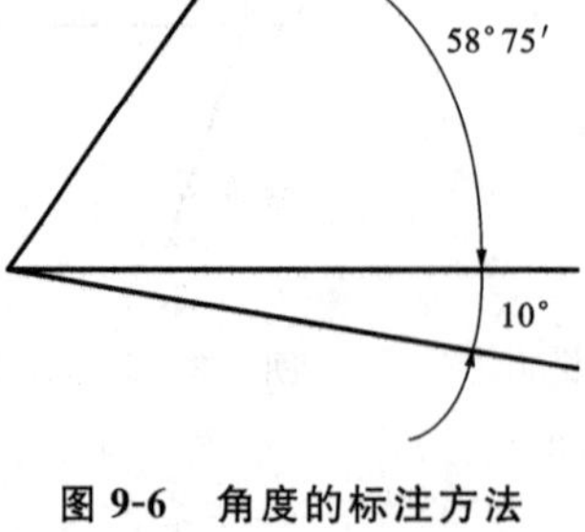

图 9-6　角度的标注方法

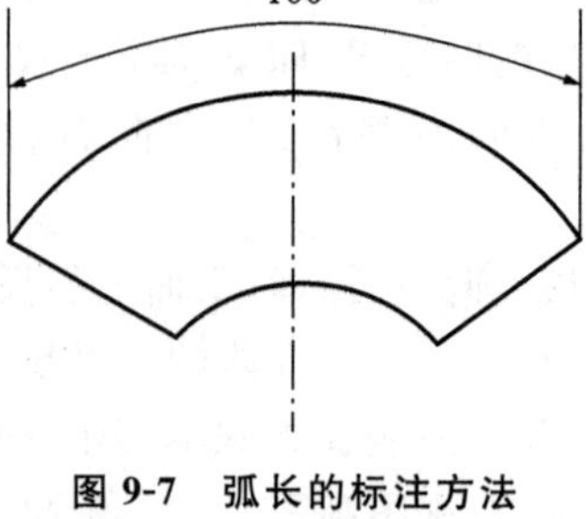

图 9-7　弧长的标注方法

⑤在薄板板面标注板厚尺寸时，应在厚度数字前加厚度符号“t”，如图 9-9 所示。

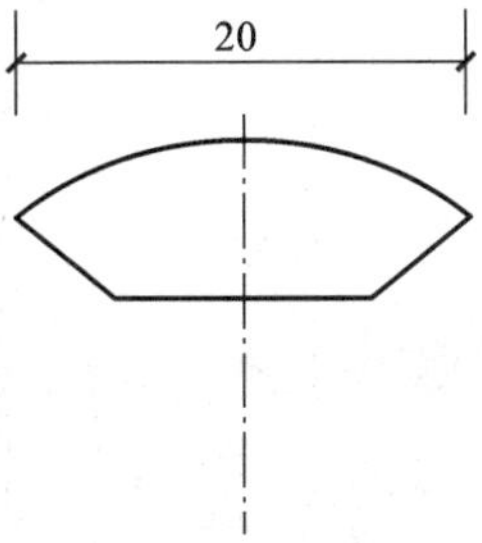

图 9-8　弦长的标注方法

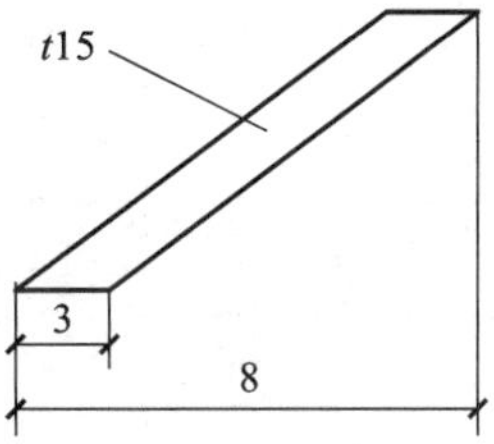

图 9-9　木板厚度的标注方法

9.3　板料处理流程及工艺

9.3.1　设计与下料

在完成外观设计图的基础上，便可将外观进行解构，以明确制作该外观具体需要怎样的木板，即各木板的形状、尺寸和数量。将它们合理、正确地布置在整块的原料板上，既能保证之后切割的便利、可行，也能提高整板的利用率，减少损耗。

在图 9-10 中，以制作如(a)图所示的木匣为例。木匣共需要 6 块木板拼装而成，这 6 块木板的尺寸如(b)图所示。注意到，上板与底板的大小是不一样的。这是因为，木匣的底板实际上是置于木匣内部的，因此它较之于上板，四周都缩进了一个板厚的距离。

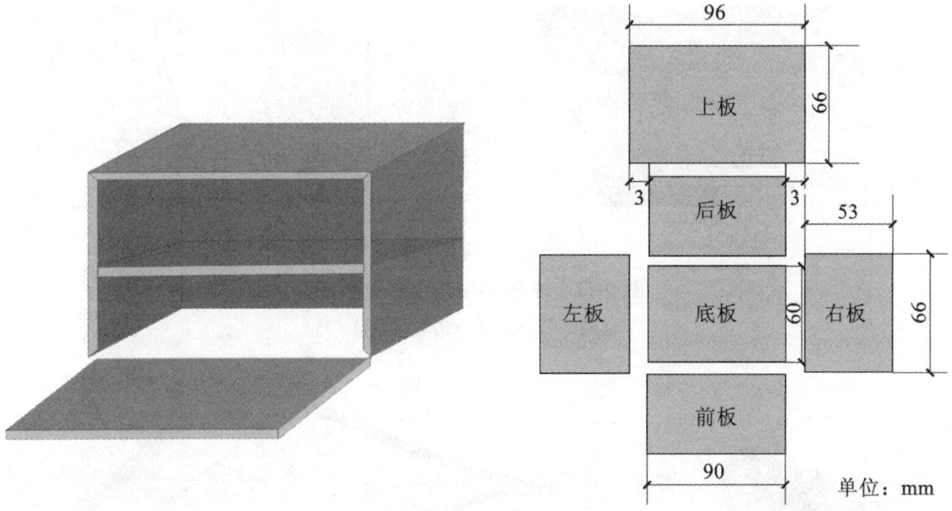

(a)　(b)

图 9-10　木匣展示图

(a)木匣；(b)木匣所需木板尺寸图

如图 9-11 所示，在原料上合理布置所需板块，以尽最大可能地减少损耗。其原则如下：

①先大后小，即先布置大尺寸板料，再布置小尺寸板料；

②板块之间留空隙，即合理估计并预留切割和打磨的损耗；

③绘制下料图时应当考虑切割的可行性，即避免按下料图切割时损毁其他板料。

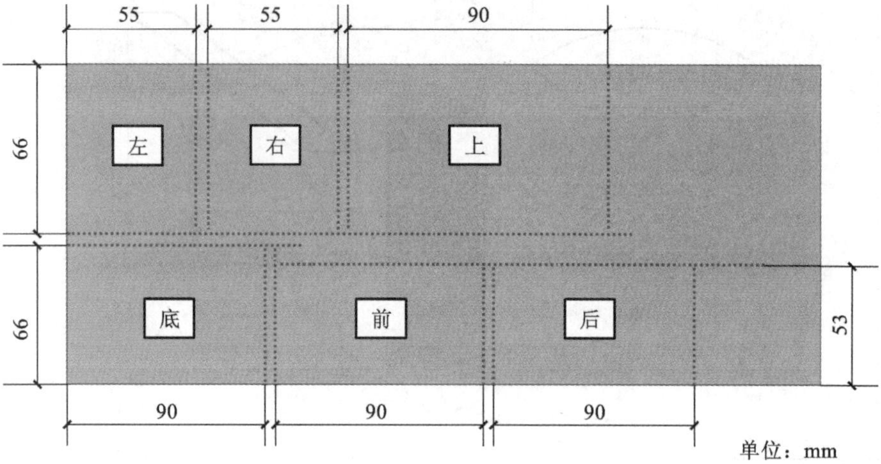

图 9-11 制作木匣下料图

9.3.2 切割与打磨

边沿切割是木板切割中较为简单的一种加工工艺，如图 9-12(a)所示。常用的切割工具如图 9-13 所示。相比较之下，对木板进行挖槽及镂空则是切割中一种较为复杂的工艺，如图 9-12(b)所示。

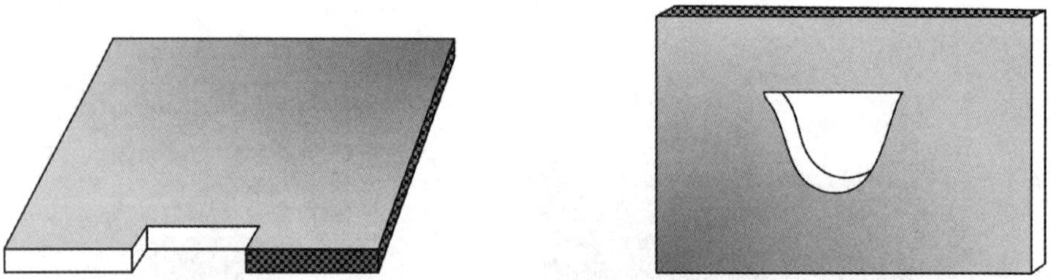

(a) (b)

图 9-12 木板切割与挖槽效果图

(a)边沿切割；(b)镂空与挖槽

(a) (b) (c)

图 9-13 木板切割常用工具

(a)电锯；(b)切纸机；(c)钢锯

根据所设计图形，可利用曲线锯[图 9-14(a)]对木板做拉花处理，也可先用手电钻[图 9-14(b)]在镂空图形的内侧钻取多个小孔，掏空后，再利用整形锉[图 9-14(c)]进行修整、打磨，使之成形为预期槽口。

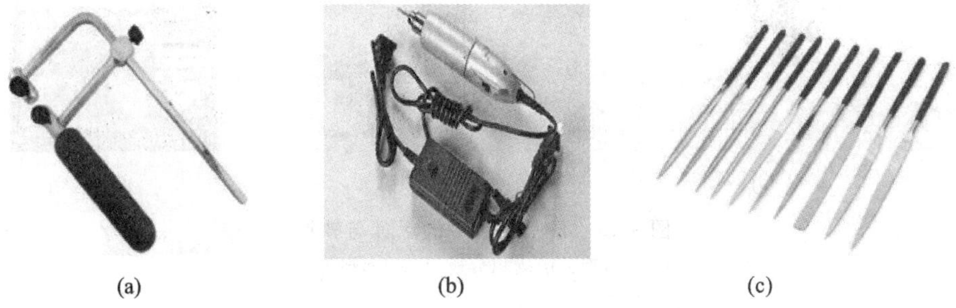

图 9-14 挖槽与打磨常用工具

(a)曲线锯；(b)可调速微型手电钻；(c)整形锉

9.3.3 榫卯制作

榫卯泛指中国传统建筑木构件之间的连接形式。其中，榫指构件中的凸起部分；卯指构件中的凹进部分。榫卯搭接是指在木料上分别开榫头和卯眼，通过它们之间的咬合，将木料连接起来的搭接方式。榫卯结构的类别很多，各种类别的榫卯结构对木料的要求也不尽相同。针对一般密度板，常用的榫卯搭接如图 9-15 所示。

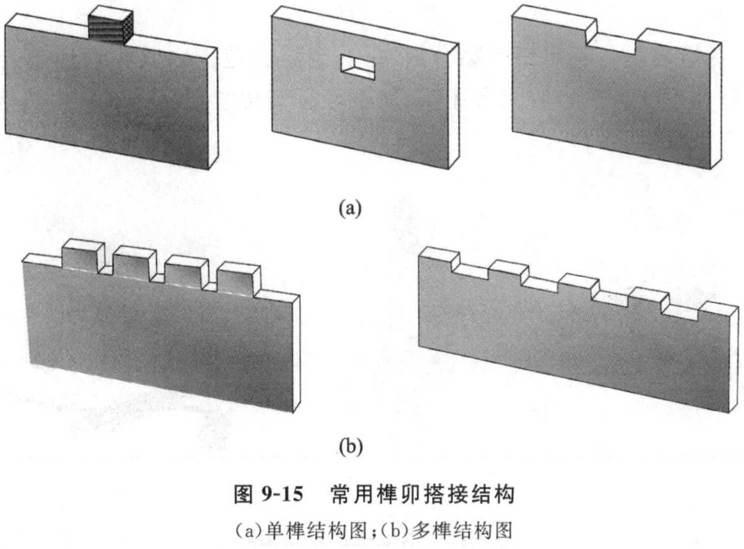

图 9-15 常用榫卯搭接结构

(a)单榫结构图；(b)多榫结构图

榫卯结构是一种不需要借助任何其他物件就能实现木板连接的制作工艺。制作榫卯连接时，一定要注意尺寸的精确。否则，搭配时会因为尺寸欠精准而咬合不严、松脱，使作品的外观不够紧致贴合。

图 9-16 所列物品，都是在日常生活中在榫卯结构基础上衍生和发展出来的一些娱乐、益智、早教的玩具和教具，它们都或多或少地运用了其中的思想。

(a) (b) (c)

图 9-16　日常生活中的玩具与教具

(a)拼图;(b)索玛方块;(c)早教学具

9.4　木板的连接与拼装

9.4.1　木板的拼合用材

(1)结构用胶

①常用胶黏剂。包括:耐水性胶黏剂(间苯二酚甲醛树脂胶黏剂、酚醛树脂胶黏剂)、半耐水性胶黏剂(聚醋酸乙烯胶黏剂、脲醛树脂胶黏剂、三聚氰胺脲醛树脂胶黏剂、酪素胶黏剂)。此类胶黏剂适用于较厚木料的黏合。对于厚度较小的木板,可用一般的模型胶或白乳胶,如图 9-17(a)和(b)所示。

②热熔胶。热熔胶是一种可塑性黏合剂,在一定温度范围内其物理形态会从固态改变为液态,但其化学特性不变。热熔胶无毒无味,属于环保型化学产品。通常由热熔胶枪配合热熔胶条使用,如图 9-17(c)所示。

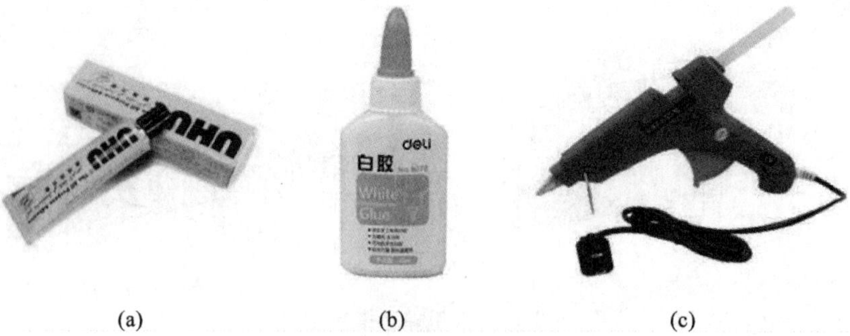

(a) (b) (c)

图 9-17　木板拼合常用粘胶

(a)模型胶;(b)白乳胶;(c)热熔胶枪和胶棒

(2)五金配件

借助五金配件也能将木板进行拼装。如图 9-18 中所示的各类五金配件,也都能实现木板的连接与开合。需要注意的是,各种不同的五金配件都有其适用条件,须根据实际情况合理选用。

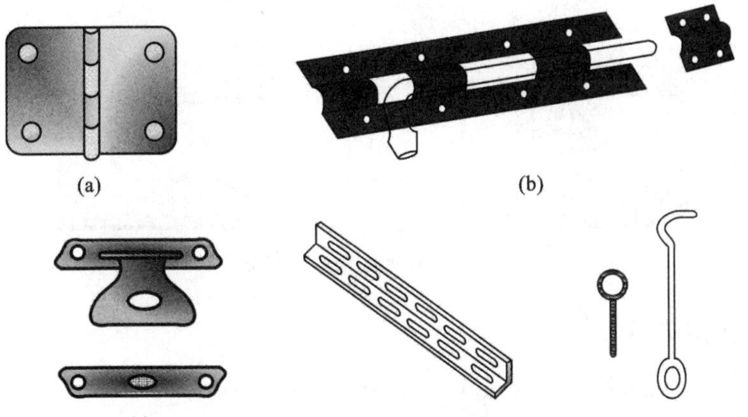

图 9-18 常用五金配件

(a)合页;(b)插销;(c)锁扣;(d)角钢;(e)风钩

9.4.2 板料的拼合工艺

以热熔胶为例,在拼装边板和隔板时略有差异,如图 9-19 和图 9-20 所示。在使用粘胶类粘合板料时,应当特别注意控制出胶的分量和速度。

图 9-19 边板的拼装

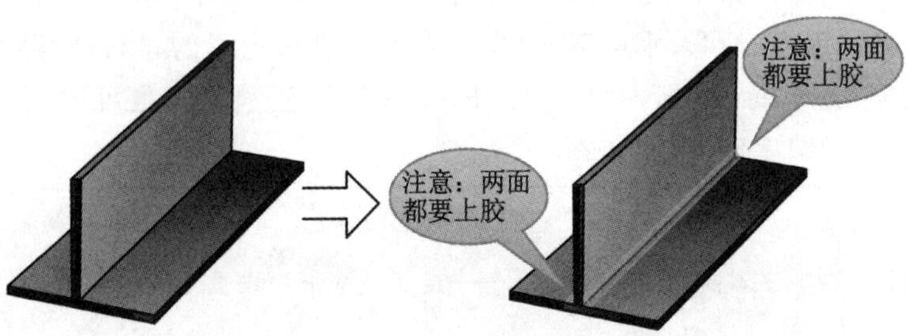

图 9-20 隔板的拼装

使用五金配件连接木板时,要注意安装位置的准确。以合页的安装为例,如图 9-21 所示,为使所连接的两块木板紧固且严丝合缝,须在板料边缘的相应位置预留出合页轴颈的槽口。

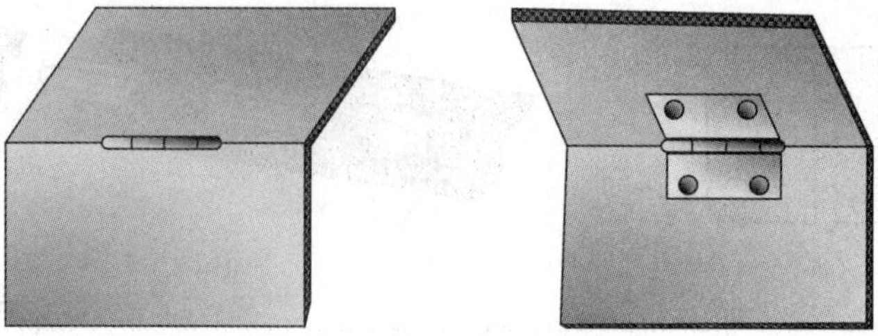

图 9-21 合页连接木板效果图

9.4.3 其他连接方式

用心观察和善于发现的同学还能从生活中找到更多的板材连接方式。无须借助其他零件或黏合剂,就能实现板材的连接和密封。例如图 9-22 中(a)图所示的抽屉式木盒,以及(b)图所示的滑盖式木盒。

(a) (b)

图 9-22 板材连接示例

(a)抽屉式木盒;(b)滑盖式木盒

9.5 外壳装饰材料与工艺

给制作完成的木质作品添加其他辅助材料的装饰,将会使作品更具特色。常用的装饰材料有绘制类材料,如水粉、油彩、水彩笔、勾线笔等各种增添色彩的材料;粘贴类材料,如壁纸、无纺布、轻型黏土、瓦楞纸等(图 9-23)。此外,一些其他艺术元素也可用在产品的外观装饰上,如结艺、衍纸、折纸、串珠等(图 9-24)。

强调:

• 注意外观设计中的基本要求,电路板及所有外接部分都须安置于外壳内,并能方便地更换电池、查看及取修电路板。

• 注意喇叭、开关、LED 的安装需要钻孔或者挖槽,这些工作一定要在粘接板料之前就设计、处理完毕。

• 采用热熔胶进行板料的粘接时,一定要注意施胶均匀、厚薄得当。

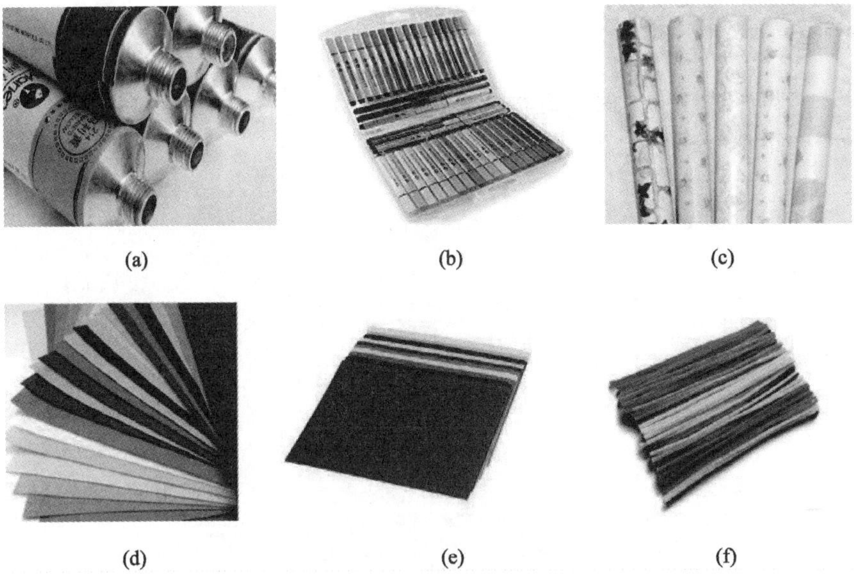

图 9-23 各类装饰性材料

(a)水粉;(b)彩笔;(c)壁纸;(d)无纺布;(e)瓦楞纸;(f)毛绒铁丝

图 9-24 作品图集

本章测试

1. 电子产品的外观设计有哪些基本要求?
2. 板材下料遵循的原则是什么?

10　使用立创 EDA(专业版)绘制 PCB

教学目标

1. 使用立创 EDA 软件绘制功能完整的电路原理图；

2. 掌握基础的 PCB 板布线规则。

学习任务

1. 学习第 10.1 节至第 10.2 节内容。

要求：了解电路板的绘制流程，熟悉立创 EDA 的面板，重点掌握创建工程项目以及添加各个子文件的方法。

2. 学习第 10.3 节内容。

要求：①掌握原理图库文件、PCB 库文件的绘制方法；

②掌握原理图库文件、PCB 库文件匹配的方法。

3. 学习第 10.4 节内容。

要求：①掌握元件编辑、画线等原理图绘制的方法；

②掌握原理图编译的方法。

4. 学习第 10.5 节内容。

要求：①掌握 PCB 板的一般布线原则与方法；

②掌握 PCB 板对应万用板的布线原则与方法。

学习资源

1.《电工电子实习指导书 A》第 10 章；

2. 电工实验中心教学实训平台；

3. 超星平台“电工电子实习 A”课程相关章节；

4. 班级 QQ 群。

10.1 立创 EDA 介绍

立创 EDA 是一款高效的云端 PCB 设计工具，立创 EDA 的官网为 https://www.lceda.cn。软件完全由中国团队独立研发，拥有完全的独立自主的知识产权，并且立创官方承诺：对中国企业和个人永久免费。

立创 EDA(专业版)是一个全新开发的版本，比标准版更强大，可以流畅地提供数万焊盘的 PCB 设计，相关约束也会加强，提供更加强大的规则管理。另外，专业版页面结构美观，功能更专业、更强大。操作步骤简单，方便快速入门。

电路设计与制作流程如表 10-1 所示。本章将以流水彩灯音乐电路为例，详细讲述使用立创 EDA 专业版绘制电路板的步骤。

表 10-1 电路设计与制作流程

序号	流程	具体工作
1	需求分析	按照需求，设计一个电路
2	电路仿真	使用电路仿真软件，对设计好的电路原理图的一部分或者全部进行仿真，验证其功能是否正确
3	绘制原理图符号	绘制电路中使用到的原理图符号
4	绘制 PCB 封装	绘制电路中使用到的元件 PCB 封装
5	绘制原理图	加载原理图符号库，在 PCB 设计软件中绘制原理图，并进行电气规则检查
6	绘制 PCB 图	将原理图导入 PCB 设计环境中，对电路板进行布局和布线
7	导出生产文件	导出生成相关的文件，包括 BOM、Gerber 文件及坐标文件
8	制作电路板	按照导出的文件进行电路板打样、贴片或者焊接，并对电路板进行验证

10.2 工程的创建

登录立创 EDA(专业版)，在如图 10-1 所示的窗口中单击"新建工程"按钮。打开"新建工程"对话框，在"工程"中输入标题，可以在"描述"中填写工程梗概，特别注意在"工程路径"中选好文件夹保存工程文件，如图 10-2 所示，最后点击"保存"。这时，在主界面的左边可以看到新建的工程文件，如图 10-3 所示。

工程文件夹中，自带一个 Board1，鼠标右键单击 Board1，选择"重命名"，将 Board1 命名为"流水灯"。这个板下原理图 Schematic1 默认有一张图页，即"1. P1"，以及一个 PCB 页。将 Schematic1、1. P1、PCB1 都重命名为"流水灯"，如图 10-4 所示。

图 10-1 创建工程文件

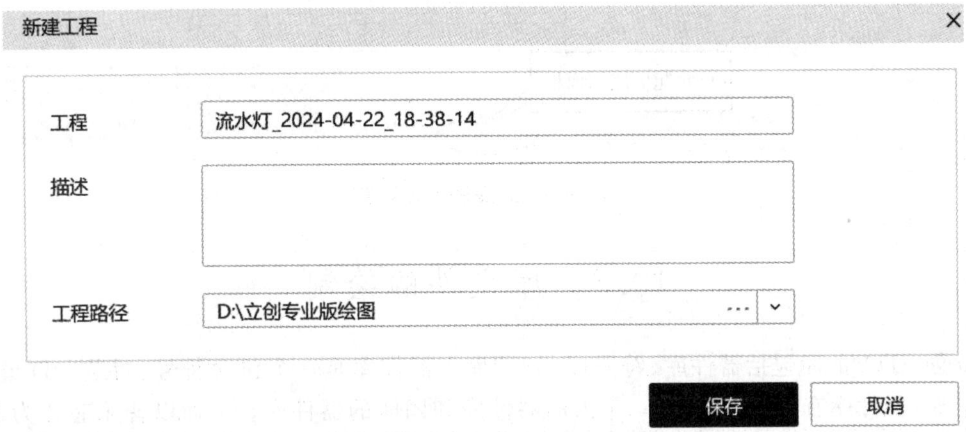

图 10-2 工程文件基本信息对话框

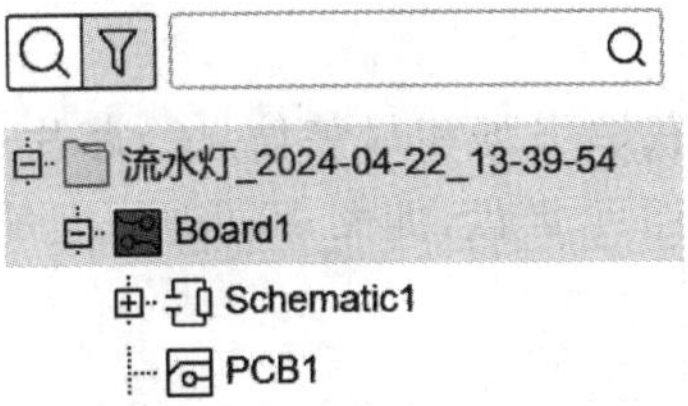

图 10-3 完成新建工程文件

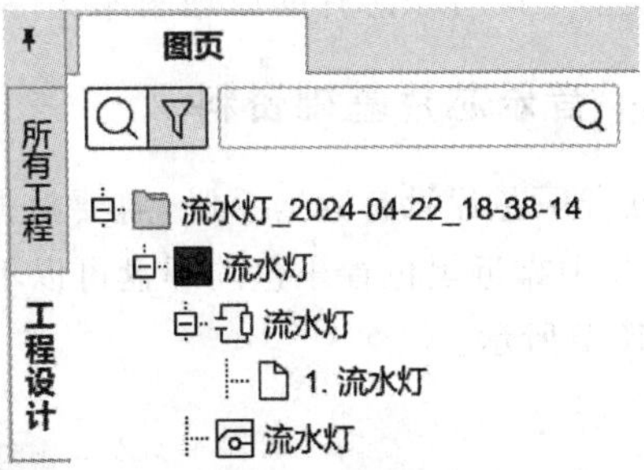

图 10-4 文件重命名

双击打开“1. 流水灯”图页，原理图设计环境如图 10-5 所示。

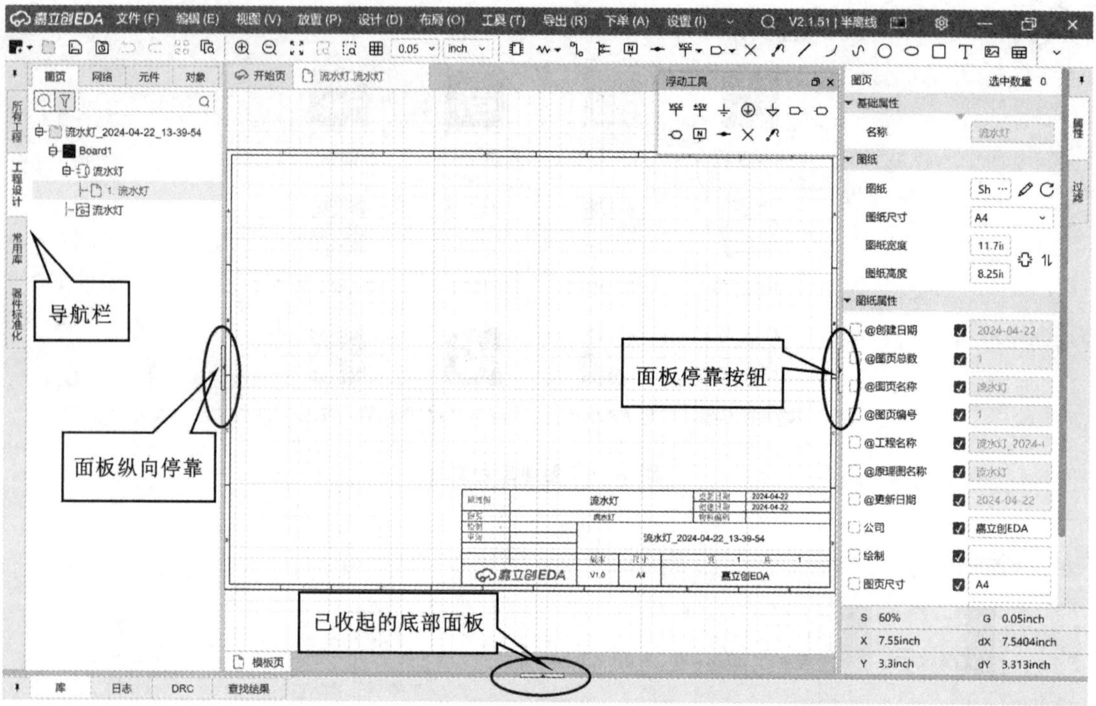

图 10-5 原理图设计环境

10.3 库文件的绘制

立创 EDA 的库包括器件库、符号库、封装库。器件库是一个包含符号、封装、3D 模型和图片的库，器件库有系统的基础库、个人的器件库和团队的器件库。下面以音乐芯片为例，介绍如何创建和编辑器件。

在流水灯音乐电路中使用的音乐芯片是一块集成芯片，在立创 EDA 库中没有这个元件，所以需要手工画音乐芯片的原理图库文件和封装库文件。

10.3.1 音乐芯片基础资料

这款音乐芯片没有数据手册，需要根据实物测量来获取引脚和封装信息。芯片一共有 6 个焊盘，其中靠近黑色音乐包的焊盘可以不用，实际使用 5 个焊盘，如图 10-6 所示。芯片的数据如图 10-7 所示。

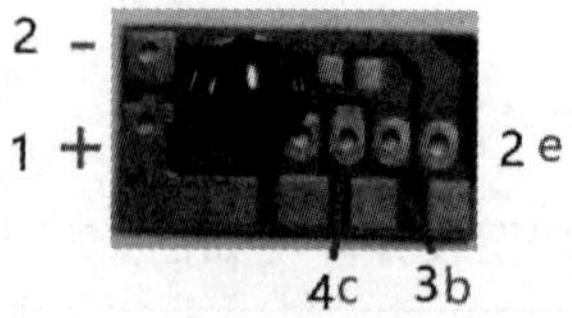

图 10-6 音乐芯片引脚信息

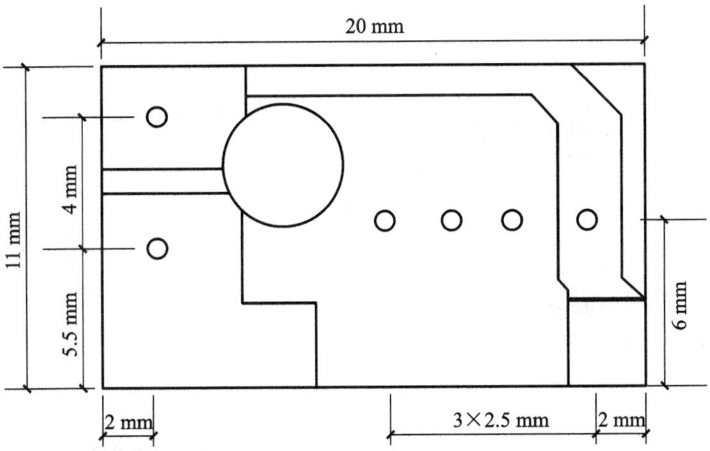

图 10-7　音乐芯片封装信息

10.3.2　音乐芯片符号库文件的绘制

(1)新建器件库

点击图 10-1 的“新建元件库”，弹出如图 10-8 所示的对话框。修改库名称，便于识别，点击“保存”。

图 10-8　新建元件库名称与保存路径

在页面下方的底部面板中就添加了名称为 my library 的个人库，如图 10-9 所示。此时个人库中还没有任何元件。

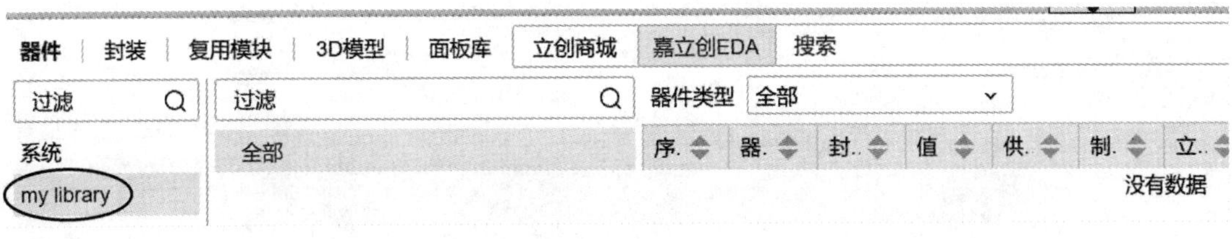

图 10-9　个人库在页面的位置

点击图 10-1 的“新建器件”按钮，弹出图 10-10 所示的对话框，填写器件名称、分类和做简单的描述。点击图 10-10 的“管理分类”，出现图 10-11 的页面，一级分类填写为“音乐芯片”。填写完成后点击页面下方的“应用”，然后点击“确认”后，会弹出如图 10-12 所示的元件符号编辑页面。

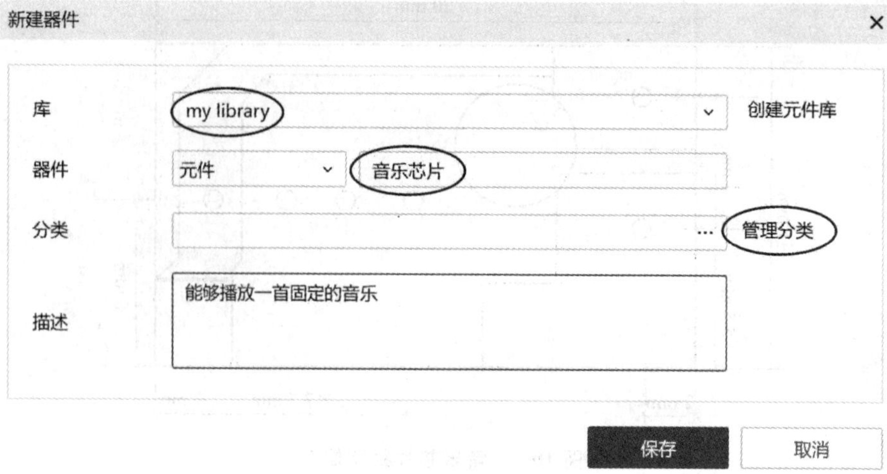

图 10-10 器件归属与名称

图 10-11 器件分类管理

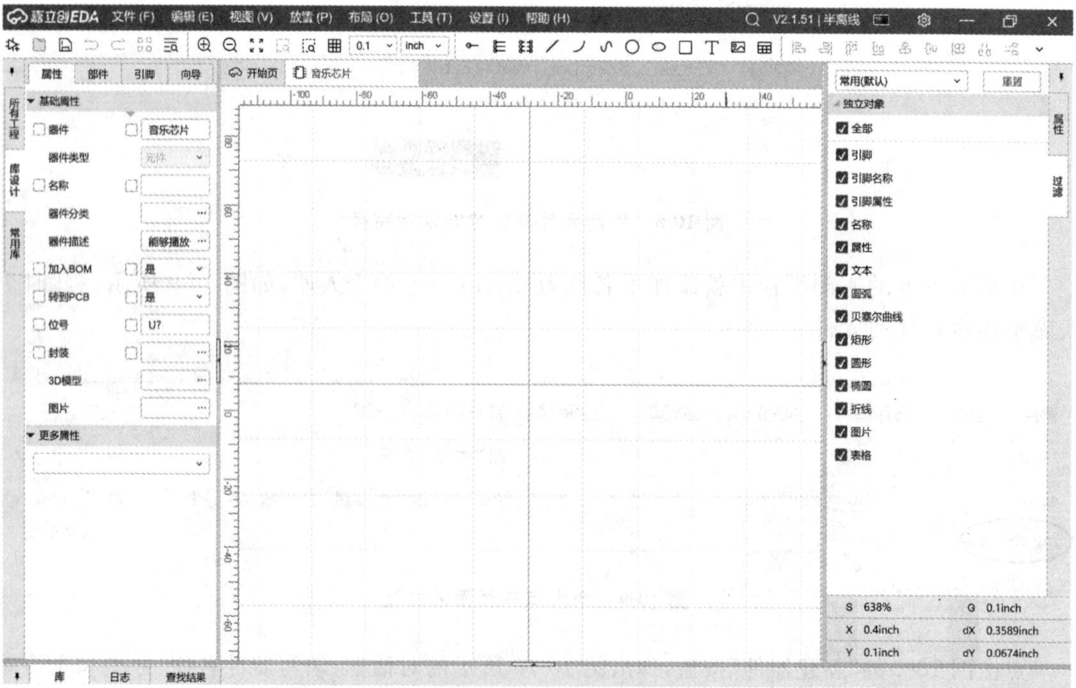

图 10-12 元件符号编辑页面

(2)绘制符号

音乐芯片原理图库文件绘制步骤如下：

①绘制音乐芯片外形：选择系统菜单栏中“放置—矩形”，不要画太大，矩形框的中心与绘图页面的中心要重合。(删掉器件可直接选中，按键盘上的 Delete 或者鼠标右键删除)。

②放置引脚：选择“放置—引脚—单引脚”，鼠标左键放置引脚，一共放置 3 个，其中有焊盘的一边要朝外侧放置。放置好后，点击 1 号引脚，右侧出现引脚属性编辑页面，引脚编号不动，引脚名称修改为“+”，如图 10-13 所示，其余的引脚参照图 10-13 修改好。绘制完成后点击“保存”。

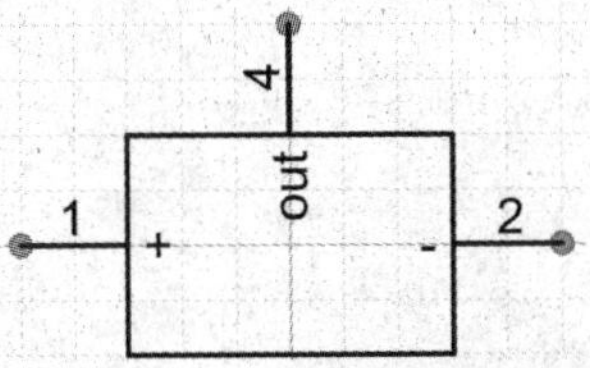

图 10-13　音乐芯片符号

10.3.3　绘制封装库

封装指的是芯片的物理模型，所以画封装时音乐芯片尺寸必须和实物保持一致。点击“文件—新建—封装”，如图 10-14 所示。在弹出的对话框中，填写封装名称，例如 Music，如图 10-15 所示；在管理分类的一级分类中填写“音乐芯片”，然后点击“保存”，会出现元件封装页面，如图 10-16 所示。

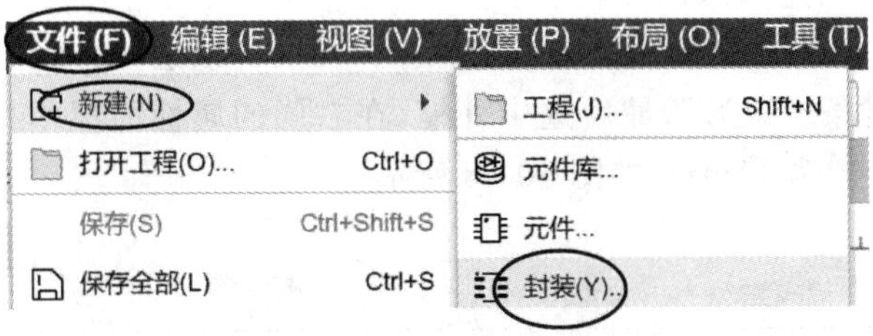

图 10-14　新建封装步骤 1

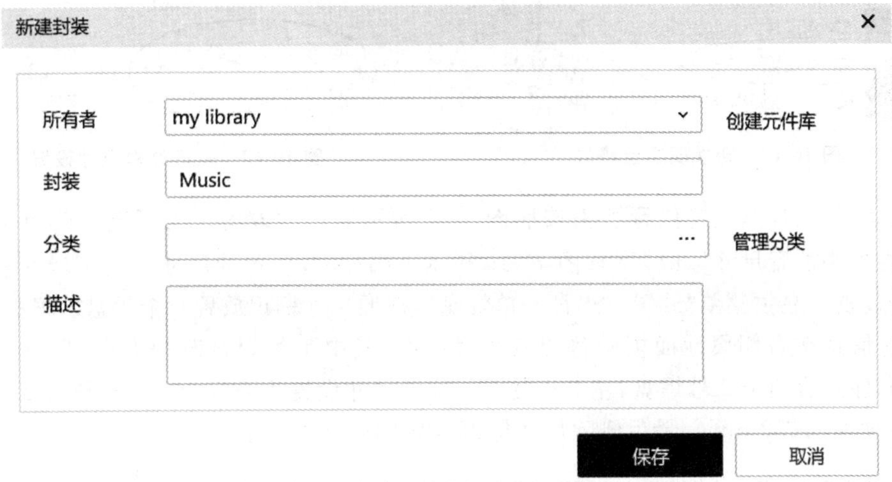

图 10-15　新建封装步骤 2

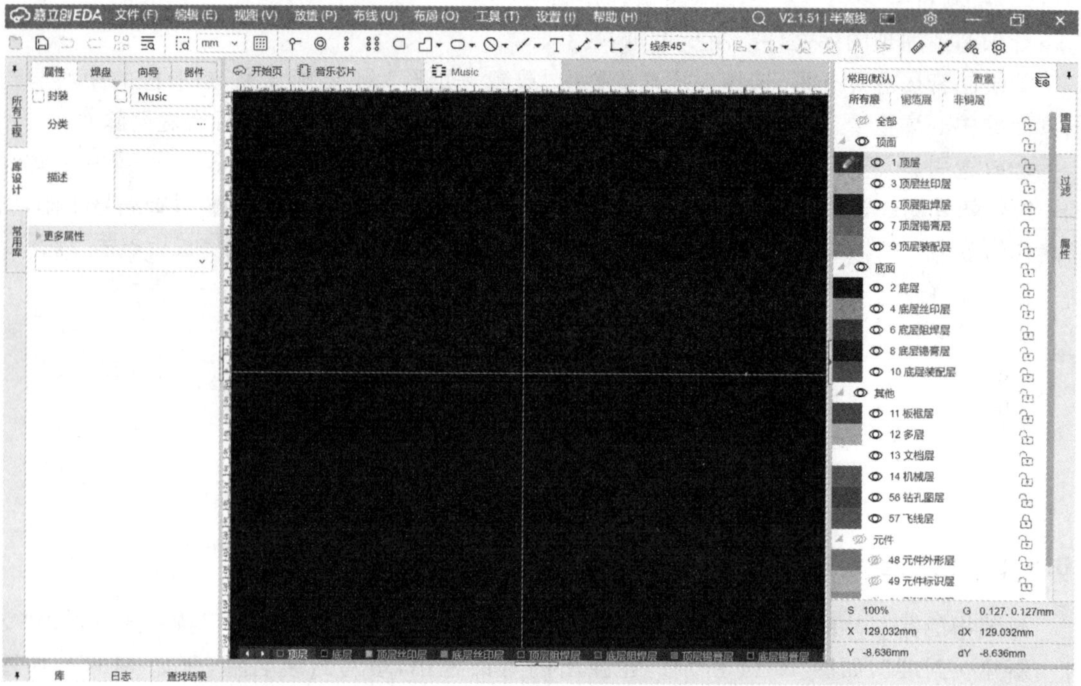

图 10-16 元件封装编辑页面

音乐芯片绘制封装的步骤如下：

①绘制外框：首先在右侧的导航面板中切换到“图层—顶层丝印层”，如图 10-17 所示，然后到菜单栏“放置—线条—矩形”，最后选中外框，在右侧的属性面板中按照图 10-7 的尺寸将宽设置为 20mm，高设置为 11mm，如图 10-18 所示。

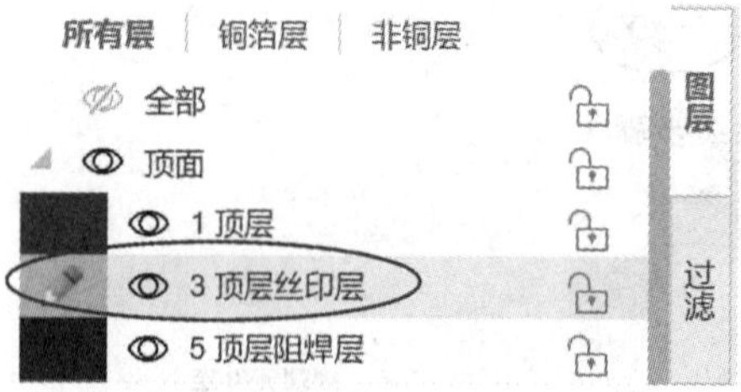

图 10-17 切换顶层丝印层

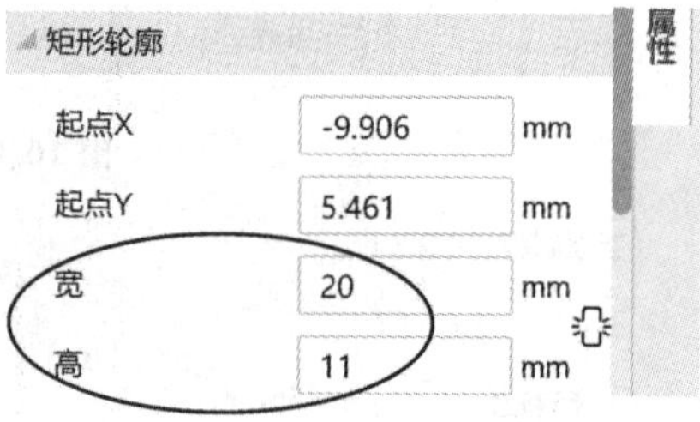

图 10-18 矩形外框尺寸设置

②放置焊盘：焊盘放置位置严格按照图 10-7 所示的尺寸放置。为了确定焊盘的具体位置，可以在图中放置尺寸标识，如图 10-19 所示。同样的，放置的尺寸长度可以在右侧的属性面板中设置。在主菜单“放置—焊盘—单焊盘”，按照尺寸标识放置 5 个焊盘。根据图 10-6、图 10-7 的信息在右侧属性面板中将焊盘编号改好，其中 1 号焊盘改为方形，焊盘尺寸改为 2.54 mm，注意有两个 2 号焊盘，左上角的 2 号焊盘尺寸设置为 2.54 mm，右侧的 2、3、4 号焊盘尺寸修改为 2.032 mm。最后删除尺寸标识，如图 10-20 所示。

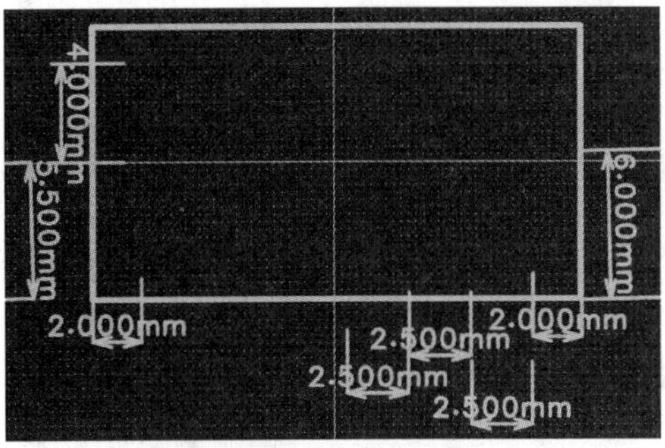

图 10-19 放置尺寸标识

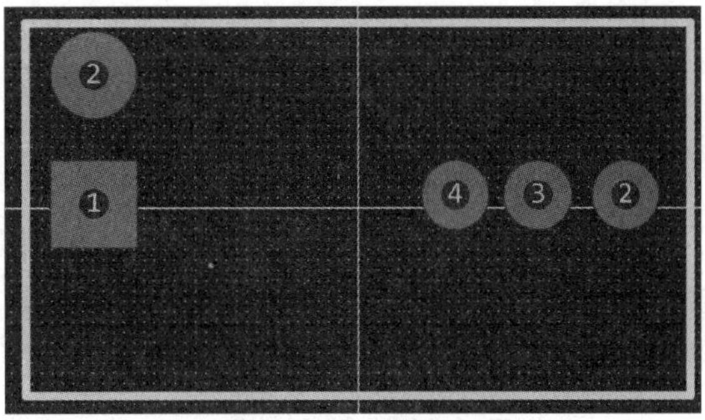

图 10-20 音乐芯片封装

10.3.4 绑定音乐芯片符号和封装

点击下方的底部面板，切换到“器件—my library—音乐芯片”，点击右侧的“**>>**”选择“编辑”回到元件符号编辑界面，如图 10-21 所示。

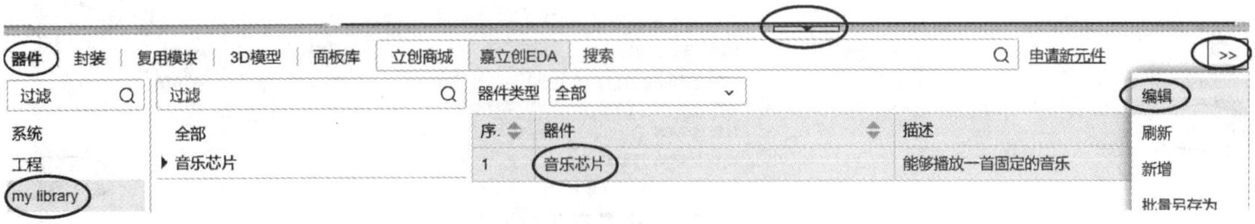

图 10-21 回到元件符号编辑器

在右侧的元件属性面板中找到“封装”，双击打开封装管理器，在个人库中点击绘制的封装名称“Music”，在符号的下方出现绘制好的封装，然后点击右下角的“确认”，如图 10-22 所示。这时在元件符号属性面板里可以看到封装名称，表示已成功完成绑定。

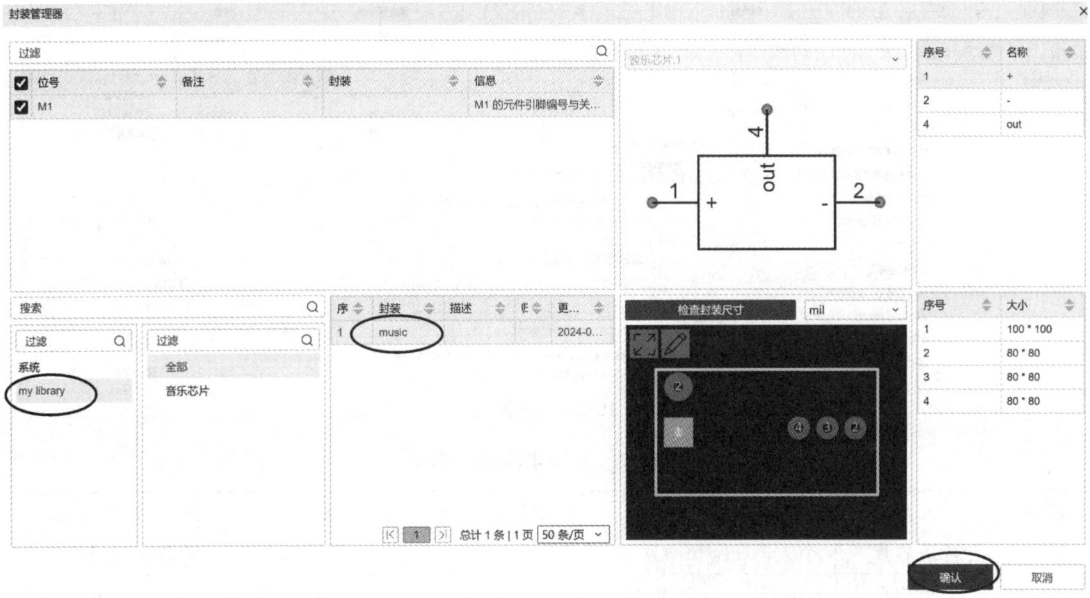

图 10-22 绑定元件符号与封装

10.4 电路原理图绘制

绘图的基本思路：首先，放置元件；其次，连接导线；最后，安全检查。

在左侧的工程设计中点击“1. 流水灯”原理图页打开，右侧是图纸的属性面板，这里用默认参数。参照第 7 章图 7-2 和图 7-4 开始绘制原理图。为方便后续的布局和布线，采用模块绘图，具体分为以下四个模块：①音乐电路模块；②CD4017 计数模块；③555 时钟模块；④接口电路模块。

10.4.1 音乐电路模块绘制

（1）放置元件

先绘制音乐电路模块，点击主菜单下的“放置—器件”，选择个人库“my library”，看到音乐芯片，点击右侧的“放置”，将绘制好的音乐芯片放置在原理图的画布上。如图 10-23 所示。

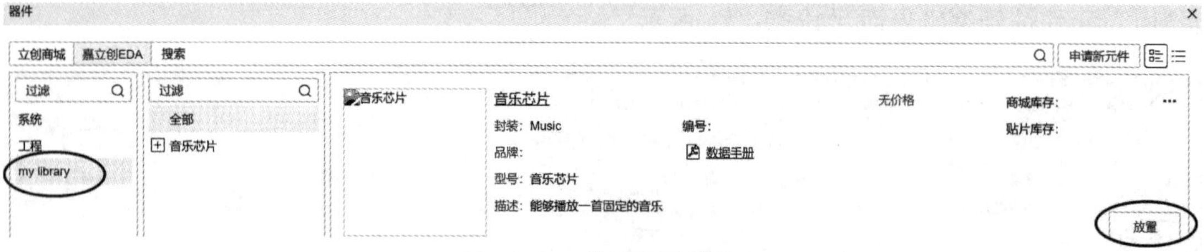

图 10-23 放置音乐芯片

接下来同样点击“放置—器件”，这次选择：“系统库—电阻—插件电阻—功率 1W 的电阻—放置”。如图 10-24 所示，元件按照表 10-2 所示查找即可。

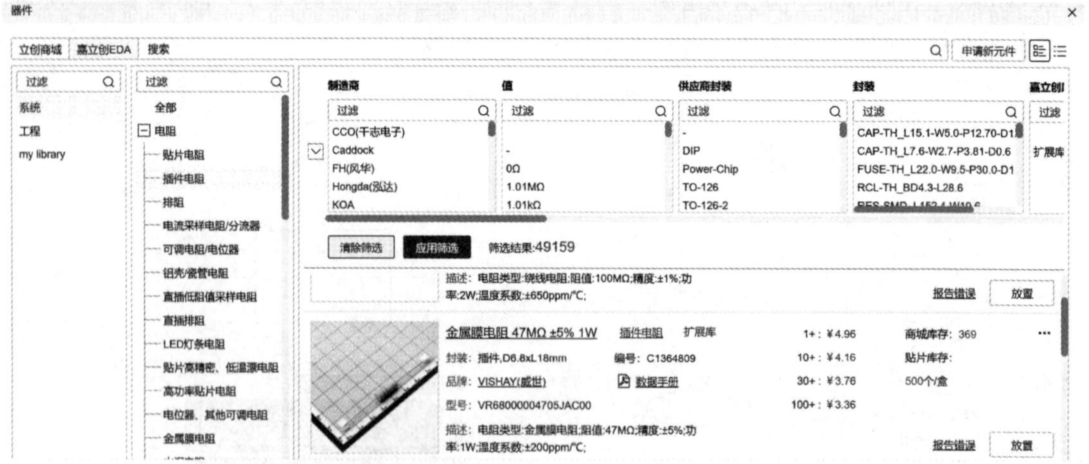

图 10-24 放置电阻

表 10-2 音乐电路元件清单

序号	元件	库名称	元件分类	元件子分类	元件参数
1	音乐芯片	个人库 my library	音乐芯片	音乐芯片	自制
2	20 欧电阻	系统库/基础库	电阻	插件电阻	1W
3	插针	系统库	连接器	排针	2pin

(2)修改元件属性

点击“元件”,在右侧的属性面板中将位号、值修改为电路需要的参数,参照图 7-2。

(3)连接导线

点击工具栏中图标开始连线,芯片的 3 号引脚不连接,放置非连接标识╳,连接完成后,放置文本,如图 10-25 所示。

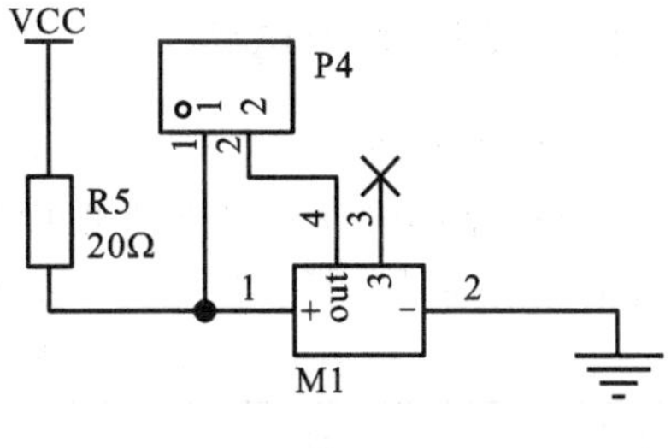

音乐电路

图 10-25　音乐电路原理图

10.4.2　CD4017 模块的绘制

(1)放置元件

CD4017 芯片位置上实际放置的是 16 引脚双列直排插座,搜索元件时可以按照表 10-3,用系统库中的双排 16 引脚插座。

表 10-3　CD4017 **计数器模块元件清单**

序号	元件	库名称	元件分类	元件子分类	元件参数
1	CD4017 芯片 16 引脚双排插座	系统库	连接器	IC/晶体管插座	DIP-16
2	插针	系统库	连接器	排针	11pin
3	330 电阻	系统库/基础库	电阻	插件电阻	330/1/4W

(2)连接导线

芯片引脚多的时候,连线交叉严重,可以采取在引脚上放置网络标签Ⓝ,表示连接。点击“网络标签”,按下 Tab 键,弹出编辑对话框,修改网络标签名称。连接时注意,引脚焊盘要用画导线工具连接网络标签尾部的+号,12 号引脚不连接,放置非连接标识。绘制完成后如图 10-26 所示。

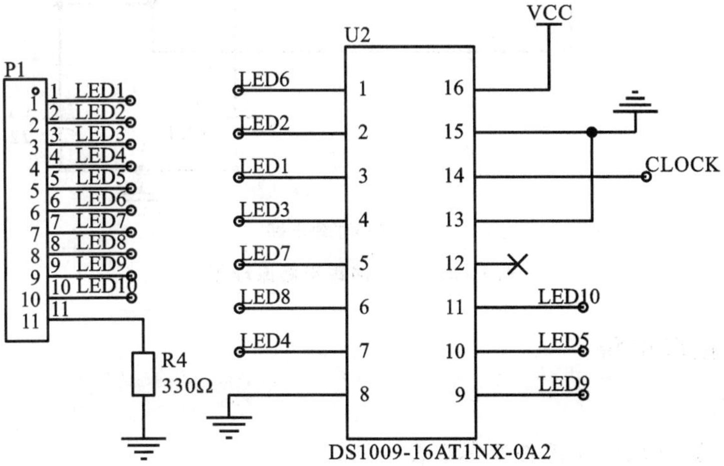

CD4017计数电路

图 10-26　CD4017 **计数电路原理图**

10.4.3 555 时钟电路

(1)放置元件

时钟电路中的元件类型在前面两个模块中大多出现过,可以参照表 10-4 查找,找到原件后在右侧的属性面板中按需修改好元件位号和参数。

表 10-4 555 时钟电路元件清单

序号	元件	库名称	元件分类	元件子分类	元件参数
1	555 芯片 8 脚双排底座	系统库	连接器	IC/晶体管插座	DIP-8
2	100、10 k 电阻	系统库/基础库	电阻	插件电阻	1/4W
3	22 μF 电容	系统库/基础库	电容	直插铝电解电容	22 μF/50 V
4	103 电容	系统库/基础库	电容	直插瓷片电容	0.01 μF

(2)连接导线

导线连接的方法与前面两个模块相同,连接好后放置文本,如图 10-27 所示。

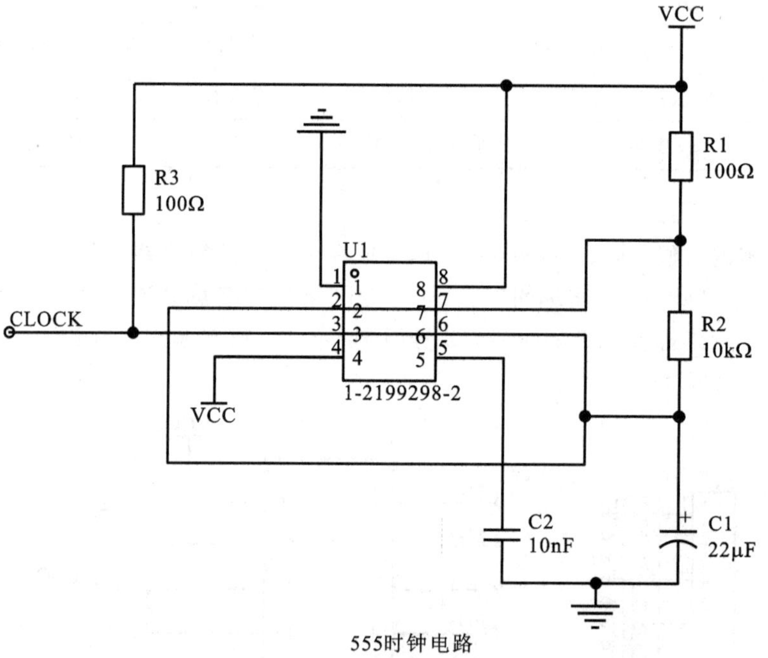

图 10-27 555 时钟电路原理图

10.4.4 电源接口电路

(1)放置元件

最后画电源接口电路,元件查找参看表 10-5。

表 10-5 接口电路元件清单

序号	元件	库名称	元件分类	元件子分类	元件参数
1	插针	系统库	连接器	排针	2pin

(2)连接导线

电源接口电路连接完成,如图 10-28 所示。

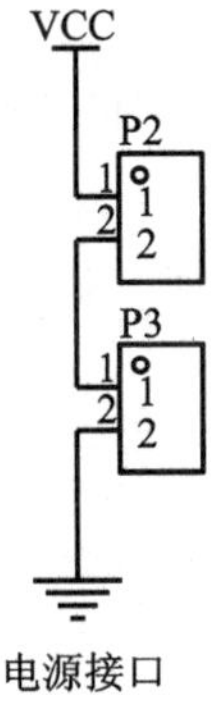

图 10-28　接口电路原理图

电路部分连接完成,在页面左侧常用库最下方找到 M2 螺丝放置在图纸上,并打上非连接标识,最后在图纸右侧的属性面板中填写绘制者、审阅者和单位。全部绘制完成的结果如图 10-29 所示。

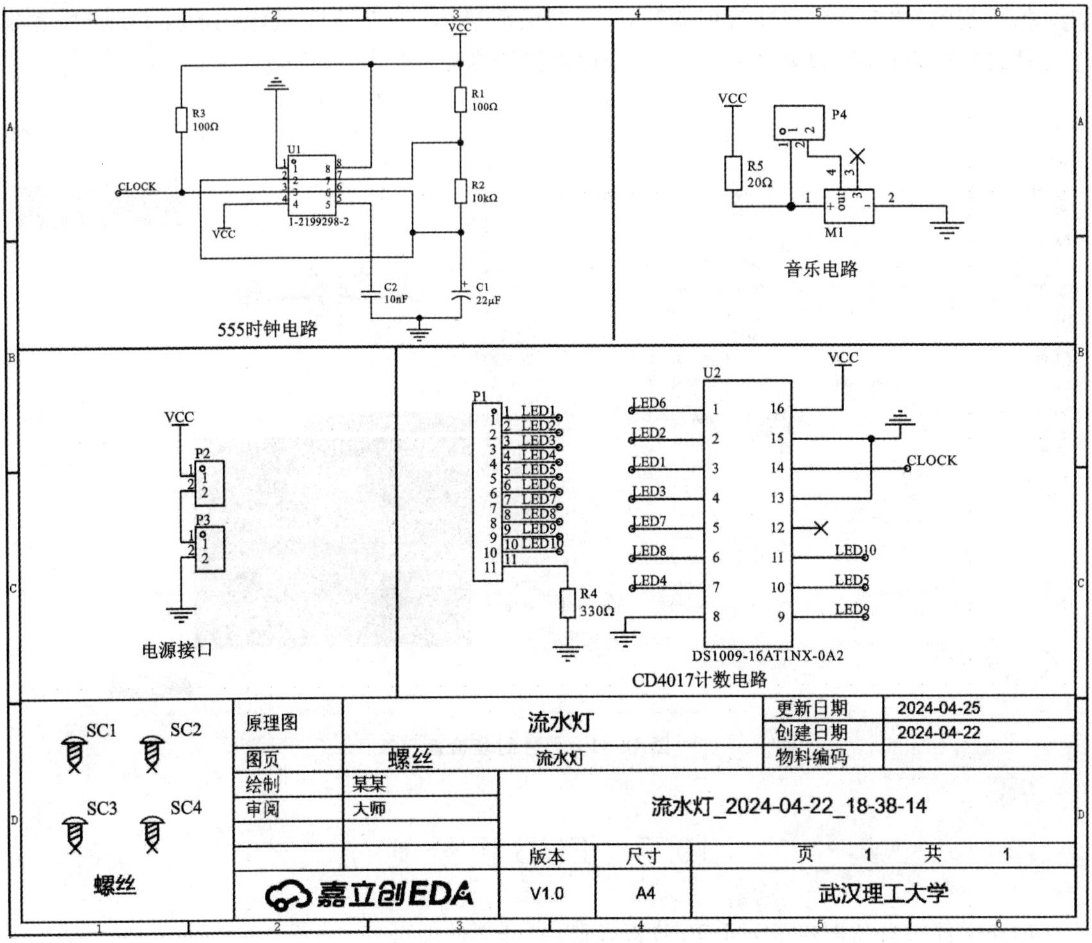

图 10-29　流水灯音乐电流原理图

10.4.5　原理图检查

(1)DRC 检查

原理图全部绘制完成后，需要检查原理图的电气连接特性，执行菜单栏中的“设计—检查DRC”，检查结果如图 10-30 所示。如果有问题，用鼠标点击问题处，会定位问题元件，根据提示修改图，修改后再次检查，直到检查无错误。

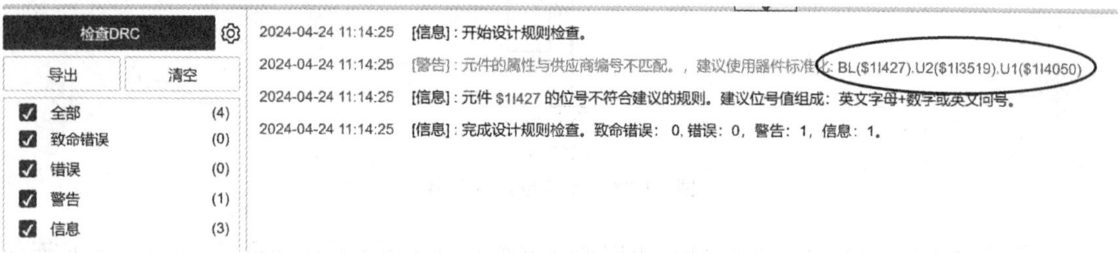

图 10-30　原理图 DRC 检查结果

(2)封装检查

执行菜单栏“工具—封装管理器”，弹出“封装管理器”的对话框，如图 10-31 所示，检查每个元件封装是否正确，如果全部无误，整个原理图绘制完成。

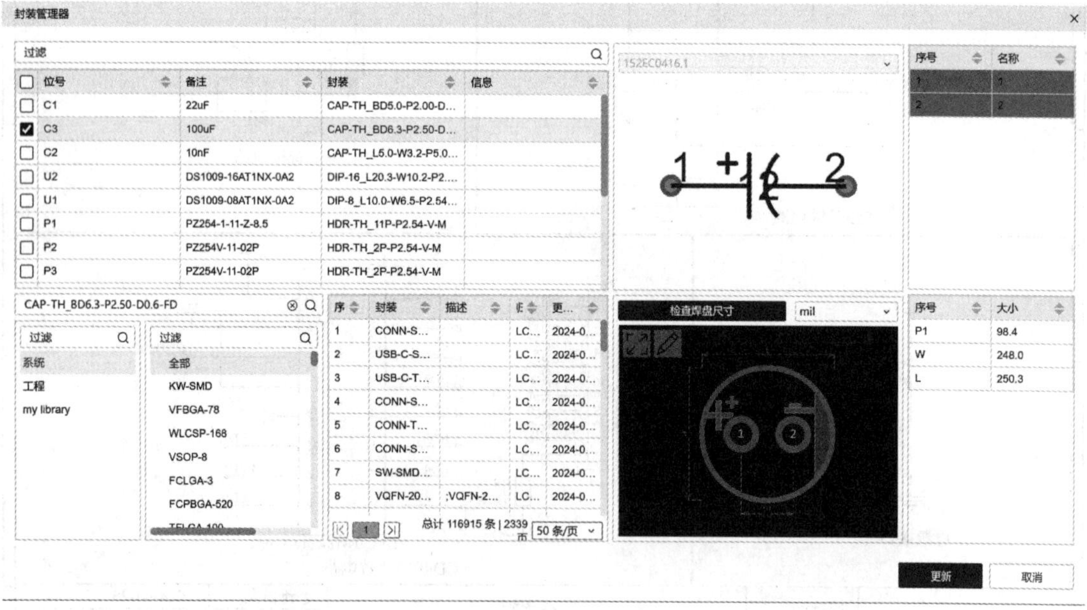

图 10-31　元件封装检查

10.5　PCB 图绘制

创建文件时自动创建了一个 PCB 板，所以打开文件即可。

10.5.1 原理图导入 PCB 板

在原理图页面,执行“设计—更新/转换原理图到 PCB”命令。出现图 10-32 所示的对话框,勾选左下角的“同意更新导线的网络(只适用网络名变更的场景,不适用于元件或导线增删的场景)”,点击右下角的“应用修改”。原理图信息就导入到 PCB 板中了,如图 10-33 所示。图中的淡蓝色是飞线,是指示元件引脚之间连接关系的线,没有实际的物理意义,但是连接导线必须按照飞线指示连接。

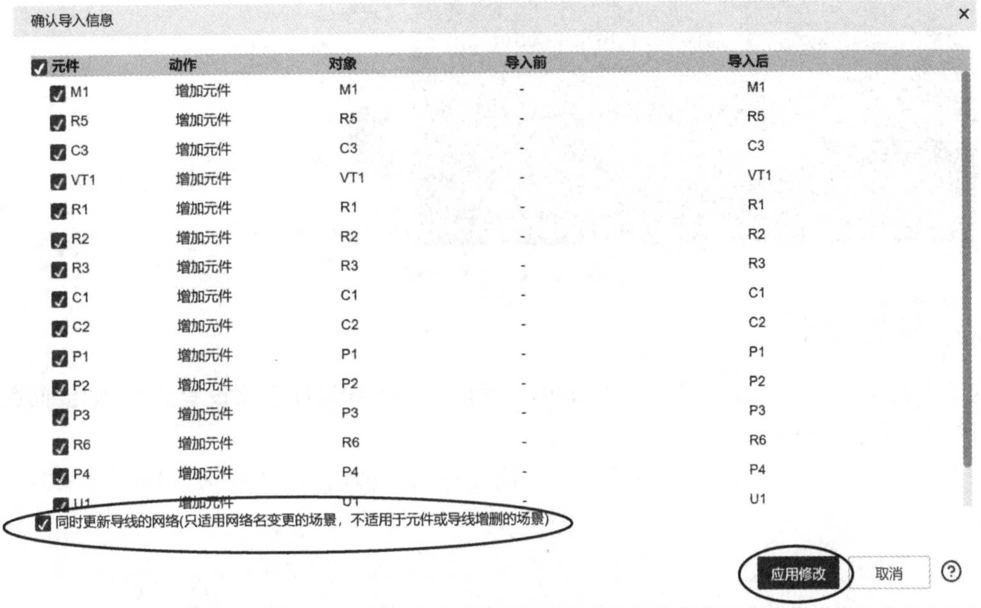

图 10-32 导入信息对话框

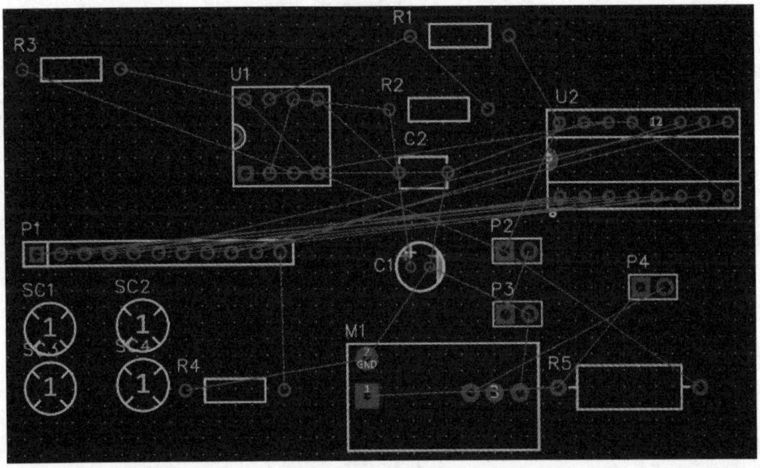

图 10-33 原理图信息导入到 PCB 板中

10.5.2 放置外框

将页面右侧切换到“图层—板框层”,选择“放置—线条—矩形”,在图板上放置一个紫色的矩形框,如图 10-34 所示,选中边框,在右侧的属性面板中将矩形改为不大于“2600 * 2200mil”

的大小。不合适后面再修改。

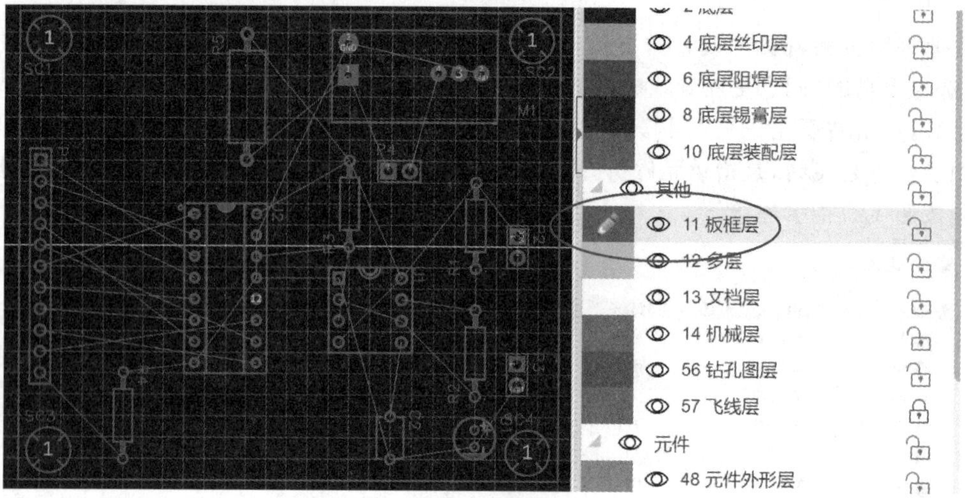

图 10-34　放置边框

10.5.3　设置规则

为了保证电路板在后续工作过程中的良好性能，在 PCB 设计前要设置规则，如线间距、线宽、不同电气节点最小间距等。

在 PCB 设计环境下，执行菜单栏“设计—设计规则”，弹出“设计规则”对话框，如图 10-35 所示。

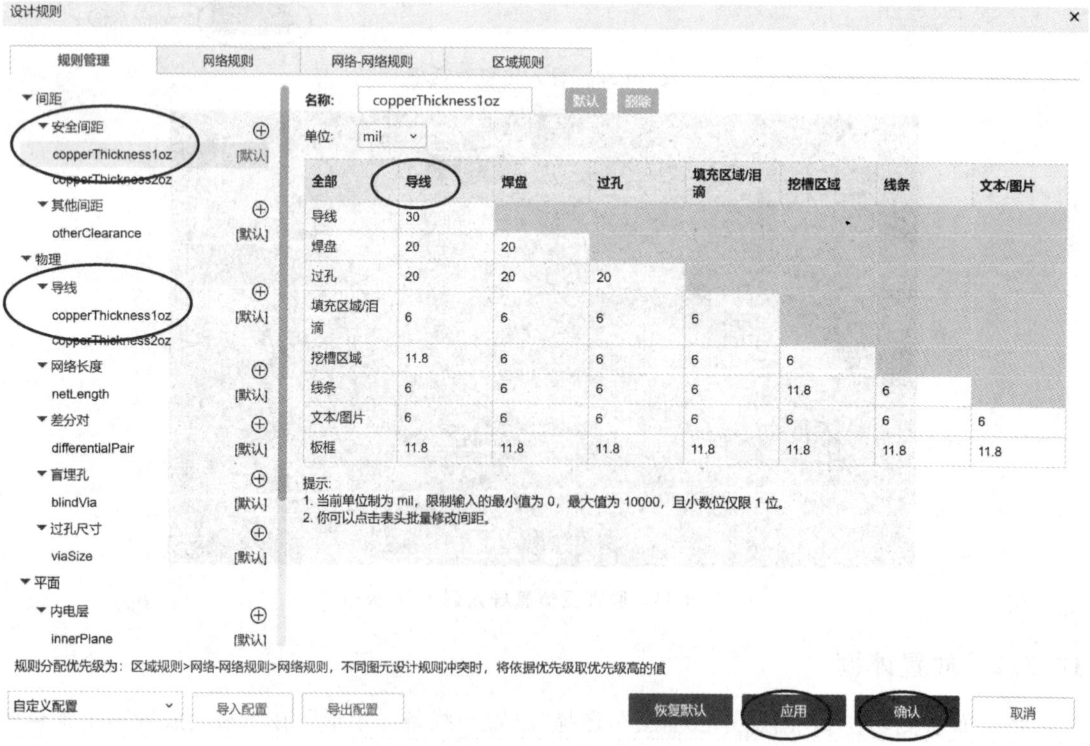

图 10-35　“设计规则”对话框

(1)设置安全间距

在表格中设置安全间距,单击一格修改这一格的参数,例如单击第二行第二列,修改的是导线至导线的安全间距,这里修改为"20mil"。单击表头,可以整体修改,例如点击表头"导线"处,第二列的参数可以整体修改。

(2)设置导线宽度

双击"设置规则—物理—导线"下的默认选项,在弹出的对话框中修改信息如图 10-36 所示。点击"应用—确认",这样导线的绘制宽度就设置好了。

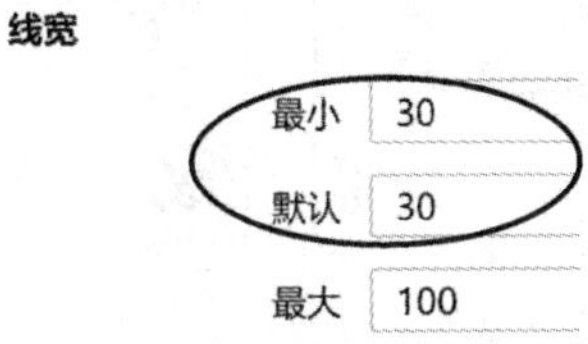

图 10-36　设置线宽

完成设置,点击"设计规则"弹窗右下角的"应用—确定",规则设置完成。

10.5.4　PCB 布局

①同一功能模块要集中。

②元件摆放飞线距离越短,交叉越少越好。

③布局应参考原理图,根据电路的主信号流向规律放置主要元件。

④重要的单元电路,核心元件优先布局。

⑤整齐排列,同一类型的 IC 同一方向排列。

⑥元件距离板框留有一定距离,一般最少 2 mm。

⑦元件引脚多的要留大位置,引脚少的可以摆放密集一些。

立创 EDA 有个布局传递的功能特别实用,在同一板子下的原理图和 PCB,可以使用布局传递功能把当前原理图中选中的元件传递到 PCB 中,方便需要的元件快速聚拢,实现快速局部布线。例如,在原理图中框选 555 时钟电路,然后选择"设计—布局传递",页面自动切换到 PCB 图,在原理图中框选的元件就附着在光标上了,在合适的位置单击放置在 PCB 上即可。

10.5.5　PCB 布线

(1)自动布线

首先将设计规则设置为默认规则,然后点击"菜单栏—布线—自动布线",弹出"自动布线"对话框,默认各选项就好,点击"确认",就可以看到布线结果,自动布线后的结果如图 10-37(a)所示。自动布线结果有不尽如人意的地方,例如图 10-37 中圈出的地方,要尽量避免导线穿过芯片相邻引脚,对于手工焊接尤其要避免此类布线,极易造成短路发生,还有些红蓝相互遮挡的线也需要手动调整,调整后如图 10-37(b)所示。如果对布线完全不满意,选择"布线—清除布线—全部"即可。

调整导线时注意板层的切换,可在右侧的"图层"中切换板层,更方便的操作是在板子底部有个板层快捷窗口,如图 10-38 所示。布线完成后要再次检查 DRC。

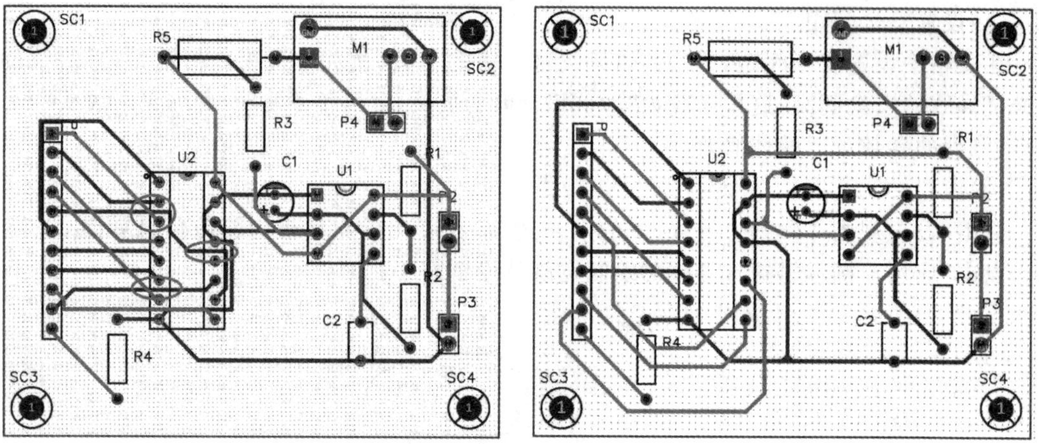

(a) (b)

图 10-37 自动布线结果图

(a)自动布线的结果图;(b)手动调节后的布线图

图 10-38 页面底部板层快捷窗口

(2)手动布线

当规则设置得严格时,常常自动布线率达不到 100%,例如将导线安全间距加大,导线加宽,自动布线后会有飞线没有连接导线,而且剩下是连接比较麻烦的导线。规则越严格,自动布线率越低,但是规则越严格,后期制作板子的成功率越高。

图 10-39 是采用图 10-35、图 10-36 的规则手动布线的结果。元件布局好后,开始按照飞线指示布线,布线转角应该是钝角,导线尽量横平竖直。绘制完成后点击"设计—检查 DRC",

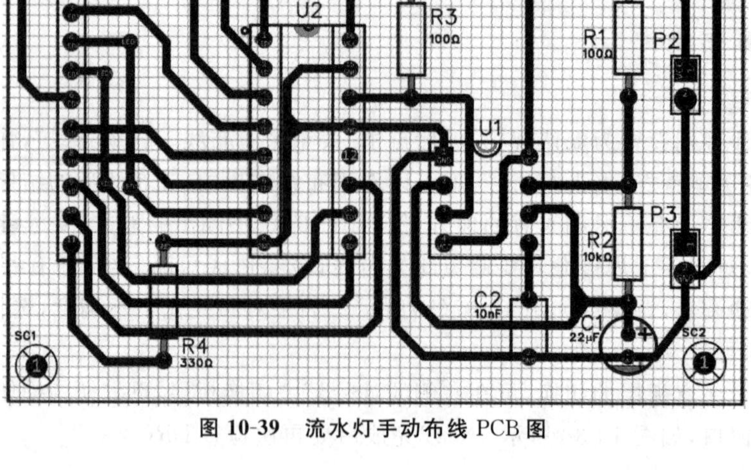

图 10-39 流水灯手动布线 PCB 图

如果没有错误,调整图中的文字标识,使其整齐美观,这种板子后期加工成品率更高。

10.5.6　PCB 板 3D 预览

为了查看 PCB 板的焊接效果,可以将设计好的板子生成 3D 预览,点击"视图—3D 预览"即可生成 3D 效果,如图 10-40 所示,3D 预览的 PCB 和生产出来的 PCB 相似。

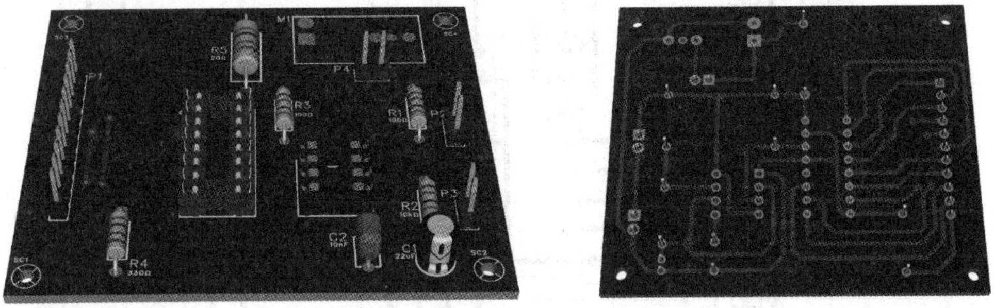

图 10-40　PCB 板正反两面 3D 效果图

10.5.7　万用板布线

万用板是一种按照标准 IC 间距(2.54 mm)布满焊盘,布线时需要根据万用板的特点做一些设定,其他的与一般的 PCB 布线一样。

(1)设置网络背景

在 PCB 环境下将右侧的属性面板中的单位、网格类型、网格尺寸按照图 10-41 所示设置好。

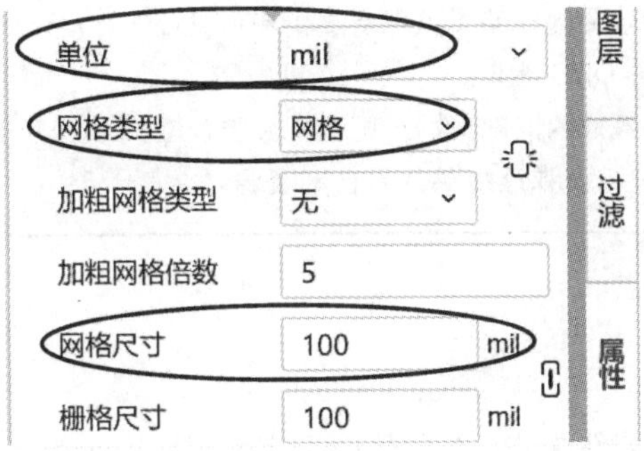

图 10-41　网络背景设置

(2)元件焊盘与背景栅格交叉点重合处理

将板子上除了音乐芯片之外的所有元件的焊盘放置在背景栅格的交叉点上,对齐时有些小的步进可以用 Alt+键盘左键调整,音乐芯片是一个非标准件,只需要将方的正极焊盘对准栅格交叉点即可。

(3)连接导线

按照飞线的指示连接,导线要走在网格栅格线上,由于是手工焊接,布的导线尽量在底层,在底层走不了导线的,可以通过放置过孔的形式在顶层布线,但是顶层的导线要尽可能少,如图 10-42 所示。布线完成后同样要检查 DRC,以确保电路连接的正确性。

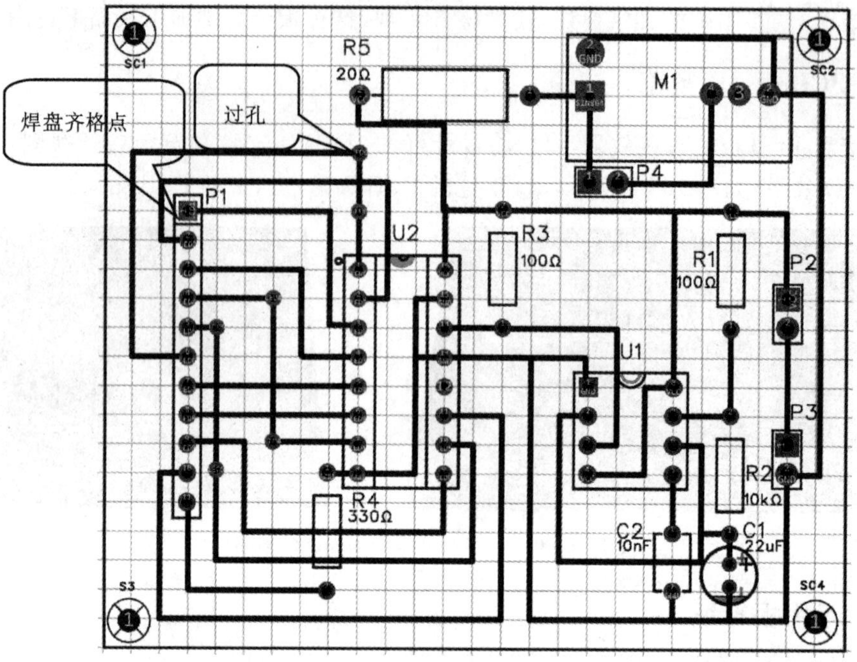

图 10-42 万用板布线图

强调:

• 立创 EDA 文件是采用软件工程管理的方式组织文件,所以第一个要创建的就是工程项目,其他的绘图文件都要在创建的工程项目底下管理。

• 绘制原理图库文件的符号要放在整个绘图界面的中心处。

• 绘制完成后,一定要进行 DRC 检查。

• 绘制过程中会遇到各种各样的问题,教材、配套视频要反复阅读和观看,也可以在 QQ 群里提问,任课老师会及时解答,同学们要利用好课程提供的平台和资源。

本章测试

1. 创建工程后,在工程文件夹中,会自带一个 Board1,Board1 包含________、________。

2. 绘制元件时,放置引脚有电气属性的一端需要________。

3. 封装指的是芯片的________,所以画封装时尺寸必须和________保持一致。

4. 绘制原理图时,放置元件有如下三种方法:________、________和________。

5. 原理图绘制完成后,要进行________后,才能进入原理图转换 PCB 步骤。

6. 绘制电路板边框,要选择________板层;绘制元件边框,要选择________板层。

7. 绘制标准万用板,网格栅格尺寸应设置为________,元件焊盘应该________。

11 印制电路板的生产

教学目标

1. 了解印制电路板所需要用到的文件；
2. 了解印制电路板的生成流程。

学习任务

1. 学习第 11.1 节至第 11.3 节内容。
要求：①了解 PCB 打样、元件采购和加工分别需要哪些生产文件；
②能生成一个可用的 Gerber 文件；
③了解印制电路板制作生产的流程。
2. 完成章节作业。

学习资源

1.《电工电子实习指导书 A》第 11 章；
2. 电工实验中心教学实训平台；
3. 学习资源库；
4. 班级 QQ 群。

11.1 生产文件的组成

电路板绘制完成后，下一步就是制作电路板。制作电路板包括 PCB 打样、元件采购和焊接(或贴片)三个环节，每个环节都需要相应的生产文件。生产文件一般由 PCB 源文件、Gerber 文件和 SMT 文件组成，其中 SMT 文件又由 BOM 和坐标文件组成，如图 11-1 所示。

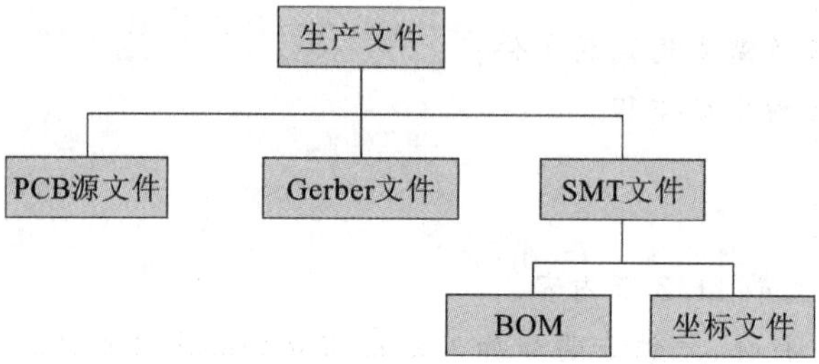

图 11-1 生产文件架构

进行 PCB 打样时，需要将 PCB 源文件或者 Gerbera 文件发送给 PCB 打样厂，而用户或企业设计部门往往出于各方面的考虑，不愿意提供原始的 CAD 文档，只愿意提供给生产制造部门电路板的 Gerber 文件。

采购元件时，需要一张物料清单表(Bill of Materials)即 BOM 表。

进行电路板的加工时，既可以给加工厂家发送 PCB 源文件和 BOM，为了防止技术泄露，也可以提供 BOM 和坐标文件。

11.2 生产文件的转换

11.2.1 Gerber 文件的导出

Gerber 是所有电路设计软件都可以产生的文件，在电子组装行业又称为模板文件(stencil data)，在 PCB 制造业又称为光绘文件，可以说 Gerber 文件是电子组装业中最通用最广泛的文件格式。因此对于一个电子生产企业，拥有一个能够处理 Gerber 文件的电脑辅助制造 CAM 软件是非常重要的，它对产品生产的准备、制造及测试各工序都有辅助提高质量的作用。

Gerber 文件包含 RS-274-D 和 RS-274-X 两种格式，其中 RS-274-D 称为基本 GERBER 格式，并要同时附带 D 码文件才能完整描述一张图形；RS-274-X 称为扩展 GERBER 格式，它本身包含 D 码信息。常用的 CAD 软件都能生成这两种格式文件。下面介绍如何使用立创 EDA 生成 Gerber 文件，以第 10 章流水灯电路举例说明。

打开流水灯电路的 PCB 板，执行菜单栏命令“文件—导出—PCB 制版文件(Gerber)”，如图 11-2 所示。弹出“导出 PCB 制板文件”，单击“导出 Gerber”按钮，如图 11-3 所示。

立创 EDA 导出的 Gerber 文件是一个 ZIP 压缩包，在板厂下单时直接上传该压缩包即可，Gerber 文件压缩包内的文件说明如表 11-1 所示。

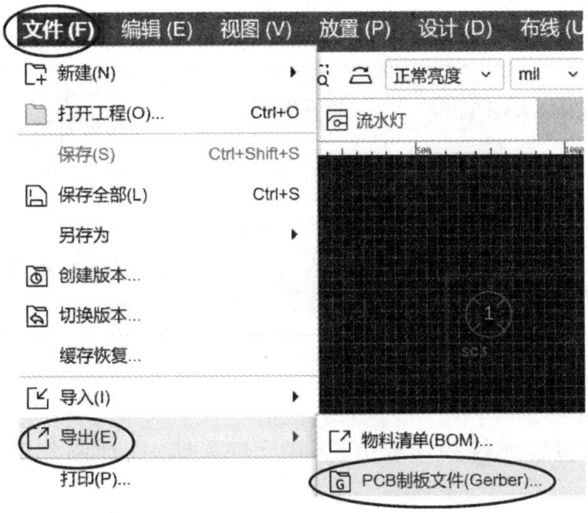

图 11-2 导出 Gerber 文件步骤 1

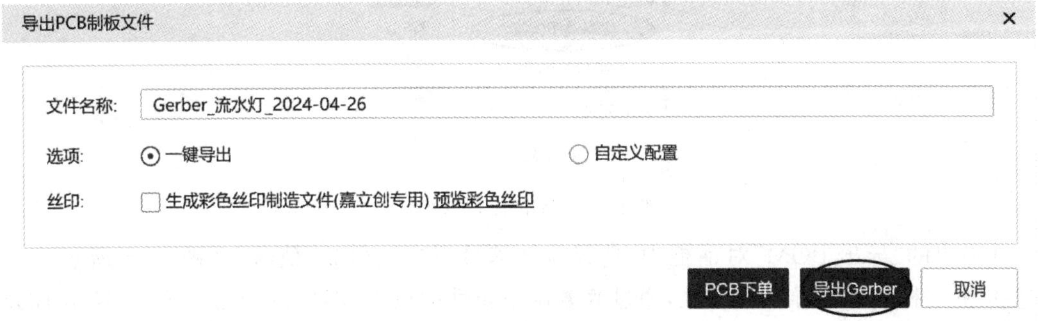

图 11-3 导出 Gerber 文件步骤 2

表 11-1 立创 EDA 导出 Gerber 压缩文件说明

序号	文件名称	文件内容	备注
1	Drill_PTH_Through. DRL	金属化孔多层焊盘的钻孔层	文件显示的是内壁需要金属化的钻孔位置
2	Drill_PTH_Through_Via. DRL	金属化孔通孔类型过孔的钻孔层	文件显示的是内壁需要金属化的钻孔位置
3	Gerber_BoardOutlineLayer. GKO	边框文件	PCB 板厂根据该文件切割板形
4	Gerber_BottomLayer. GBL	PCB 底层	底层铜箔层
5	Gerber_BottomSilkscreenLayer. GBO	底层丝印层	
6	Gerber_BottomSolderMaskLayer. GBS	底层阻焊层	也称开窗层，默认板子盖油，在该层绘制的元素对应到底层的区域则不盖油
7	Gerber_DocumentLayer. GDL	文档层	用于记录 PCB 的备注信息，不参与制造生成

续表 11-1

序号	文件名称	文件内容	备注
8	Gerber_DrillDrawingLayer. GDD	钻孔图层	该层不参与制造，用于对生成过孔的位置做对照标识
9	Gerber_TopLayer. GTL	PCB 顶层	顶层铜箔层
10	Gerber_TopSilkscreenLayer. GTO	顶层丝印层	
11	Gerber_TopSolderMaskLayer. GTS	顶层阻焊层	也称开窗层，默认板子盖油，在该层绘制的元素对应到底层的区域则不盖油

11.2.2 BOM 文件导出

BOM 是物料清单，包含元件的详细信息，在元件采购、设计制作验证样品、批量生产时都需要这个清单。

打开流水灯电路原理图，执行菜单栏命令“导出—物料清单(BOM)”，如图 11-4 所示。

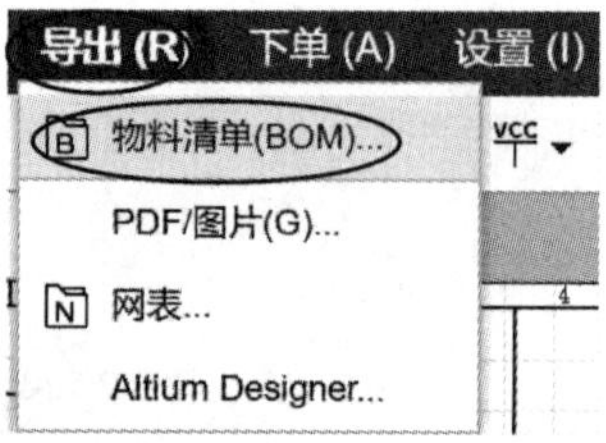

图 11-4 导出 BOM 步骤 1

在弹出的“导出 BOM”对话框中，选择属性编号、位号、封装、值等，如图 11-5 所示。可以通过 [>] 和 [<] 按钮选择导出的属性，通过 ↑ ↓ 调整属性的位置，然后点击右下角的“导出 BOM”按钮。

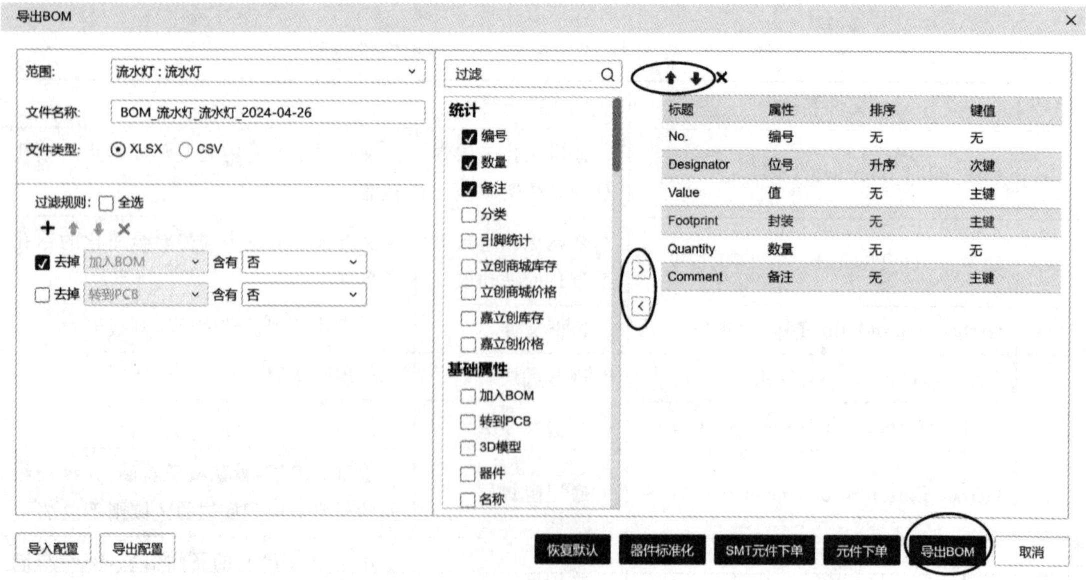

图 11-5 导出 BOM 步骤 2

导出的 BOM 表如图 11-6 所示。

No.	Designator	Value	Footprint	Comment	Quantity
1	C1	22uF	CAP-TH_BD5.0-P2.00-D0.8-FD	22uF	1
2	C2	10nF	CAP-TH_L5.0-W3.2-P5.08-D0.6	10nF	1
3	M1		Music	music	1
4	P1		HDR-TH_11P-P2.54-V-M	PZ254-1-11-Z-8.5	1
5	P2,P3,P4		HDR-TH_2P-P2.54-V-M	PZ254V-11-02P	3
6	R1,R3	100Ω	RES-TH_BD2.4-L6.3-P10.30-D0.6	100Ω	2
7	R2	10kΩ	RES-TH_BD2.4-L6.3-P10.30-D0.6	10kΩ	1
8	R4	330Ω	RES-TH_BD2.4-L6.3-P10.30-D0.6	330Ω	1
9	R5	20Ω	RES-TH_BD4.5-L11.0-P15.00-D0.7	20Ω	1
10	SC1,SC2,SC3,SC4		M2螺丝	M2螺丝	4
11	U1		DIP-8_L10.2-W10.2-P2.54-LS7.6-BL	1-2199298-2	1
12	U2		DIP-16_L20.3-W10.2-P2.54-LS7.6-BL-2	DS1009-16AT1NX-0A2	1

图 11-6 导出的 BOM 表

11.2.3 坐标文件导出

打开流水灯 PCB 文件，执行菜单栏命令“文件—导出—坐标文件”，弹出“导出坐标文件”对话框如图 11-7 所示，点击右下角的“导出”即可。

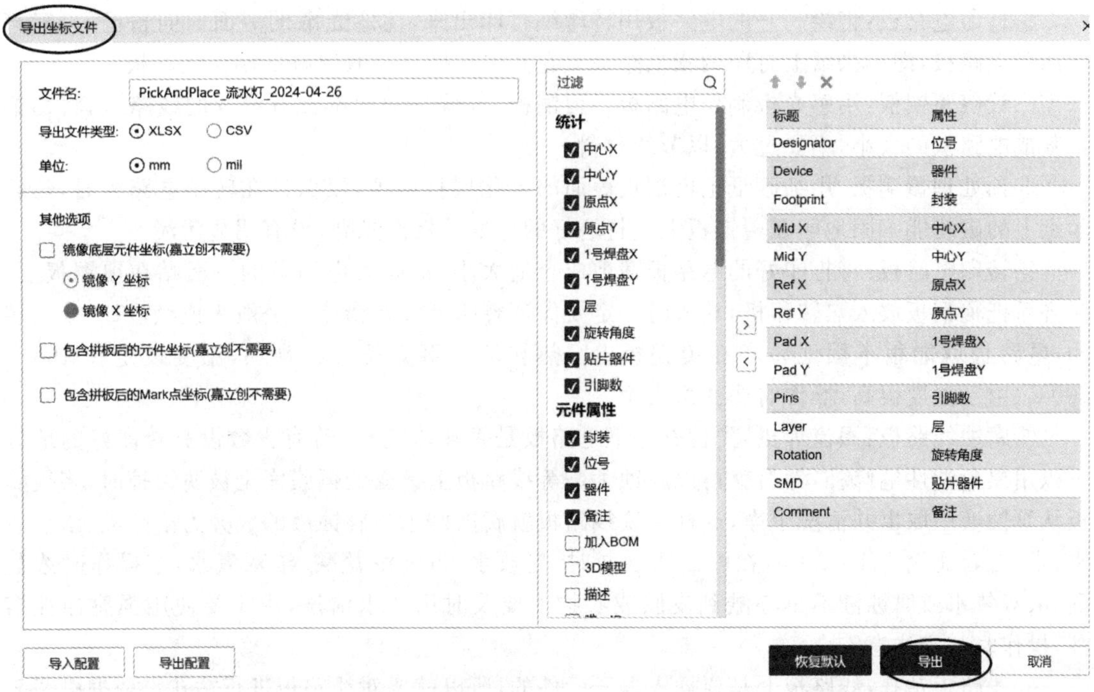

图 11-7 导出坐标文件

11.2.4 PCB 文件导出

打开流水灯 PCB 文件，执行菜单栏命令“导出—PDB/图片(G)”，在弹出的“导出文档”对话框中点击右下角的“导出”，即可导出 PDF 文件。打开导出文件后可以看到内容，如图 11-8 所示。

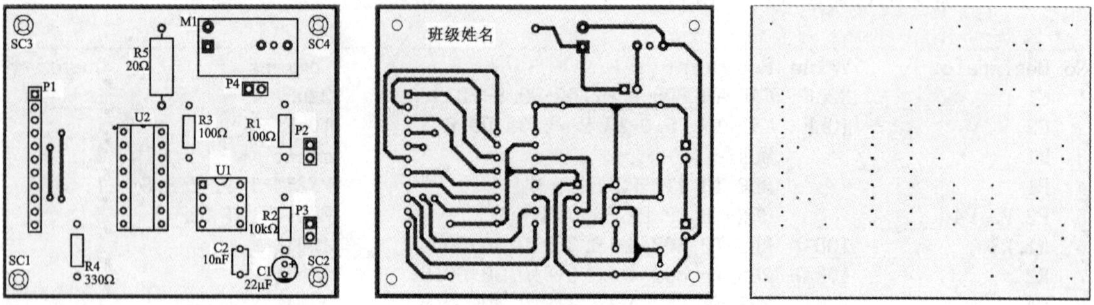

(a)　　　　(b)　　　　(c)

图 11-8　导出的 PCB 文件

(a)顶层装配图;(b)底层线路图;(c)钻孔图

11.3　印制电路板的生产流程

印制电路板随着工艺技术的进步而不断变化,但是,原则上不变的是一个完整的印制电路板需要经过打印电路板、裁剪覆铜板、预处理覆铜板、转印电路板、腐蚀、钻孔、预处理、焊接等生产工艺流程之后才可以通电,下面具体了解一下印制电路板的主要制作流程。

①打印电路板:将绘制好的电路板用转印纸打印出来,注意光滑的一面面向自己,一般打印两张电路板,即一张纸上打印两张电路板。在其中选择打印效果好的制作线路板。

②裁剪覆铜板:用感光板制作电路板。覆铜板,也就是两面都覆有铜膜的线路板,将覆铜板裁成电路板的大小,不要过大,以节约材料。

③预处理覆铜板:用细砂纸把覆铜板表面的氧化层打磨掉,以保证在转印电路板时,热转印纸上的碳粉能牢固地印在覆铜板上。打磨好的标准是板面光亮,没有明显污渍。

④转印电路板:将打印好的电路板裁剪成合适大小,把印有电路板的一面贴在覆铜板上,对齐后把覆铜板放入热转印机,放入时一定要保证转印纸没有错位。一般来说经过 2～3 次转印,电路板就能很牢固地转印在覆铜板上。热转印机事先就已经预热,温度设定在 160～200℃,由于温度很高,操作时要注意安全。

⑤腐蚀线路板:回流焊机,先检查一下电路板是否转印完整,若有少数没有转印好的地方可以用黑色油性笔修补,然后就可以腐蚀了。等线路板上暴露的铜膜完全被腐蚀掉时,将线路板从腐蚀液中取出并清洗干净,这样一块线路板就腐蚀好了。腐蚀液的成分为浓盐酸、浓双氧水、水,三者比例为 1∶2∶3,在配制腐蚀液时,先放水,再加浓盐酸、浓双氧水,若操作时浓盐酸、浓双氧水或腐蚀液不小心溅到皮肤或衣物上要及时用清水清洗,由于要使用强腐蚀性溶液,操作时一定注意安全。

⑥线路板钻孔:线路板上是要插入电子元件的,所以就要对线路板进行钻孔。依据电子元件管脚的粗细选择不同的钻针,在使用钻机钻孔时,线路板一定要按稳,钻机速度不能开得过慢,请仔细看操作人员操作。

⑦线路板预处理:钻孔完成后,用细砂纸把覆在线路板上的墨粉打磨掉,用清水把线路板清洗干净。水干后,用松香水涂在有线路的一面,为加快松香凝固,通常用热风机加热线路板,只需 2～3 min 松香就能凝固。

⑧焊接电子元件:焊接完板上的电子元件,通电。

这样一块印制电路板就制作完成了,如图 11-9 所示。

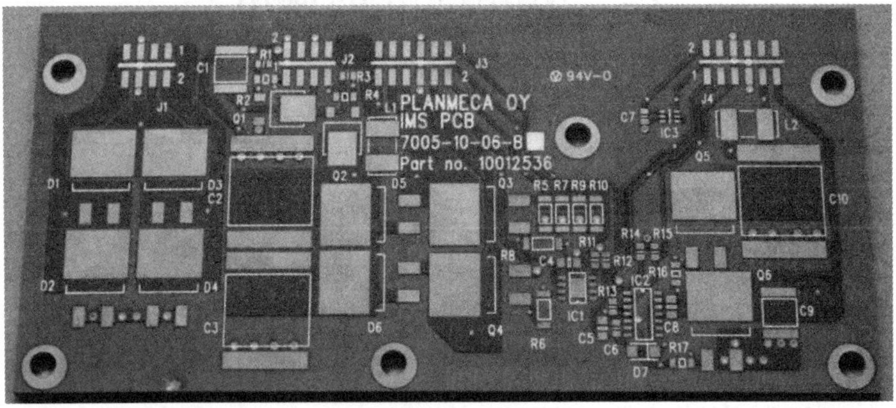

图 11-9 印制电路板

> **强调:**
>
> • PCB 板的制作过程中涉及许多物理和化学的处理,每一步都要精力集中,认真对待。
>
> • 制作中产生的废水废液务必妥善处理,切不可乱放乱倒,一定要有责任意识。

本章测试

1. 生产文件一般包括____________、____________和____________三个文件。

2. Gerber 是所有电路设计软件都可以产生的文件,在电子组装行业又称为__________,在 PCB 制造业又称为__________。

3. Gerber 在第一常规/概要中,单位选择__________,格式为__________。

4. 印制电路板生产流程主要有打印电路板、__________、__________、__________、腐蚀、钻孔、预处理、焊接。

5. 热转印过程中,热转印机事先就已经预热,温度设定在__________℃。

12　Multisim 的使用

教学目标

1. 使用 Multisim 软件绘制功能完整的电路原理图；
2. 会使用 Multisim 仿真电路，并会分析结果。

学习任务

1. 学习第 12.1 节至第 12.2 节内容。
2. 学习超星平台的相关章节视频与 PPT。

要求：①熟悉 Multisim 的面板；

②能根据视频、教材所给的资料绘制本书中的电路并仿真；

③会读取关键数据并分析。

学习资源

1.《电工电子实习指导书 A》第 12 章；
2. 电工实验中心教学实训平台；
3. 超星平台“电工电子实习 A”课程相关章节；
4. 班级 QQ 群。

12.1 Multisim 用户界面介绍

在众多的 EDA 仿真软件中，Multisim 软件因界面友好、功能强大、易学易用，受到了电子设计开发人员的青睐。Multisim 用软件方法虚拟电子元件及仪器仪表，将元件和仪器集合为一体，是原理图设计、电路测试的首选虚拟仿真软件。

Multisim 来源于加拿大图像交互技术公司(Interactive Image Technologies，简称 IIT 公司)推出的以 Windows 为基础的仿真工具，原名 EWB。IIT 公司于 1988 年推出一个用于电子电路仿真和设计的 EDA 工具软件 Electronics Work Bench(电子工作台，简称 EWB)，以界面形象直观、操作方便、分析功能强大、易学易用而得到迅速推广使用。1996 年 IIT 推出了 EWB5.0 版本，从 EWB6.0 版本开始，IIT 对 EWB 进行了较大变动，名称改为 Multisim(多功能仿真软件)。IIT 后被美国国家仪器(NI，National Instruments)公司收购，软件更名为 NI Multisim，Multisim 经历了多个版本的升级，已经有 Multisim2001、Multisim7、Multisim8、Multisim9、Multisim10、Multisim14 等版本，9 版本之后增加了单片机和 LabVIEW 虚拟仪器的仿真和应用。

下面以 Multisim14 为例介绍其基本操作。图 12-1 是 Multisim14 的用户界面，包括菜单工具栏、常用快捷工具栏、文件目录窗口、仪器仪表栏、绘图区、状态栏等组成部分。

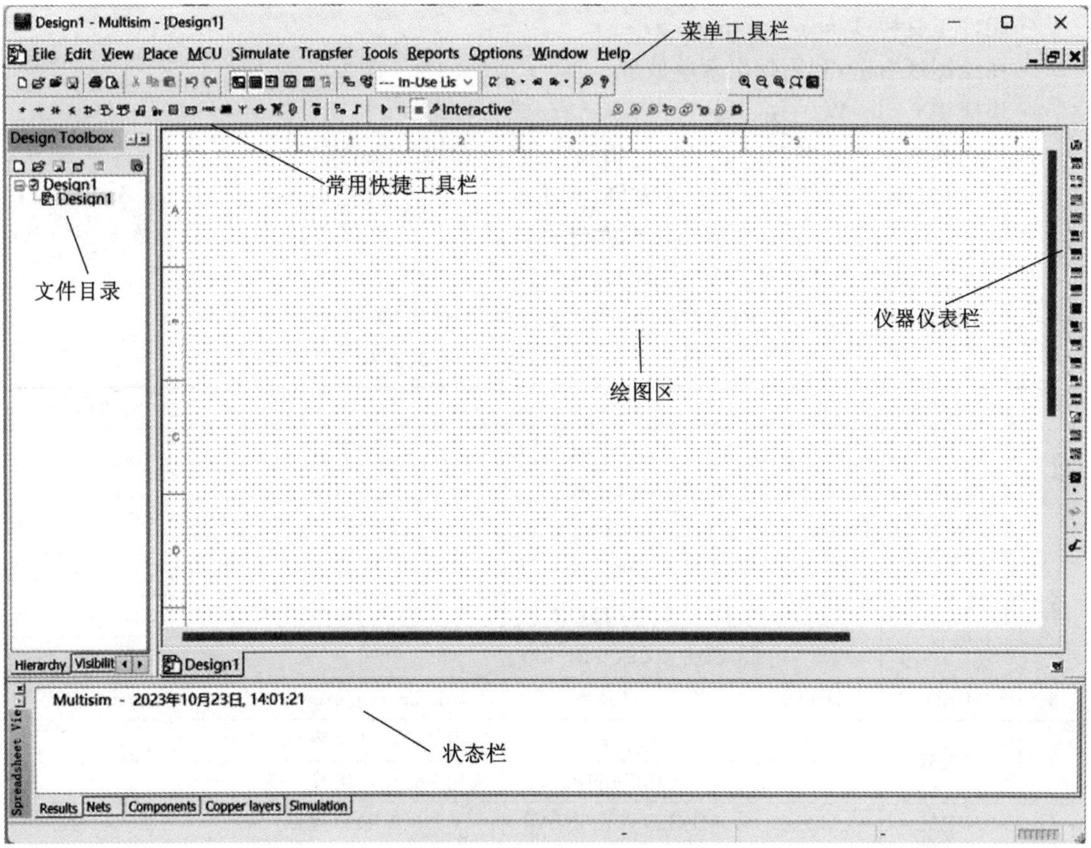

图 12-1 Multisim14 用户界面

12.2　Multisim 仿真基本操作

12.2.1　555 声光报警电路

Multisim14 仿真的基本步骤以 555 报警电路为例简介如下：

1)建立电路文件

具体建立电路文件的方法有：

- 打开 Multisim14 时自动打开空白电路文件 Circuit1,保存时可以重新命名；
- 菜单 File—New；
- 工具栏 New 按钮；
- 快捷键 Ctrl+N。

2)放置元件和仪表

Multisim14 的元件数据库有:主元件库(Master Database)、用户元件库(User Database)、合作元件库(Corporate Database),后两个库由用户或合作人创建,新安装的 Multisim14 中这两个数据库是空的。

放置元件的方法有：

- 菜单 Place Component；
- 元件工具栏:Place/Component；
- 在绘图区右击,利用弹出菜单放置；
- 快捷键 Ctrl+W。

放置仪表可以点击虚拟仪器工具栏相应按钮,或者使用菜单方式。

以 555 报警电路放置+6 V 电源为例,点击元件工具栏放置电源按钮(Place Source),得到如图 12-2 所示界面。单击“OK”,鼠标左键进行放置。

双击元件,修改电压值为 6 V,如图 12-3 所示。

同理,放置电阻和其他元件,选用的元件库与系列如表 12-1 所示。

表 12-1　555 报警电路元件选取列表

序号	元件名称	组	系列	元件	参数
1	电源	Sources	Power_Sources	DC_POWER	6 V
	接地		Power_Sources	GROUND	
2	开关	Basic	SWITCH	DIPSW1	
	电阻		RESISTOR		100/10k/1k,误差 1%
	电容		CAPACITOR		0.01 μF
			CAP_ELECTROLIT		100 μF
3	LED	Diodes	LED	LED_red/green	2 mA
4	三极管	Transistors	BJT_NPN	选用 2n5551(代替 8050)	
			BJT_PNP	选用 2n5401(代替 8550)	
5	NE555	Mixed	MIXED_VIRTUAL	555_VIRTUAL	
6	蜂鸣器	Indicators	BUZZER	BUZZER	2.5 V,600 Hz

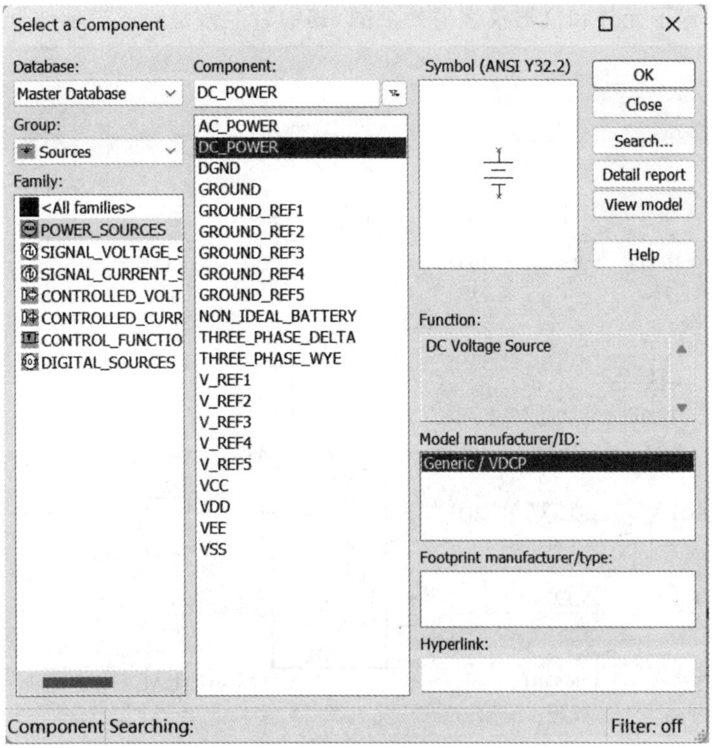

图 12-2　放置电源

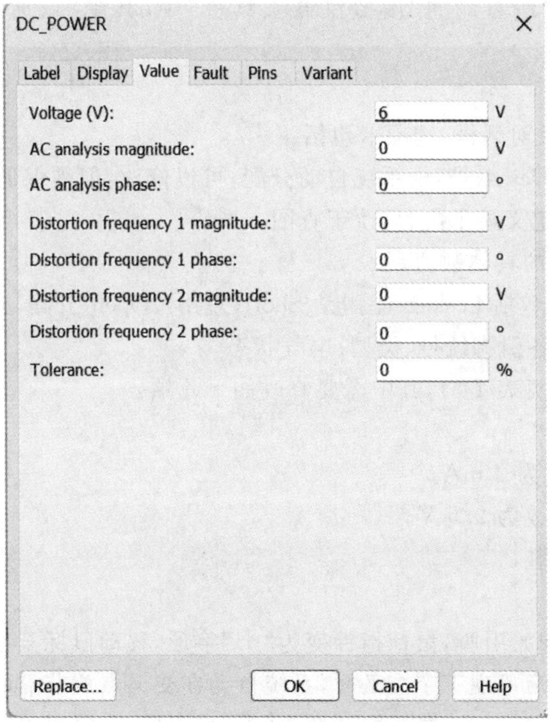

图 12-3　修改电压源的电压值

图 12-4 为放置了元件和仪器仪表的效果图，其中右上角是双通道示波器。

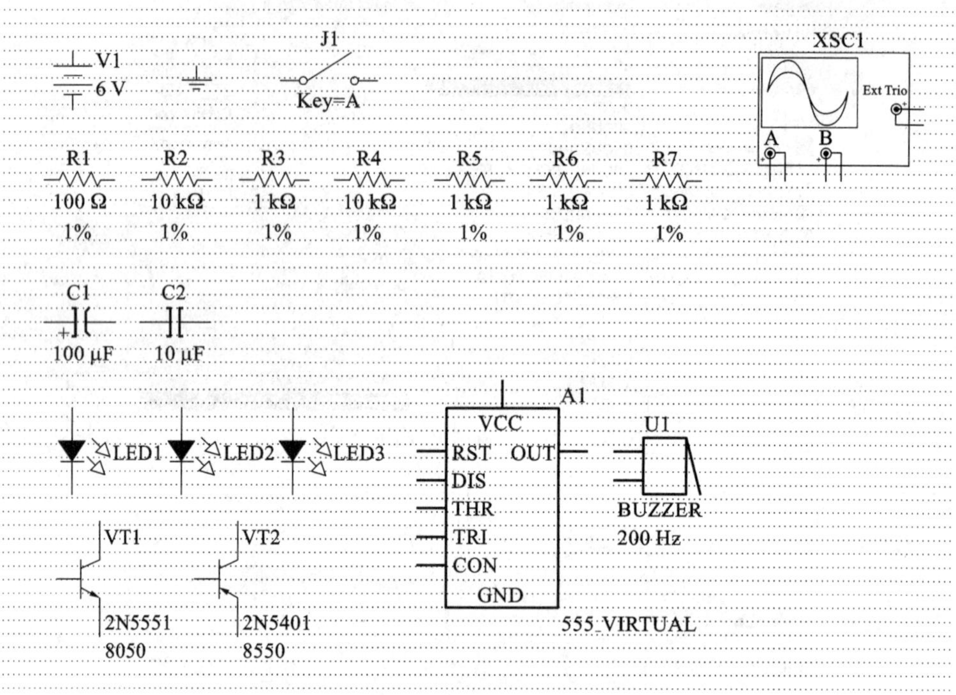

图 12-4 放置元件和仪器仪表后的效果图

测量仪器位于软件最右侧的“虚拟仪器工具栏”中，其中“双通道示波器”选用第四个“Oscilloscope”。

3)元件编辑

双击元件，弹出相关对话框，选项卡包括：

- Label：标签，RefDes 编号，由系统自动分配，可以修改，但须保证编号唯一性；
- Display：可自由定义显示内容，便于查图；
- Value：设置元件的具体数值；
- Fault：故障设置，包括 Leakage(漏电)、Short(短路)、Open(开路)、None(无故障，默认)；
- Pins：引脚，包含各引脚编号、类型、电气状态。

所有元件参数设置见表 14-1，其中需要修改如下几项：

①电阻选择误差为 1%；

②LED 的参数修改为 2 mA；

③蜂鸣器的参数修改为 2.5 V。

4)连线和进一步调整

(1)连线

①自动连线：单击起始引脚，鼠标指针变为“十”字形，移动鼠标至目标引脚或导线，单击则连线完成。当导线连接后呈现丁字交叉时，系统自动在交叉点放节点(Junction)。

②手动连线：单击起始引脚，鼠标指针变为“十”字形后，在需要拐弯处单击，可以固定连线的拐弯点，从而设定连线路径。

③关于交叉点，Multisim14 默认丁字交叉为导通，十字交叉为不导通。对于十字交叉而希望其导通的情况，可以分段连线，即先连接起点到交叉点，然后连接交叉点到终点；也可以在已有连线上增加一个节点(Junction)，从该节点引出新的连线，添加节点可以使用菜单 Place/Junction，或者使用快捷键 Ctrl＋J。

(2)进一步调整

①调整位置：单击选定元件，移动至合适位置；

②调整朝向：鼠标右键单击元件，可选择 90°旋转或进行翻转；

③改变标号：双击进入属性对话框更改；

④显示节点编号以方便仿真结果输出：菜单 Options/Sheet Properties/Circuit/Net Names，选择 Show All；

⑤导线和节点删除：右击/Delete，或者点击选中，按键盘 Delete 键。

图 12-5 是连线和调整后的电路图。

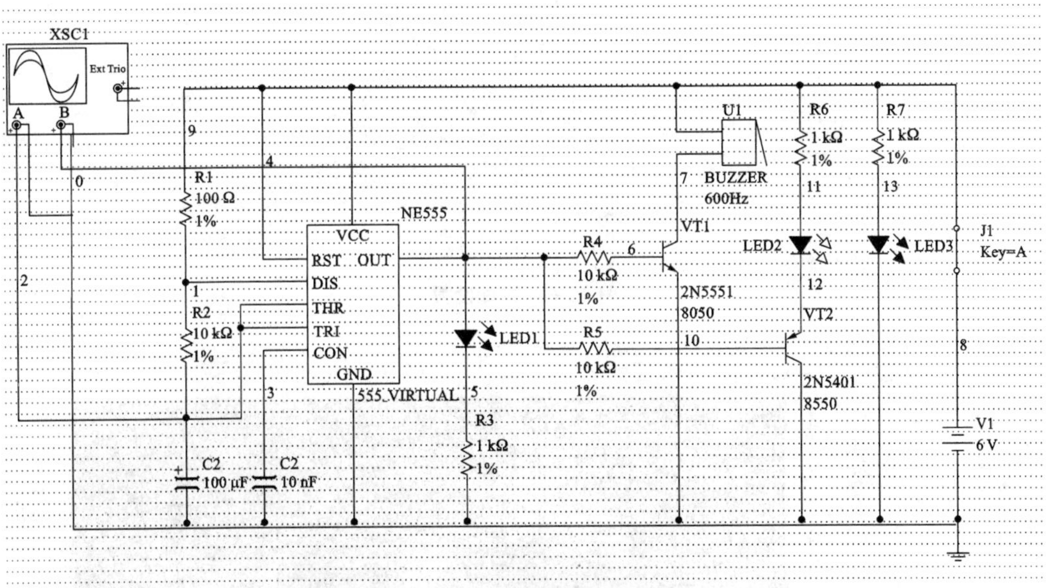

图 12-5 连线和调整后的电路图

5)电路仿真

基本方法：

①点击绘图区上方的"Interactive"(交互式仿真设置)按钮，在打开窗口中将最大时间步长修改为 0.01，如图 12-6 所示；

②按下仿真开关，电路开始工作，Multisim 界面的状态栏右端出现仿真状态指示；

③双击虚拟仪器，进行仪器设置，获得仿真结果。

图 12-7 是示波器界面，双击示波器，进行仪器设置，Timebase 根据波形周期进行合理设置，如 555 报警器电路中设置为 1s。鼠标左键按住波形显示界面最左侧的游标，可以将其拖曳出来进行电压测量，共两个游标，游标与波形交点处的时间、电压值会在显示区给出，也可以用两游标的差值测量信号周期。

6)读取数据，分析结果

读取游标对应时刻的数据，其中 1 号游标对应 T1，2 号游标对应 T2。

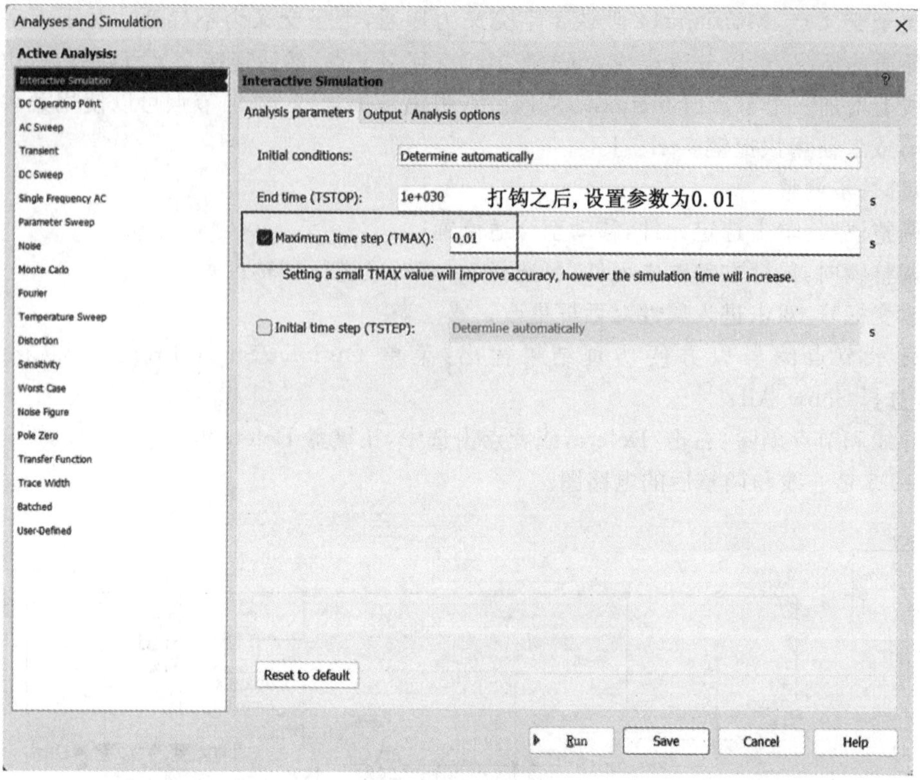

图 12-6 仿真设置

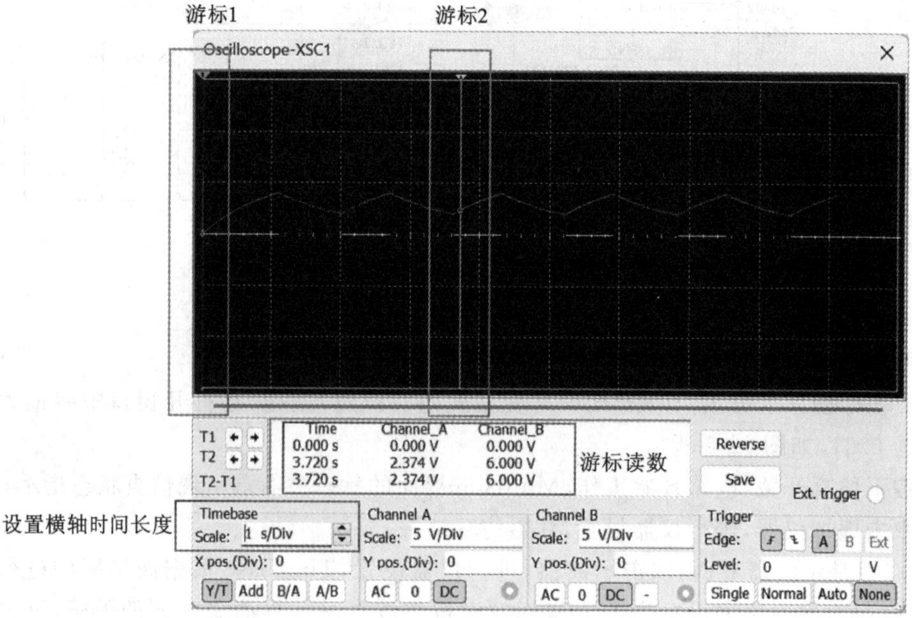

图 12-7 示波器界面

①T1 时刻的扫描时间，A 和 B 通道的电压大小；

②T2 时刻的扫描时间，A 和 B 通道的电压大小；

③T2—T1 之间的扫描时间，A 通道电压差，B 通道电压差。

在表 12-2 中记录 555 芯片 8 个引脚处的电压值或电压变化范围，并与实物测量的数据进行观察对比。

表 12-2 555 芯片引脚电压记录

555 管脚	1 脚电位	2 脚电位	3 脚电位	4 脚电位	5 脚电位	6 脚电位	7 脚电位	8 脚电位
电压								

7)添加图纸信息

选择菜单栏“放置(Place)”命令下的“标题框(Title Block...)”，在弹出窗口中选取合适的标题框模板，通常选用第一个默认模板。标题框如图 12-8 所示，通常放置在图纸的右下角。

①双击标题框可以对图纸信息进行编辑；

②右键单击标题框，选择“Edit Symbol/Title Block”可以在弹出界面中对标题框进行更多修改。

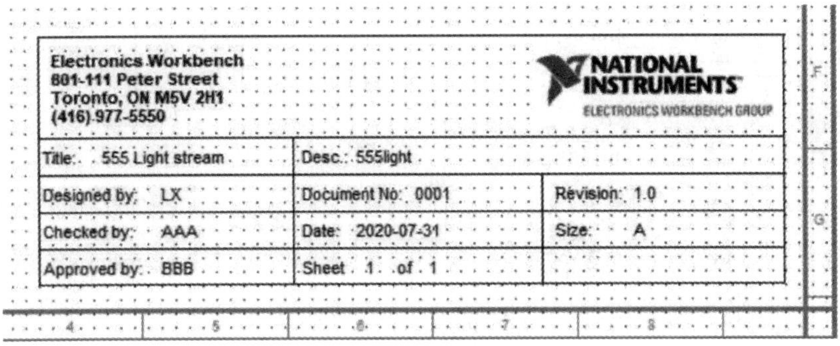

图 12-8 标题框界面

12.2.2 流水灯音乐电路

(1)建立电路文件

电路文件建立的基本方法同第 12.2.1 节。

(2)放置元件和仪表

放置元件和仪表的方法与过程同第 12.2.1 节。流水灯音乐电路的元件选取如表 12-3 所示。

表 12-3 流水灯音乐电路元件选取列表

序号	元件名称	组	系列	元件	参数
1	电源	Sources	Power_Sources	DC_POWER	6 V
	接地		Power_Sources	GROUND	
2	开关	Basic	SWITCH	DIPSW1	
	电阻		RESISTOR		100/330/10 kΩ，误差 1%
	电容		CAPACITOR		0.01 μF
			CAP_ELECTROLIT		22 μF
3	LED	Diodes	LED	LED_red/green	2 mA
4	NE555	Mixed	MIXED_VIRTUAL	555_VIRTUAL	
5	CD4017	CMOS	CMOS_5V	4017BP_5V	

(3)元件编辑

常规元件参数设置方法见第 12.2.1 节和表 12-3。

(4)连线和进一步调整

常规连线和元件调整方法同第 12.2.1 节，连线和调整好以后的电路如图 12-9 所示。由于音乐芯片属于定制元件，此处的电路仿真不对发声部分进行模拟，仅对流水彩灯部分的电路进行模拟。

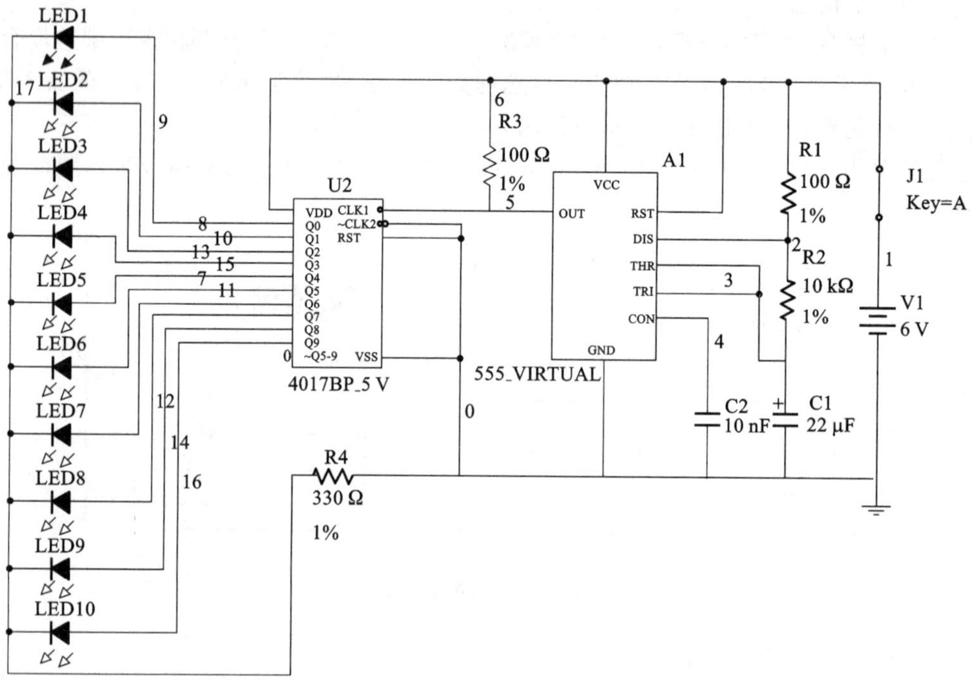

图 12-9 连线和调整后的电路图

由于芯片 4017 的引脚较多，需要格外注意各引脚的连接关系。双击 4017 的仿真元件，可以在打开的窗口中看到各引脚的信息，如图 12-10 所示。

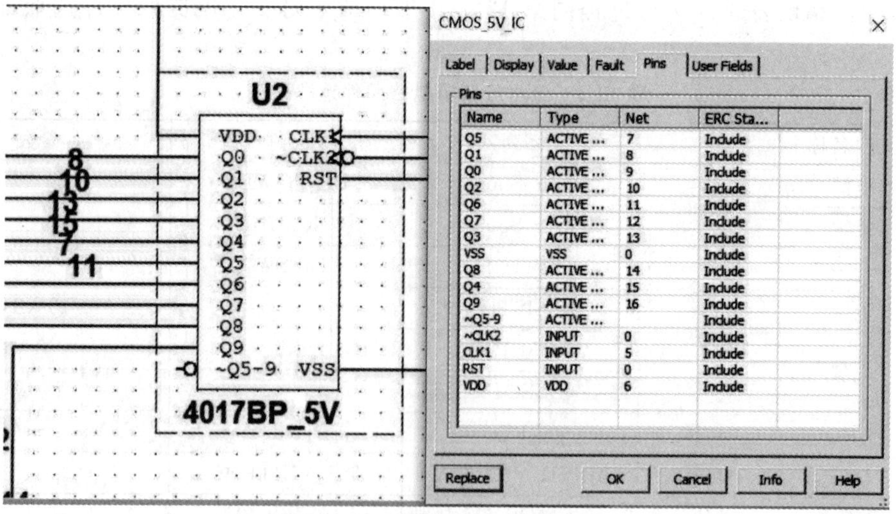

图 12-10 芯片 4017 引脚信息

根据信息表，从上到下引脚名称依次为“Q5、Q1、Q0、…”，分别对应电路设计图中芯片的“1、2、3、…”号引脚。因此，在选用不常用的元件时，若对引脚名称和顺序不清楚，要学会读取元件的说明以及仿真元件的信息表。对应到流水彩灯音乐电路当中，可以得到表 12-4 所列的引脚连接对应关系。

表 12-4　4017BP_5V 仿真元件引脚对应连接关系

仿真模型中引脚名称	引脚号	连接到	仿真模型中引脚名称	引脚号	连接到
VDD	16	VCC	Q7	6	LED8
Q0	3	LED1	Q8	9	LED9
Q1	2	LED2	Q9	11	LED10
Q2	4	LED3	～Q5-9	12	
Q3	7	LED4	CLK1	13	GND
Q4	10	LED5	～CLK2	14	NE555 3 号引脚
Q5	1	LED6	RST	15	GND
Q6	5	LED7	VSS	8	GND

(5)电路仿真

基本方法：

• 点击仿真—交互式仿真设置，最大步长设置为 0.01 s；

• 选择虚拟仪器，进行仪器设置，获得仿真结果。

由于示波器在 Multisim 软件中一般只有双通道或四通道，而 4017 的输出端连接了 10 个 LED 灯，无法同时进行测量观察。因此，此处使用另一种观测仪器——逻辑分析仪进行信号观测。逻辑分析仪用于对数字逻辑信号的高速采集和时序分析，广泛用于数字电子系统的调试、故障排查、性能分析等，可以同步记录和显示 16 路数字信号。逻辑分析仪的图标和面板如图 12-11 所示。

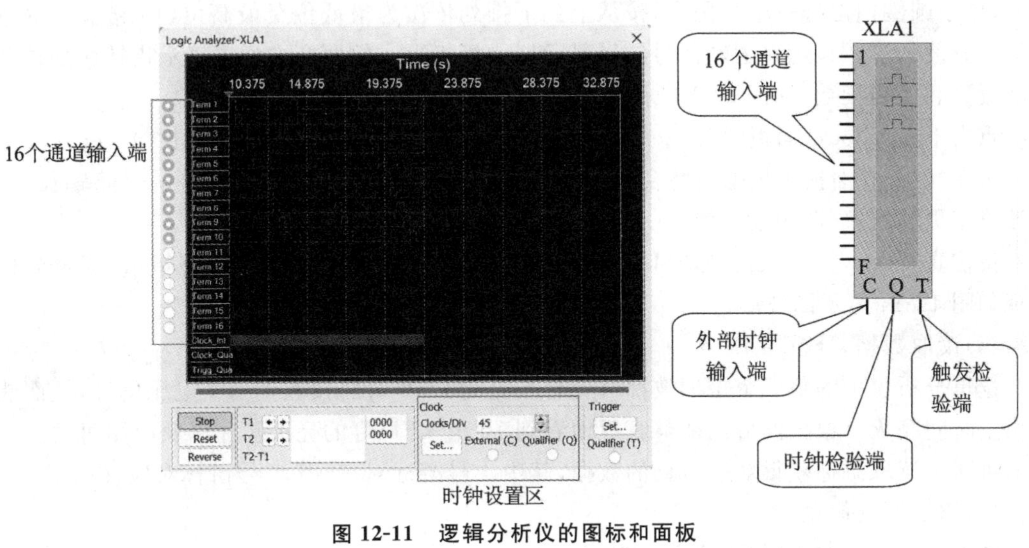

图 12-11　逻辑分析仪的图标和面板

图标左侧从上到下的 16 个端子是逻辑分析仪的输入端口，使用时连接到数字电路的测量点。图 12-12 所示为将逻辑分析仪的信号输入端连接至 4017 芯片的 10 个 LED 信号控制端。

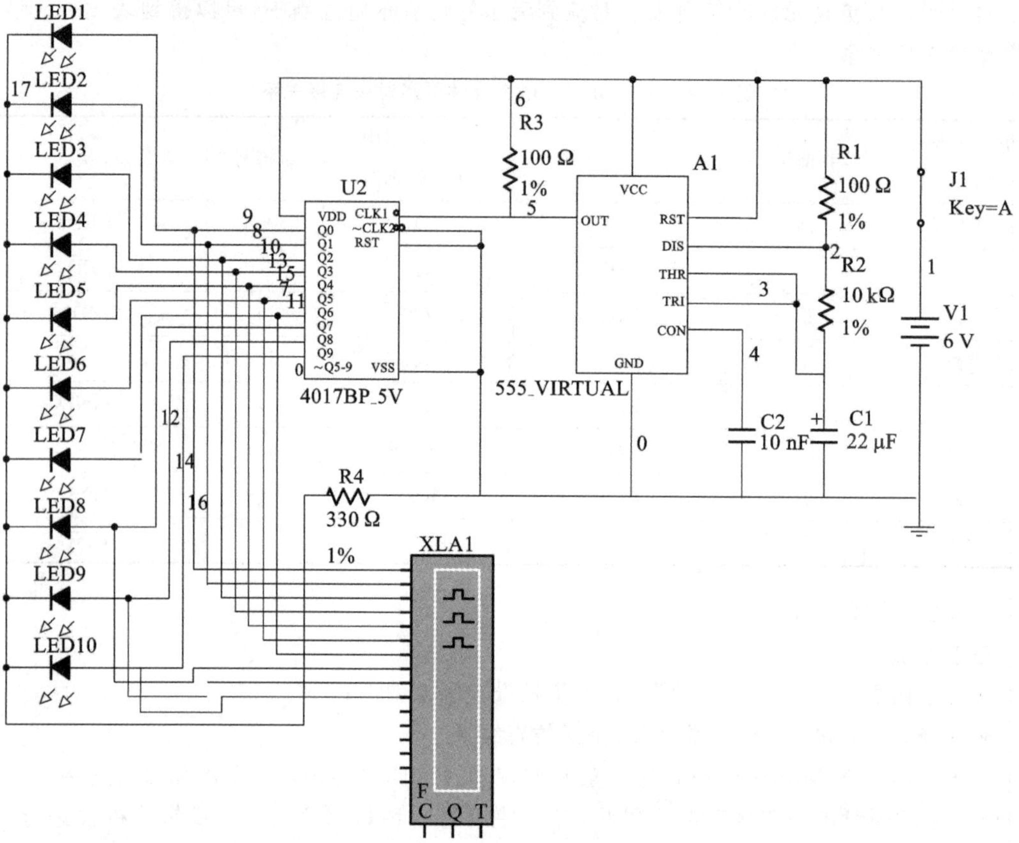

图 12-12 逻辑分析仪的连接

双击逻辑分析仪的面板，最左侧 16 个小圆圈代表 16 个输入端，如果某个连接端接有被测信号，则小圆圈内出现一个小黑点，按从上到下排列依次为最低位至最高位，16 路输入的逻辑信号以方波的形式显示在逻辑信号波形显示区。面板下方的两个方框内显示指针所处位置的时间读数和逻辑读数，如图 12-13 所示。

点击下方“Clock”面板中的“Set...”，将“Clock Rate”设置为 20 Hz，点击“Accept”。

可在“Clock”面板中根据调整合适的“Clocks/Div”调整逻辑分析仪屏幕的时间轴长度，使得波形图更易观察(图中设置为 45)。

按仿真开关，电路开始工作，Multisim 界面的状态栏右端出现仿真状态指示，逻辑分析仪出现如图 12-14 所示的波形。

(6)读取数据，分析结果

逻辑分析仪中的每一个矩形波都对应着相应的 LED 灯将接收到一个电压信号，从而能够在指定时间亮灭。根据波形图能够直观地看到 10 个 LED 灯的亮灭顺序以及所用时间。

可通过读取游标获得对应时刻的数据，其中 1 号游标对应 T1，2 号游标对应 T2。

(7)添加图纸信息

图纸信息添加方法同第 12.2.1 节。

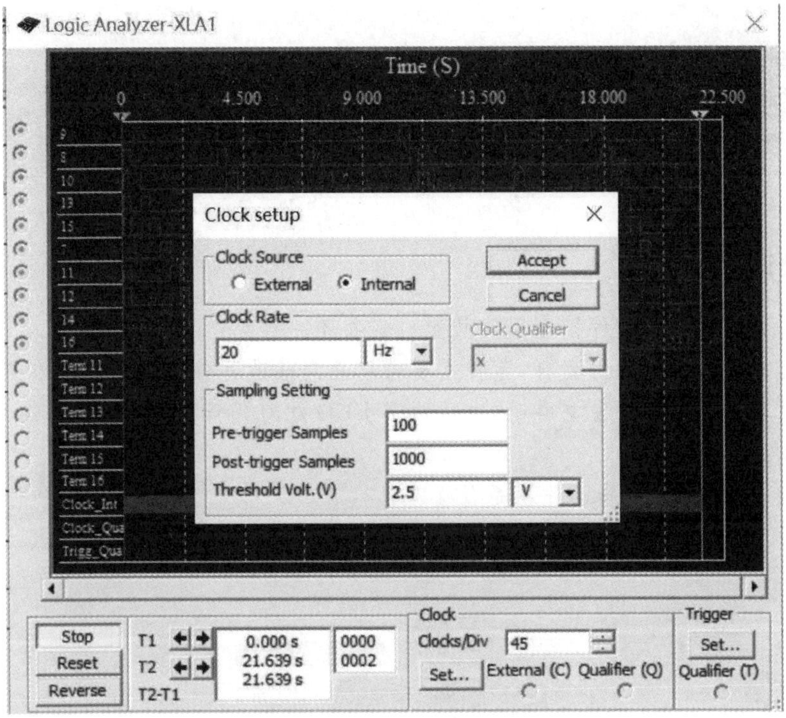

图 12-13　逻辑分析仪的参数设置

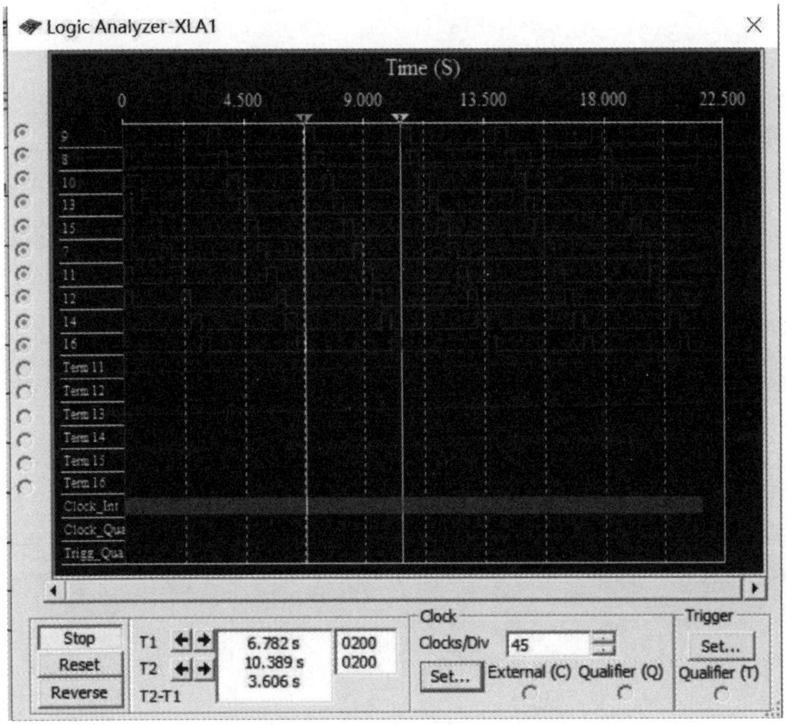

图 12-14　逻辑分析仪波形图示例

强调：

- 使用 Multisim 绘图时，电路图中一定要加接地符号。
- 注意示波器、逻辑分析仪中游标的用法。
- 注意电路中元件的参数设置和仿真参数设置。

本章测试

1. 为什么 555 芯片的元件模型引脚位置与实物不一样？

2. 使用软件对电路进行仿真时，为什么要特别注意修改元件参数和仿真参数设置？

3. 若在仿真 555 声光报警电路时，发现两个 LED 红灯闪烁频率特别快，则可能是什么原因？如何解决？

4. 4017 芯片的 12 号引脚的作用是什么？

13　家庭配电线路

安全规范

1. 实验中涉及家用电压，应时刻注意用电安全，一定不能带电操作；
2. 实验中连线应遵循电工操作规范；
3. 连线完毕后，应检查无误才能通电，一旦发生跳闸，立刻关闭电源再进行故障排查。

教学目标

1. 掌握常用家用电工元件接线规则；
2. 掌握导线连接以及绝缘的方法；
3. 完成带电度表的照明电路的安装；
4. 了解居家电气设备的设计与安装。

学习任务

1. 学习第 13.1 节至第 13.4 节内容。
2. 学习相关章节的视频。
3. 完成章节测试。

要求：①测量实验室电源电压，用示波器观察电源波形；

②能够安装一灯一座照明电路，并且会扩展为一灯双控电路；

③会绘制照明、空调、普通插座等一般家庭电路配线图，并能安装。

学习资源

1.《电工电子实习指导书 A》第 13 章；
2. 电工实验中心教学实训平台；
3. 超星平台“电工电子实习 A”课程第 6 节；
4. 学习资源库；
5. 班级 QQ 群。

13.1 家庭电路的电源

家庭电路电源分为端线(三相四线电路中一般有一根相线为红色,俗称火线)和零线(零线是变压器中性点引出的线路,与相线构成回路对用电设备进行供电),火线和零线之间有 220 V 电压(在部分国家是 110 V 电压)。常用构成家庭电路的电源(火线和大地之间有 220 V 电压,零线和大地之间没有电压)。常用试电笔来判别,能使试电笔的氖管发光的是火线,不能使氖管发光的是零线。地线同样不能使氖管发光(试电笔金属螺帽应与手接触)(左零右火)。

此外,区分火线、零线和地线的方法还有:

①颜色:一般来说,火线一般是红色、黄色、绿色;零线一般是蓝色、黑色;地线一般是双色。

②万用表:火线与零线间的电压是 220 V,零线与地线间的电压为 0 V。

13.2 家庭常用电器

13.2.1 低压断路器

(1)低压断路器简介

低压断路器也称为自动空气开关,可以用来接通和分断负载电路,也可以用来控制不频繁启动的电动机。它的功能相当于闸刀开关、过电流继电器、失压继电器、热继电器以及漏电保护器等电器部分或全部的功能总和,是低压配电网中一种重要的保护电器。

断路器分为单极、2 极、3 极、4 极,单极控制火线,2 极控制火线和零线,3 极控制三相,4 极控制三相加零线等。所谓极是引进开关端口上的线数,即可以同时接通或断开的线数。空开上方接线孔是电源进线端,下方是负载的出线端,操作手柄向下断开,向上闭合,2 极空开符号和面板如图 13-1 所示。

(2)断路器通电前的检测

把断路器的操作手柄拉下,把万用表调到电阻挡(如果是机械的万用表就调到电阻挡的最小挡),用万用表的红色和黑色电笔分别接触空气开关的上口和下口,如果万用表的电阻读数为无穷大,说明空气开关断开功能是正常的,如图 13-2 所示。

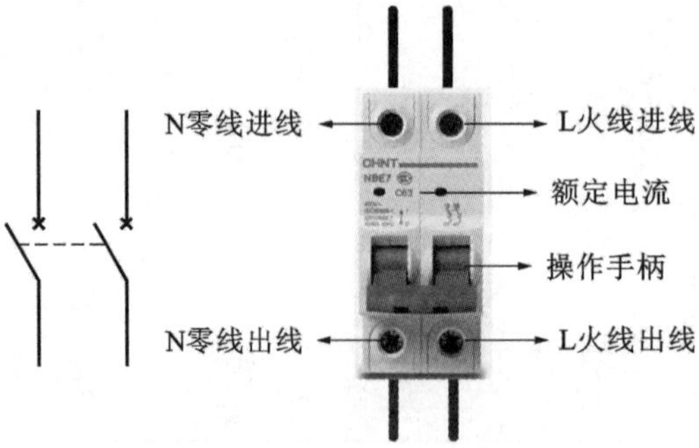

图 13-1 2 极空气开关符号与面板

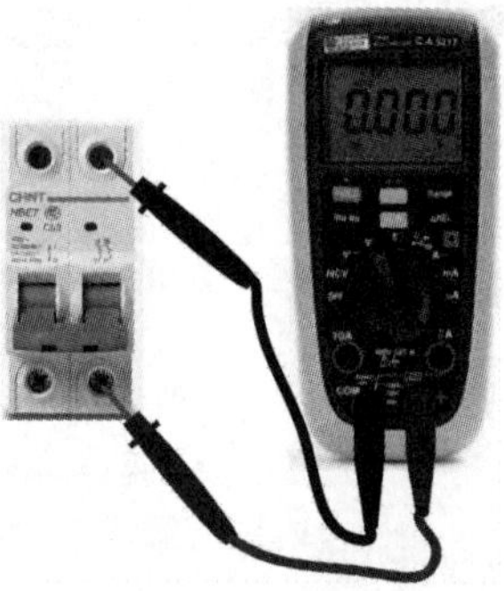

图 13-2 空气开关通电前的检测

再把操作手柄推上去，如果万用表电阻读数为 0 或者一个很小的值，证明空开的接通功能是正常的，可以正常使用。

(3)面板参数的识读

断路器的主要参数如下。

①额定工作电压 Ue：在规定的条件下断路器长期使用能承受的最高电压，一般指线电压。

②额定绝缘电压 Ui：在规定的条件下绝缘材料能承受的最高电压，该电压一般较额定工作电压高。

③额定频率：断路器适用的交流电源频率。

④额定电流 In：在规定的条件下断路器长期使用不会脱口跳闸的最大电流。流过断路器的电流超过额定电流，断路器会脱扣跳闸，电流越大，跳闸时间越短，如有的断路器电流为 $1.13In$ 后一个小时内不会跳闸，当电流达到 $1.45In$ 后一个小时内会跳闸，当电流达到 $10In$ 时会瞬时(0.1s)跳闸。

⑤瞬时脱扣整定电流：会引起断路器瞬时(<0.1s)脱口跳闸的动作电流。

⑥额定温度：断路器长时间使用允许的最高温度。

⑦短路分断能力：它可分为极限分断能力(Icu)和运行短路分断能力(Ics)，分别是指在极限条件下和运行时断路器触点能断开(触点不会产生熔焊、粘连等)所允许通过的最大电流。

断路器面板上会标注重要参数，在选用时要理解这些参数含义。断路器面板标注的参数识读如图 13-3 所示。

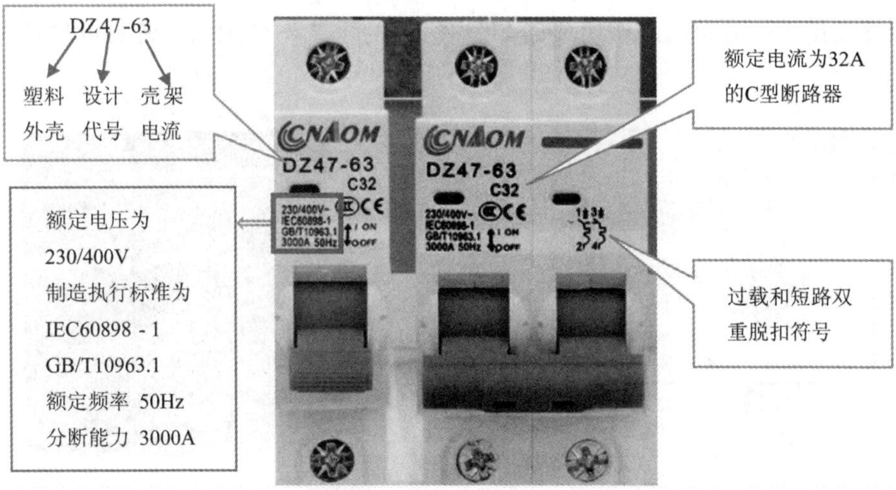

图 13-3 断路器参数识读

13.2.2 漏电保护器

漏电保护器简称漏电开关，又叫漏电断路器，主要是用于在设备发生漏电故障以及有致命危险时的人身触电保护，具有过载和短路保护功能，可用来保护线路或电动机的过载和短路，亦可在正常情况下作为线路的不频繁转换启动之用，也是家庭电路中常见的电工元件。漏电保护器的符号与面板如图 13-4 所示，合闸按钮在闸刀合上之前按下，试验按钮每个月按下一次。

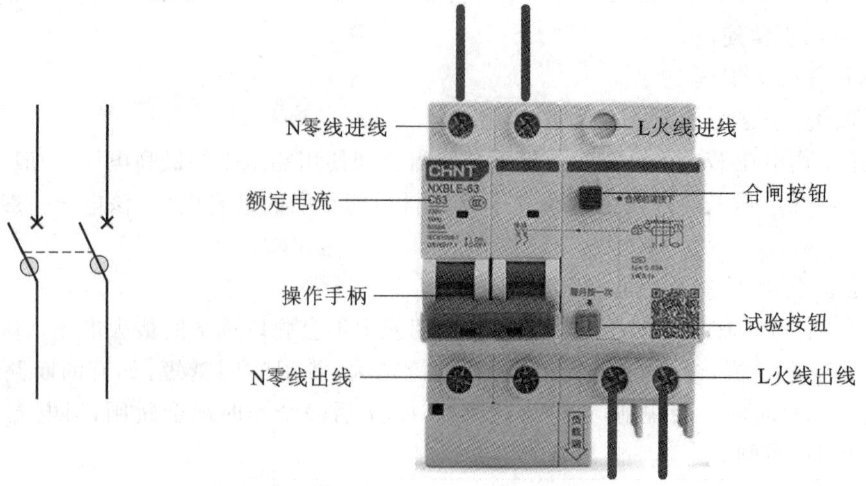

图 13-4 漏电保护器符号与实物

注意：如果漏保空开上面有明确的火线和零线接线符号标识，一定要严格按照厂家标识的符号接线。

13.2.3 其他常用电器

(1)照明开关

照明开关用来接通和切断照明线路，允许通过的电流不能太大。常见的照明开关如图 13-5 所示。

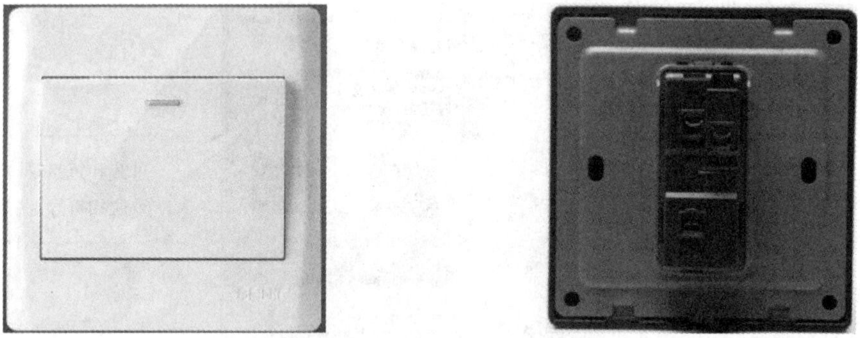

图 13-5 照明开关正反两面

(2)白炽灯

白炽灯是由灯头、灯丝、玻璃壳组成的，如图 13-6 所示。

(3)灯座

灯座是供普通照明用的白炽灯和气体放电灯管与电源连接的一种电气装置。按灯泡的连接方式分为螺旋式、卡口式，这是灯座的首要特征分类。如果根据安装方式则分为悬吊式、平装式、管接式三种，如图 13-7 所示。在接线时，顶芯必须接火线，螺纹极接零线。

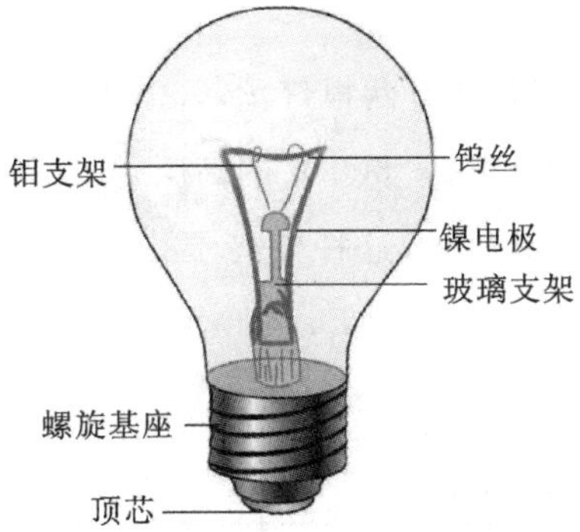

图 13-6　白炽灯构造

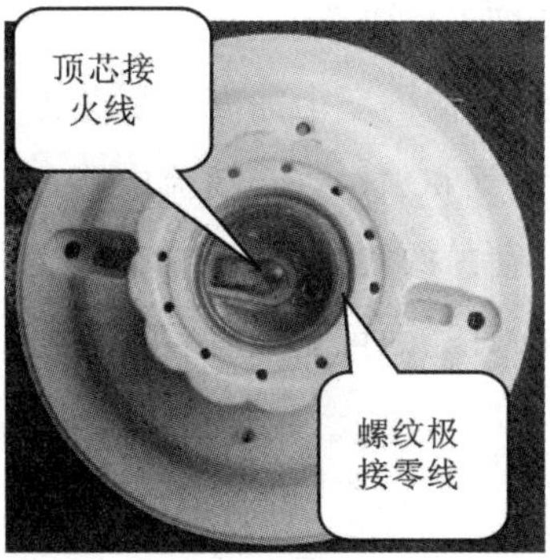

图 13-7　灯座

（4）插头与插座

插头是为用电器具引取电源的接插元件。国家标准规定插头的形式为扁平插脚。为了保证用电安全，除了有绝缘外壳及低压电源（安全电压）的用电器具可以使用两线插头外，其他有金属外壳及可触碰的金属部件的电器都应使用装有接地线的插头。

插座分明式、暗式和移动式三种类型，是互配性要求较严而又形式多样的一大类元件。插头和插座分为单相二极、单相三极及三相四极三种，工作电压分别为 50 V、250 V 和 380 V。其中单相两极与单相三极插座如图 13-8 所示。

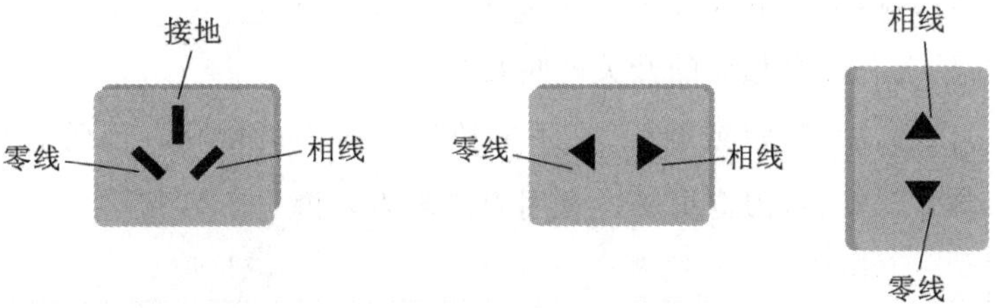

图 13-8　插座

单相三孔插座的保护接孔在上方，相线在右孔，零线在左孔；单相双孔水平排列时，相线在右孔，零线在左孔；单相双孔垂直排列时，相线孔在上方，零线孔在下方。

13.2.4　白炽灯与日光灯电路

（1）白炽灯电路

单联开关电路和双联开关电路，如图 13-9 所示。

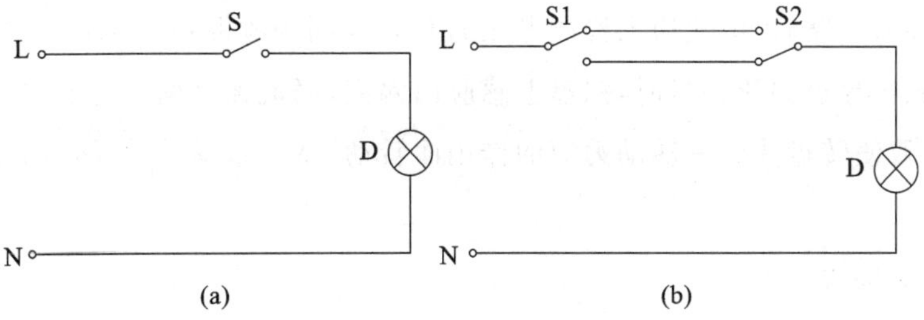

图 13-9　白炽灯电路原理图

(a)单联开关电路；(b)双联开关电路

(2)日光灯工作电路

日光灯灯管的内壁上涂有一层荧光粉，灯管两端各装有两根灯丝，管内在其真空的情况下充有少量的氩气和水银。当镇流电路在灯管两端产生 400～600 V 的高压时，灯丝发热使管内的水银汽化，管内的气体产生电离，形成自由移动的电离子，这种电离子被荧光粉吸收后转换成另一种近似日光的可见光(图 13-10)。

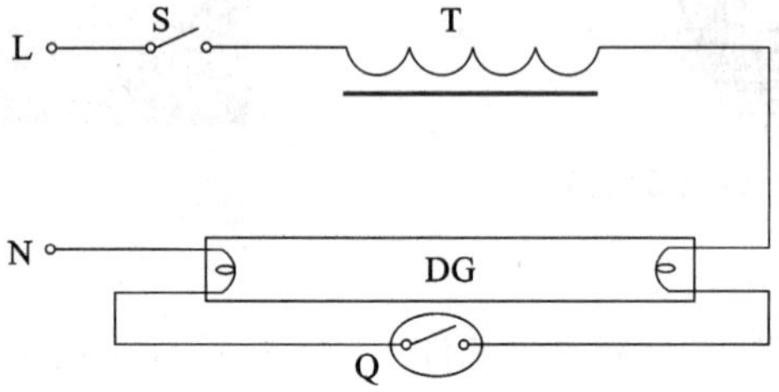

图 13-10 日光灯工作电路

注意：照明开关有单联单控、单联双控、双联双控等形式。单联单控为一个开关控制一盏灯；单联双控为两个开关都可以控制一盏灯；单联双控开关有三个端子，一个为火线进线端，另外两个为火线的出线端；双联双控为两个开关分别控制两盏灯。

①联：同一面板上有几个相同的开关就叫几联。

②控：开关动作后，能接通(或断开)在不同位置的触点的数量。简明的叫法是几刀几切(也叫掷、控)，如单刀双掷、双刀双掷等。万用表是多刀多掷。

13.3 家庭电路

13.3.1 电度表

电度表是用来测量电能的仪表，又称电能表、火表、千瓦小时表。使用电能表时要注意，在低电压(不超过 500 V)和小电流(几十安)的情况下，电能表可直接接入电路进行测量。

(1)电度表原理

当电度表接入电路时，电流通入检测电压的并联线圈与检测电流的串联线圈时产生交变磁场。当交变磁场穿过铝质转盘时，铝盘上感应出涡流，涡流在这两个通电线圈的磁场中受到电磁力的作用，致使转盘受到一转动力矩的作用而转动，从而带动计数器转动得到消耗的电能数值。

(2)电度表的接线

电度表的接线与配电线路如图 13-11 所示。

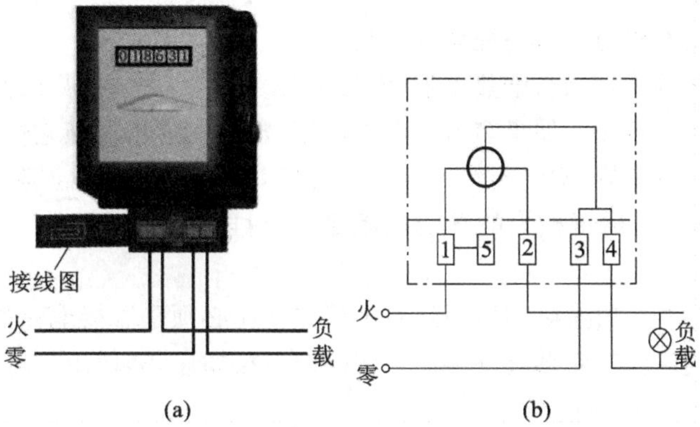

图 13-11 电度表接线图

(a)外形图;(b)接线图

13.3.2 一灯一控照明电路

照明电路的基础作用就是把电能转换为光能,电路包括电源、灯、开关和导线等,一灯一控照明电路如图 13-12 所示。

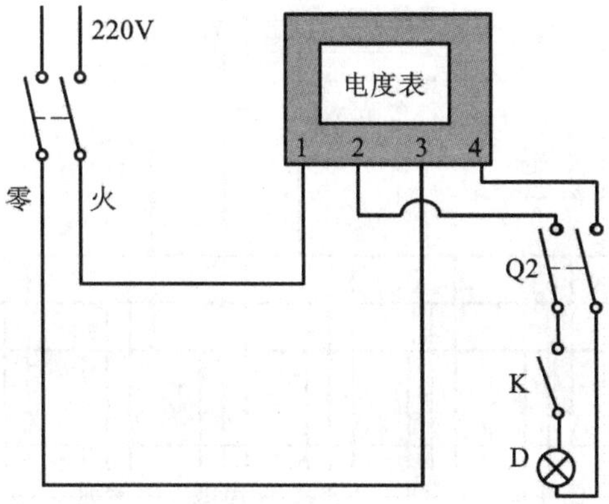

图 13-12 一灯一控照明电路

13.3.3 家庭配电

(1)家庭配电基本原则

现在住宅的用电器越来越多,为了避免某一电器出现问题影响其他或者全部电器的工作,需要在配电箱中将入户电源进行分配,以提供给不同的电器使用。不管采用哪种配电方式,在配电时都应该遵循以下基本原则:

①一个线路支路的容量尽量在 1.5 kW 以下,如果单个用电器的功率在 1 kW 以上,建议单独设为一个支路。

②照明、插座尽量分成不同的线路支路。当插座支路连接的电气设备出现故障时,只会使该支路的电源中断,不会影响照明线路的工作,因此可以在有照明的情况下对插座线路进行检修;如果照明线路出现故障,可在插座线路接上临时照明灯具,对插座支路进行检查。

③照明可以分成几个线路支路。当一个照明线路出现故障时,不会影响其他照明线路工作,在配电时,可按照不同的房间搭配分成两到三个照明线路。

④对于大功率电器(如空调、电热水器、电磁炉等),尽量一个电器分配一个线路支路,并且线路应选用截面积大的导线。如果多台大功率电器合用一个线路,当它们同时使用时,导线会因流过的大电流很容易发热,即使导线不会马上烧坏,长时间使用也会降低导线的绝缘性能。与截面积小的导线相比,截面积大的导线电阻更小,对电能的损耗更小,不易发热,使用寿命更长。

⑤潮湿环境(如浴室)的插座和照明灯具的线路支路必须采取接地保护措施。一般插座可以采用两极、三极普通插座,而潮湿环境需要用防溅三极插座,其使用的灯具如有金属外壳,则要求外壳必须接地(与 PE 线连接)。

图 13-13 是按照家用电器类型来分配的电源支路。三根入户线中的 L、N 线进入配电箱后先接入户总开关,厨房、卫生间比较潮湿,故用漏电保护器单独分出支路;空调功率大,可以分为两条支路;浴室的浴霸功率较大,也单独分出一路;室内其他各处插座分出两路来接,如一路接客餐厅和过道插座,另一路接卧室插座;照明灯具功率较小,故只分出一条支路接到室内各处的照明灯具。

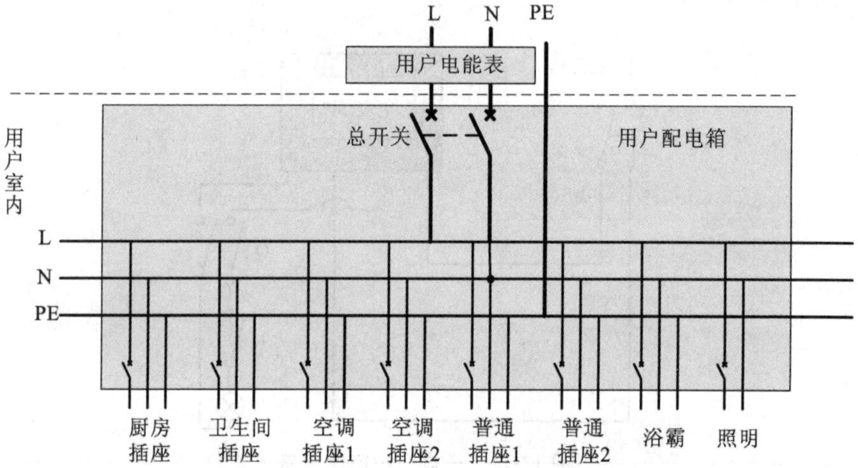

图 13-13 按家用电器的类型分配电源支路

(2)家用配电箱

家用配电箱是家庭用电入户后的开关箱,之前是闸刀开关和保险丝盒,现在就是一些空气开关和漏保开关,通常安装在门后或过道。不管是之前的闸刀开关和保险丝盒,还是现在的空气开关和漏保开关,其功能首先是担负起用电的安全,实际上直接关系到生命财产安全;其次才是便于配电箱后的电线线路及设施维修。

图 13-14 是一个已经安装好的配电箱。在安装时,如果箱体高度小于 60 cm,箱体下端距离地面宜为 1.5 m;如果高度大于 60 cm,箱体上端距离地面不宜大于 2.2 m。配电箱接线时注意区分火线、零线和地线的颜色。

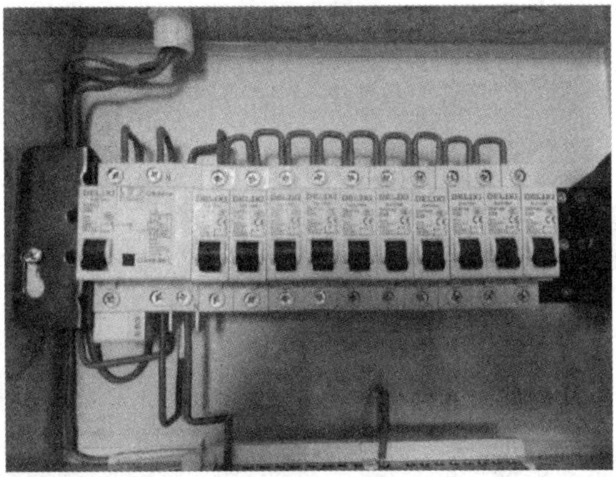

图 13-14 接好线的配电箱

13.4 导线的选择与连接

导线的种类有很多，通常可以分为裸导线和绝缘导线。裸导线是不带绝缘层的导线，一般用于电能传输，由于无绝缘层，故需要架设在位置较高的地方，出于安全方面的考虑，室内配电线路主要采用绝缘线，很少采用裸导线。

强电电路中，线路的连接主要有线对线、线对点两种方式。

13.4.1 绝缘导线的种类

绝缘导线是在金属导线（如铜、铝）外面加上绝缘层构成的。绝缘导线主要有漆包线、普通绝缘导线和护套绝缘导线。

(1)漆包线

漆包线由导线和绝缘漆两部分组成，裸线经退火软化后，再经过多次涂漆烘焙就制成漆包线。由于很多绝缘漆颜色与铜的颜色相似，因此很容易将漆包线当成裸铜线。漆包线如图 13-15 所示。

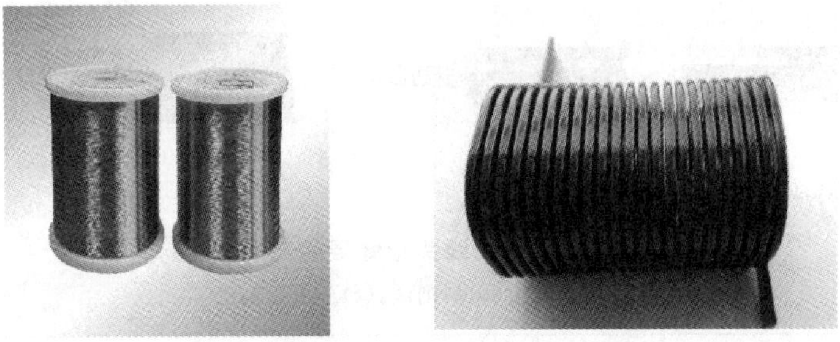

图 13-15 漆包线

(2)普通绝缘导线

普通绝缘导线由金属芯线和绝缘层组成。根据绝缘层不同，可分为塑料绝缘导线和橡胶绝缘导线；根据芯线材料不同，可分为铜芯绝缘导线和铝芯绝缘导线；根据芯线的数量不同，可分为单股绝缘导线和多股绝缘导线；根据导线形状不同，可分为绝缘双绞线和绝缘平行线。常见种类的绝缘导线如图 13-16 所示。

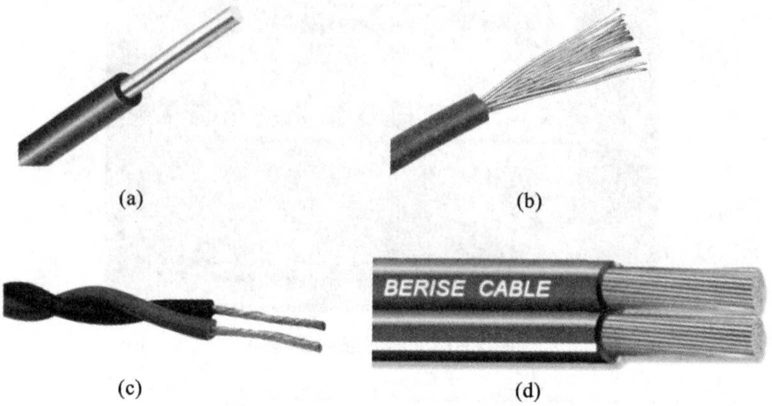

图 13-16　常见种类的绝缘导线

(a)单股绝缘硬导线；(b)多股绝缘软导线；(c)多股绝缘双绞线；(d)多股绝缘双平行线

(3)护套绝缘导线

护套绝缘导线是在普通绝缘导线的基础上再外套一个绝缘护套，如图 13-17 所示。

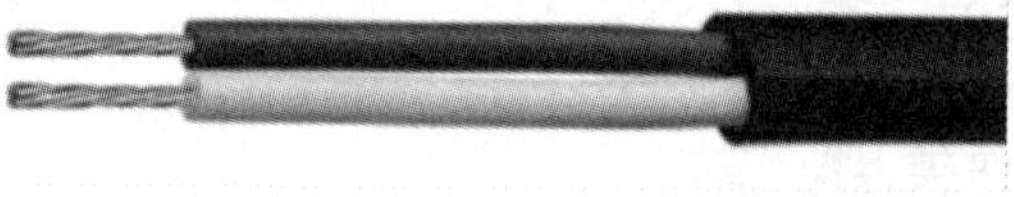

图 13-17　护套绝缘导线

13.4.2　单股绝缘导线连接方法

绝缘导线连接分为剖削绝缘、导线连接、接头焊接、恢复绝缘几个步骤。

(1)绝缘层的剖削方法

导线线头的剖削方法有直削法、斜削法、分段剖削法三种，如图 13-18 所示。

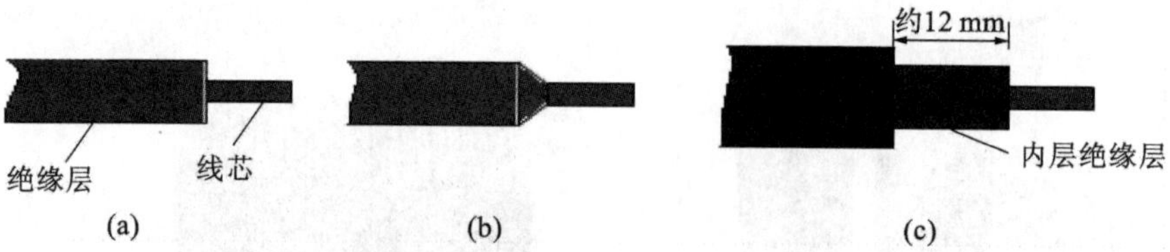

图 13-18　导线线头绝缘层的剖削方法

(a)直削法；(b)斜削法；(c)分段剖削法

直剖削法、斜剖削法适用于单层绝缘导线，如塑料绝缘线。分段剖削法适用于绝缘层较多的导线，如橡皮线、铅皮线等。剖削导线时必须注意不得损伤线芯。

(2)单股导线的连接

单股导线采用绞接的方法，如表 13-1 所示。

表 13-1 单股导线绞接的方法

步骤	图示	连接说明
1	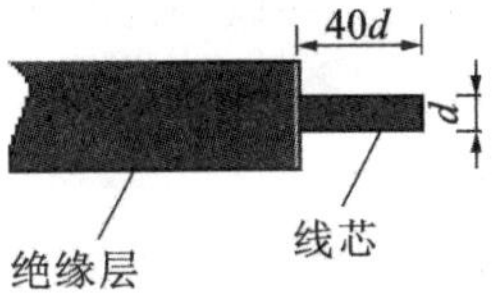	按芯线直径约 40 倍长剖削去绝缘层
2	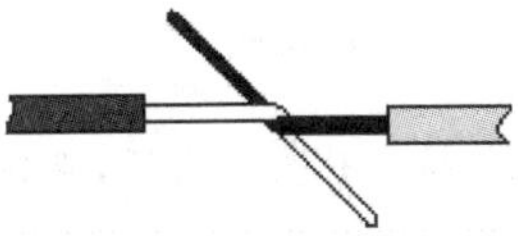	将两根线头在离芯线根部 1/3 处呈 X 状交叉
3		如麻花状相互绞绕 2～3 圈
4		先把一根线头扳起，与另一根处于下边的线头保持反方向
5		把扳起的线头按顺时针方向在另一根线头上紧缠 4～5 圈，圈间不要有缝隙，且应垂直排绕。缠毕切去芯线余端，并钳平切口，不准留有切口毛刺
6		另一端重复步骤 5

(3)绝缘恢复的方法

绝缘导线的绝缘层因连接需要剥离或意外损伤后，均须恢复绝缘层。在低压线路上，常用的恢复材料有黄蜡布带、聚氯乙烯塑料带（简称塑料带）和黑胶布等，为方便包缠一般采用 20 mm 规格。实际应用中均包两层绝缘带后再包一层黑胶带加以固封。绝缘恢复的步骤如表 13-2 所示。

表 13-2 绝缘恢复的步骤

步骤	图示	连接说明
1	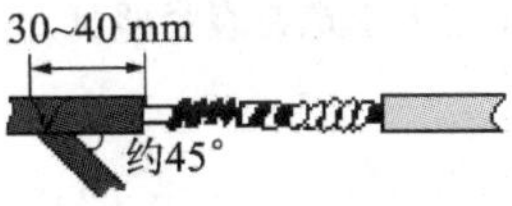	绝缘带应从左侧完好的绝缘层处开始包缠，应包入绝缘层 30～40 mm，起包时绝缘带与导线之间应保持约 45°倾斜
2	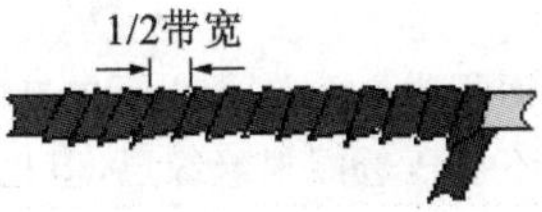	使绝缘带半幅相叠压紧
3		第二条绝缘带反向包缠

13.4.3 导线与接线柱的连接

接线柱又称为接线端子，是各种电气装置或设备的导线连接点。导线与连接柱的连接，必须保证正规可靠。

(1)导线与针孔式接线柱的连接方法(表 13-3)

表 13-3 导线与针孔式接线柱的连接

步骤	图形	连接说明
1	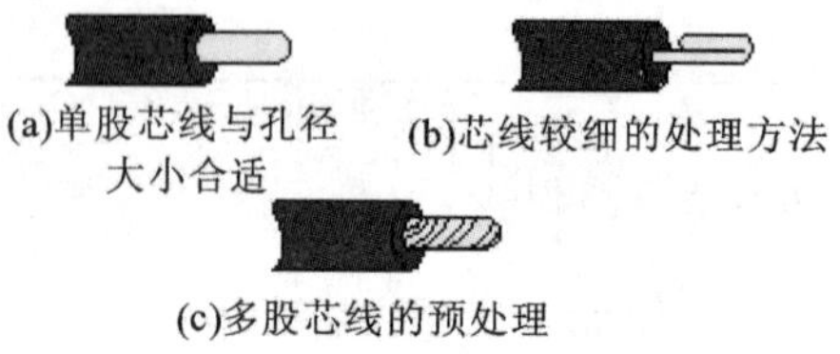	①若芯线直径与接线孔大小合适，则将芯线线头插入针孔并旋紧螺钉； ②若芯线较细，则应把芯线线头折成双根，再插入针孔旋紧螺钉； ③多股芯线则先将其绞紧，保证压接螺钉时不松散
2	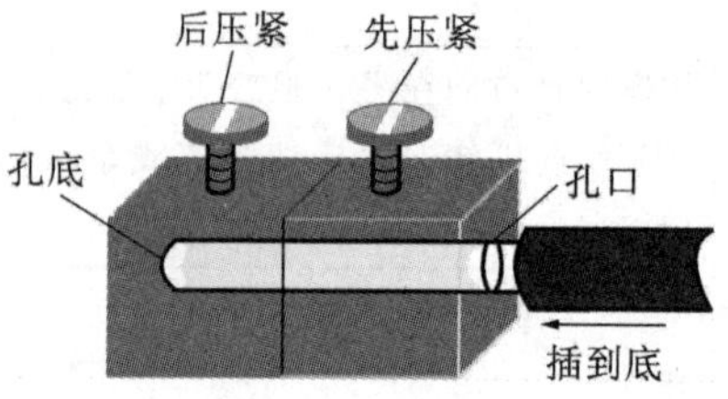	芯线必须插到孔的底部，凡有两个压紧螺钉的，应先拧紧近孔口的一个，再拧紧近孔底的一个

注：不能使绝缘层进入针孔，针孔外的裸线头的长度不能超过 3 mm。

(2)导线与小容量平压柱的连接方法(表 13-4)

表 13-4 导线与小容量平压柱的连接

步骤	图示	连接说明
1	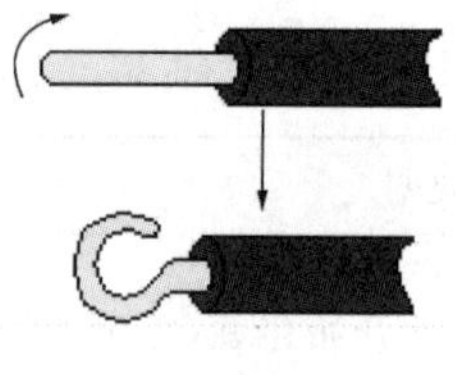	①将芯线按顺时针的方向弯成压接圈。压接圈的弯曲方向必须与螺钉拧紧的方向一致，否则圈孔会随着螺钉的拧紧而被扩大，有从接线柱中脱出的可能； ②圈孔不宜弯得过大或过小，只要稍大于螺钉直径即可
2	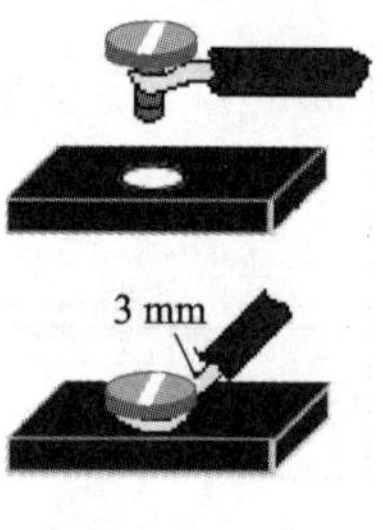	圈根部绝缘层不可剥去太多，截面积为 4 mm^2 及以下的导线，一般留有 3 mm 的间隙已足够，螺钉尾就不会压着圈根绝缘层，但也不能留得过少

注：螺钉上的螺纹方向是向下的右手螺旋方向，所以拧紧的方向是顺时针方向，拧松的方向是逆时针方向。

强调：

- 务必注意用电安全，规范操作。
- 务必区分清楚火线、地线和零线。
- 务必注意各类开关的操作顺序。

本章测试

1. 家庭电路中火线颜色为__________，零线颜色为__________，地线颜色为__________。
2. 断路器接线的规则是__________与__________。
3. 断路器上 C32 的含义是__________。
4. 灯座的接线规则是__________。
5. 绝缘导线主要有哪三类？
6. 电度表的四个接线端子分别接什么？
7. 家庭电路配线的一般思路是什么？

14 低压电器控制电路

安全规范

1. 注意用电安全，一定不能带电操作；
2. 实验连线应遵循电工操作规范；
3. 连线完毕后，应检查无误才能通电，一旦发生跳闸，立刻关闭电源再进行故障排查。

教学目标

1. 认识低压电器，并了解其工作原理；
2. 掌握电动机常用的控制电路工作原理、安装与操作方法；
3. 掌握电工接线的基本规范，了解排错流程。

学习任务

1. 学习第 14.1 节至第 14.3 节内容。
2. 学习相关章节的视频。

要求：①会用万用表测量各个元件触点的通断；
②能读懂电动机的控制电路；
③会按照图纸连接控制线路。

学习资源

1.《电工电子实习指导书 A》第 14 章；
2. 电工实验中心教学实训平台；
3. 超星平台“电工电子实习 A”课程第 13 节；
4. 学习资源库；
5. 班级 QQ 群。

14.1　常用低压电器

(1)刀开关

这里主要介绍 HK 型开启式负荷开关,俗称闸刀或胶壳刀开关。由于它结构简单、价格便宜,使用维修方便,故得到广泛应用。刀开关主要用作电气照明电路与电热电路的电源开关和小容量电动机不频繁启动的操作开关。其外形与示意图如图 14-1 所示。

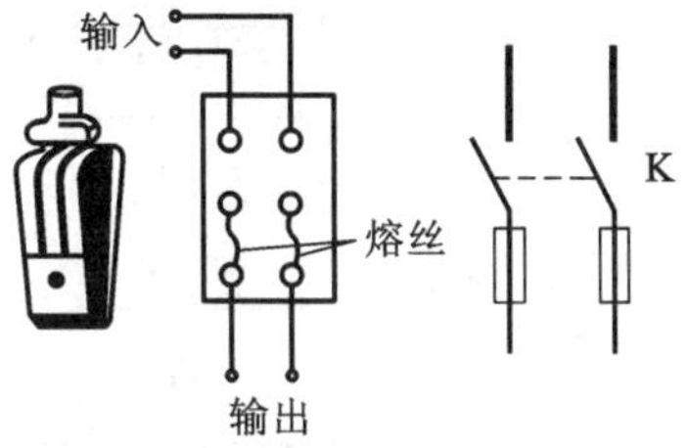

图 14-1　刀开关

(2)熔断器

熔断器是根据电流超过规定值后一定时间,以其自身产生的热量使熔体熔化,从而使电路断开的一种电流保护器。使用时,将熔断器串联于被保护电路中,熔断器广泛应用于低压配电系统和控制系统及用电设备中,作为短路保护和过流保护,是应用最普遍的保护元件之一,熔断器及其管座外观如图 14-2 所示。

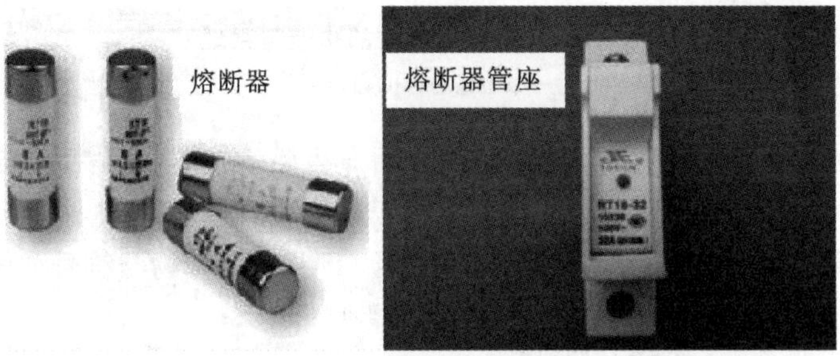

图 14-2　熔断器与熔断器管座外观

(3)按钮

按钮是一种最常用的主令电器,用于在控制电路中发出控制命令。其结构示意图如图 14-3 所示。按下按钮,常闭触点断开,常开触点闭合;松开按钮,则在复位弹簧的作用下,触点恢复原位。为避免误操作,通常将按钮开关做成不同颜色,以示区别。一般有红、绿、黑、黄、蓝、白等。一般红色表示停止,绿色表示启动。

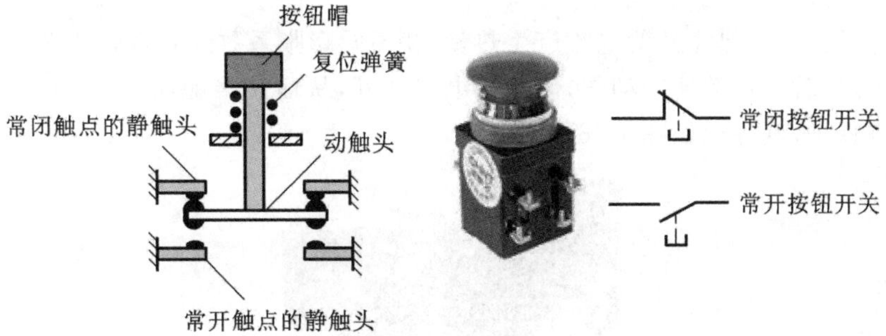

图 14-3　按钮开关示意图与外观

(4)交流接触器

接触器是一种用来接通或断开带负载的交直流主电路或大容量控制电路的自动化切换

器，可以用来控制电动机、电热器、电焊机、照明设备等。

交流接触器主要由电磁系统、触头系统、灭弧装置、复位弹簧几部分构成，其原理如图 14-4 所示。

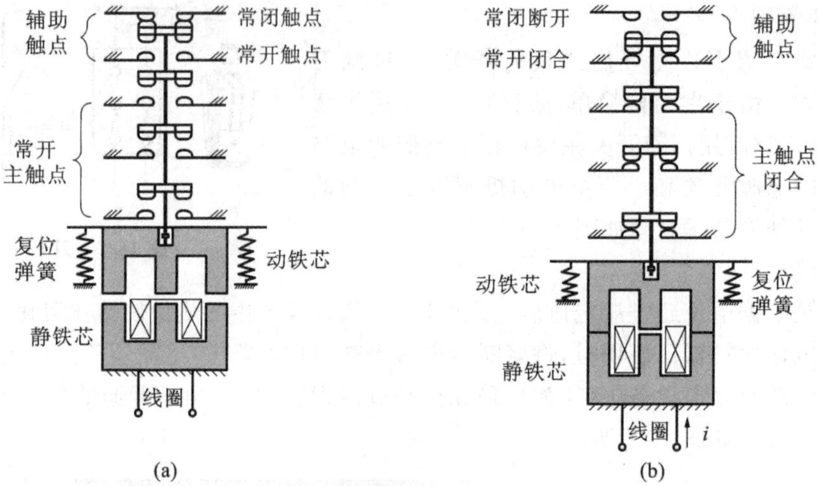

图 14-4 交流接触器的构造与原理

(a)通电前；(b)通电后

交流接触器中电磁线圈接通电源后，通电线圈产生磁场，产生足够的电磁力，使衔铁结合，衔铁带动触头动作，交流接触器中的常闭触头断开。当线圈断电时，电磁力消失，衔铁在弹簧反作用力的作用下，释放触头，恢复原状。其原理如图 14-4 所示，实物与符号如图 14-5 所示。

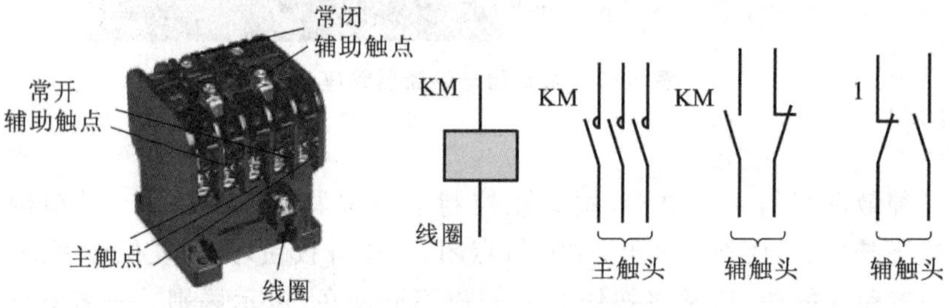

图 14-5 交流接触器与触点、线圈符号

(5)热继电器

热继电器是由流入热元件的电流产生热量，使不同膨胀系数的双金属片发生形变，当形变达到一定程度时，就会推动连杆动作，使控制电路断开，从而使接触器失电、主电路断开，实现电动机的过载保护，其外观如图 14-6 所示。

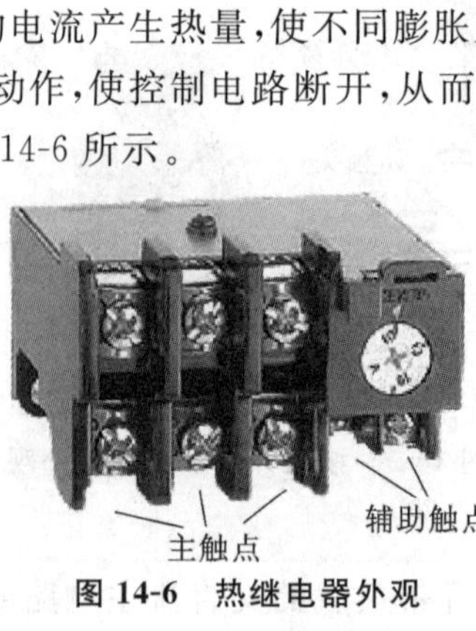

图 14-6 热继电器外观

14.2 电动机的工作原理

电动机是一种把电能转变为机械能的设备。它的基本原理是利用带电导体和磁场间的相互作用而把电能变为机械能。在生产上主要用的是交流电动机，特别是三相异步电动机，因为它具有结构简单、坚固耐用、运行可靠、价格低廉、维护方便等优点。它被广泛地用来驱动各种金属切削机床、起重机、锻压机、传送带、铸造机械、功率不大的通风机及水泵等。图 14-7 为三相异步电动机的实物外观图。

图 14-7 三相异步电动机

在使用时注意检查并确保设备的完好性，按照电动机自身所带的出厂铭牌规定的各项参数合理使用。在运行中，相间电压要保持平衡，任一相电流不能超过额定电流运行。并且在电动机运行的过程中，应该时刻注意工作环境和设备自身的振动、发热、声响等外在表征，一旦出现非正常现象，立即切断电源再进行故障排查。

14.3 三相异步电机控制电路

14.3.1 直接启动控制电路

直接启动即启动时把电动机直接接入电网，加上额定电压，一般来说，电动机的容量不大于直接供电变压器容量的 20%～30%时，都可以直接启动。

(1)点动控制

合上开关 S，三相电源被引入控制电路，但电动机还不能启动。按下按钮 SB，接触器 KM 线圈通电，衔铁吸合，常开主触点接通，电动机定子接入三相电源启动运转。松开按钮 SB，接触器 KM 线圈断电，衔铁松开，常开主触点断开，电动机因断电而停转，如图 14-8 所示。

(2)直接启动控制

①启动过程。按下启动按钮 SB1，接触器 KM 线圈通电，与 SB1 并联的 KM 的辅助常开触点闭合，以保证松开按钮 SB1 后 KM 线圈持续通电，串联在电动机回路中的 KM 的主触点持续闭合，电动机连续运转，从而实现连续运转控制。

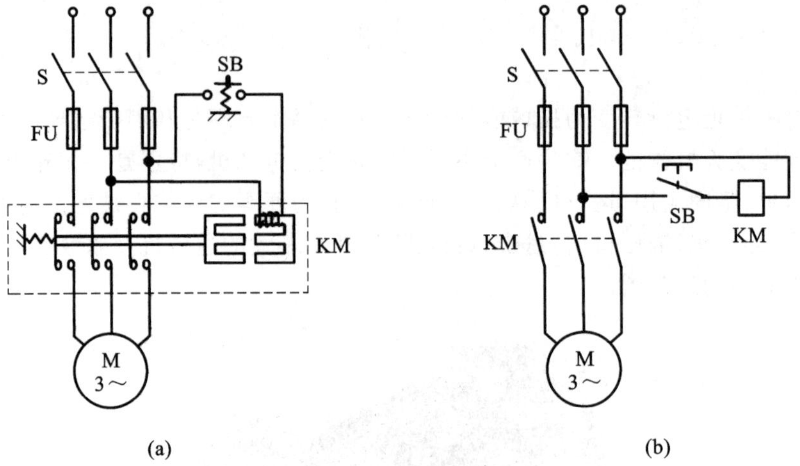

图 14-8 电动机点动控制

(a)接线示意图;(b)电气原理图

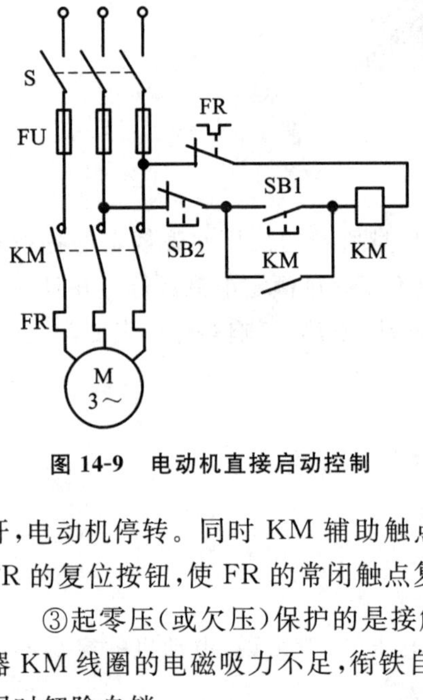

图 14-9 电动机直接启动控制

②停止过程。按下停止按钮 SB2,接触器 KM 线圈断电,与 SB1 并联的 KM 的辅助常开触点断开,以保证松开按钮 SB2 后 KM 线圈持续失电,串联在电动机回路中的 KM 的主触点持续断开,电动机停转。与 SB1 并联的 KM 的辅助常开触点的这种作用称为自锁。

图 14-9 所示的直接启动控制电路,还可实现短路保护、过载保护和零压保护等功能。

①起短路保护的是串接在主电路中的熔断器 FU。一旦电路发生短路故障,熔体立即熔断,电动机立即停转。

②起过载保护作用的是热继电器 FR。当过载时,热继电器的发热元件发热,将其常闭触点断开,使接触器 KM 线圈断电,串联在电动机回路中的 KM 的主触点断开,电动机停转。同时 KM 辅助触点也断开,解除自锁。故障排除后若要重新启动,须按下 FR 的复位按钮,使 FR 的常闭触点复位(闭合)即可。

③起零压(或欠压)保护的是接触器 KM 本身。当电源暂时断电或电压严重下降时,接触器 KM 线圈的电磁吸力不足,衔铁自行释放,使主、辅触点自行复位,切断电源,电动机停转,同时解除自锁。

该电路的优点是电路简单,安装、接线及维修方便;缺点是保护措施不完善,特别是不能实现电路的失压保护功能,所以要对电动机进行合理的控制。

14.3.2 正反转控制

(1)简单的正反转控制(图 14-10)

①正向启动过程。按下起动按钮 SB1,接触器 KM1 线圈通电,与 SB1 并联的 KM1 的辅助常开触点闭合,以保证 KM1 线圈持续通电,串联在电动机回路中的 KM1 的主触点持续闭合,电动机连续正向运转。

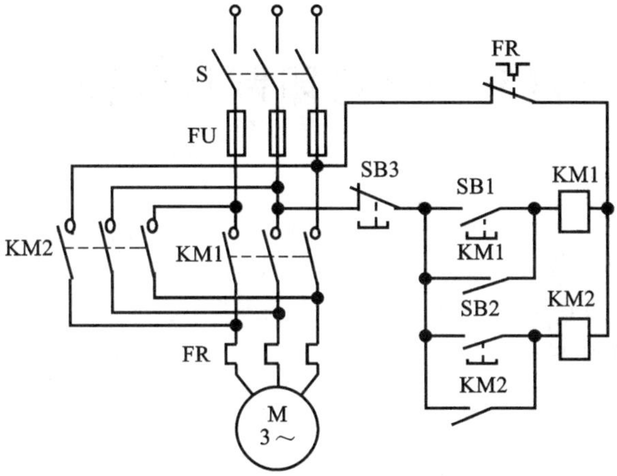

图 14-10 电动机单向直接启动控制电路

②停止过程。按下停止按钮 SB3,接触器 KM1 线圈断电,与 SB1 并联的 KM1 的辅助触点断开,以保证 KM1 线圈持续失电,串联在电动机回路中的 KM1 的主触点持续断开,切断电动机定子电源,电动机停转。

③反向启动过程。按下启动按钮 SB2,接触器 KM2 线圈通电,与 SB2 并联的 KM2 的辅助常开触点闭合,以保证线圈持续通电,串联在电动机回路中的 KM2 的主触点持续闭合,电动机连续反向运转。

这种控制电路的缺点:KM1 和 KM2 线圈不能同时通电,因此不能同时按下 SB1 和 SB2,也不能在电动机正转时按下反转启动按钮,或在电动机反转时按下正转启动按钮。如果操作错误,将引起主回路电源短路。

(2)带电气互锁的正反转控制电路

如图 14-11 所示,将接触器 KM1 的辅助常闭触点串入 KM2 的线圈回路中,从而保证在 KM1 线圈通电时 KM2 线圈回路总是断开的;将接触器 KM2 的辅助常闭触点串入 KM1 的线圈回路中,从而保证在 KM2 线圈通电时 KM1 线圈回路总是断开的。这样接触器的辅助常闭触点 KM1 和 KM2 保证了两个接触器线圈不能同时通电,这种控制方式称为互锁或者联锁,这两个辅助常开触点称为互锁触点或者联锁触点。

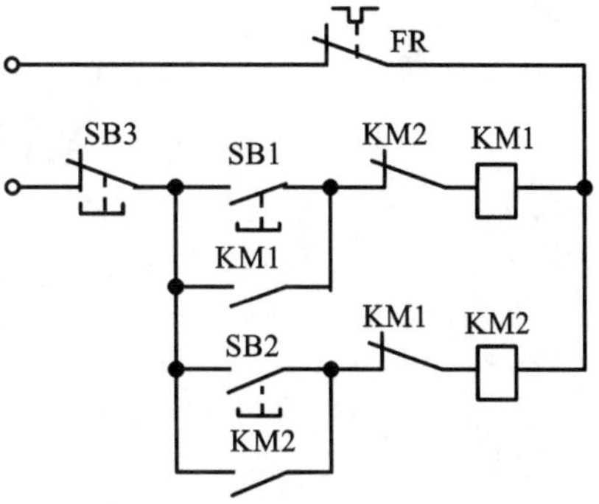

图 14-11 电动机正反互锁控制电路

> **强调:**
> - 务必注意用电安全,规范操作。
> - 接线时要用不同颜色的导线区分 A、B、C 三相以及零线。
> - 务必经过老师同意才能合上电源。

15　3D 打印制作外壳

教学目标

1. 了解 3D 打印的制作流程；
2. 能够使用相关软件建模。

学习任务

学习第 15.1 节至第 15.2 节内容。

要求：①了解 3D 建模的过程；

②会使用 SketchUp 建立一个与电路板相匹配的外壳。

学习资源

1.《电工电子实习指导书 A》第 15 章；
2. 电工实验中心教学实训平台；
3. 学习资源库；
4. 班级 QQ 群。

15.1 3D 打印的流程

所谓 3D 打印，就是以计算机三维设计模型为蓝本，用软件将其离散分解成若干层平面切片，然后由数控成型系统利用激光束、热熔喷嘴等方式将粉末状、液状或丝状金属、陶瓷、塑料、细胞组织等材料进行逐层堆积粘结，最终叠加成型，制作出实体产品。其制作流程如图 15-1 所示。

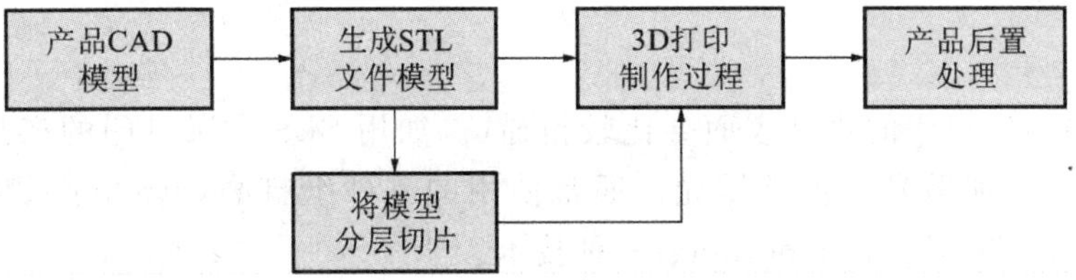

图 15-1 3D 打印技术的制作流程

15.1.1 建模

通俗来讲，3D 建模就是通过三维制作软件在虚拟三维空间构建出具有三维数据的模型。比如，你想打印一只猫，那么你就需要有猫的 3D 打印模型。建模的方法有以下几种方式：

(1)直接下载模型

现在网上有很多 3D 模型的网站，种类和数量都非常多，可以下载到各种各样的 3D 模型，而且基本上都是可以用来直接进行 3D 打印的。

(2)通过 3D 扫描仪逆向工程建模

3D 扫描仪逆向工程建模就是通过扫描仪对实物进行扫描，得到三维数据，然后加工修复。它能够精确描述物体三维结构的一系列坐标数据，输入 3D 软件中即可完整地还原出物体的 3D 模型。

(3)用建模软件建模

目前，市场上有很多的 3D 建模软件，比如 3DMax、Maya、SketchUp 等软件都可以用来进行三维建模，另外一些 3D 打印机厂商也提供 3D 模型制作软件。

15.1.2 分层切片

切片就是把 3D 模型切成一片一片，设计好打印的路径(填充密度、角度、外壳等)，并将切片后的文件储存成. gcode 格式(一种 3D 打印机能直接读取并使用的文件格式)。然后，再通过 3D 打印机控制软件，把. gcode 文件发送给打印机并控制 3D 打印机的参数，使其运行完成打印。控制软件的作用是和 3D 打印机通信。

15.1.3 逐层打印

启动 3D 打印机，通过数据线、SD 卡等把 STL 格式的模型切片得到 Gcode 文件传送给 3D 打印机，同时，装入 3D 打印材料，调试打印平台，设定打印参数，然后打印机开始工作，材料会一层一层地打印出来，层与层之间通过特殊的胶水进行黏合，并按照横截面将图案固定住，最后一层一层叠加起来，就像盖房子一样，砖块是一层一层的，但累积起来后，就成一个立体的房子。最终经过分层打印、层层粘合、逐层堆砌，一个完整的物品就呈现在我们眼前了。3D 打印机与传统打印机最大的区别在于它使用的“墨”是实实在在的原材料。

15.1.4 后期处理

3D 打印机完成工作后，取出物体，做后期处理。比如，在打印一些悬空结构的时候，需要有个支撑结构顶起来，然后才可以打印悬空上面的部分。所以，对于这部分多余的支撑需要去掉，并做后期处理。

(1)抛光

有时候 3D 打印出来的物品表面会比较粗糙(例如用 SLS 金属打印的产品)，需要抛光。抛光的办法分为物理抛光和化学抛光。通常使用的是砂纸打磨(sanding)、珠光处理(bead blasting)和蒸汽平滑(vapor smoothing)三种技术。

(2)上色

目前，除了 3DP 的打印技术可以做到彩色 3D 打印之外，其他的一般只可以打印单种颜色。有的时候需要对打印出来的物件进行上色，例如 ABS 塑料、光敏树脂、尼龙、金属等，不同材料需要使用不同材质的颜料。

(3)其他处理

3D 打印粉末材料过程完成之后，需要一些后续处理措施来达到加强模具成型强度及延长保存时间的目的，主要包括静置、强制固化、去粉、包覆等。打印过程结束之后，需要将打印的模具静置一段时间，使得成型的粉末和黏结剂之间通过交联反应、分子间作用力等作用固化完全，尤其是对于以石膏或者水泥为主要成分的粉末。

15.2 使用 SketchUp 建模

15.2.1 SketchUp 简介

SketchUp(又名谷歌草图大师)是一个易于使用的 3D 设计软件，官方网站将它比喻为电子设计中的“铅笔”。它的主要特点就是使用简单，人人都可以快速上手。

(1)功能特色

①界面简洁，可以短期内掌握使用；

②使用范围广泛，可以应用于建筑、规划、园林、景观、室内以及工业设计等领域；

③方便的推拉功能，可以迅速生成一个 3D 几何体，无需复杂的建模；

④可以快速生成任何位置的剖面，并可快速导入 AutoCAD 进行处理；

⑤与 AutoCAD、3DMAX 等软件结合使用，快速导入和导出 JPG、3DS 等格式文件，实现方案构思、效果图与施工图绘制的完美结合；

⑥具有草稿、线稿、透视、渲染等不同的显示模式；

⑦简便地进行空间尺寸和文字注释，并且标注部分始终面向设计者。

(2)丰富的 SketchUp 组件资源

SketchUp 软件同 3DMAX 等三维制作软件一样，有丰富的模型资源，在设计中可以直接进行调用、插入、复制等编辑任务。

15.2.2　SketchUp 操作界面

SketchUp 的操作界面非常简洁明快，如图 15-2 所示。中间空白处是绘图区，绘制的图形将在此处显示。

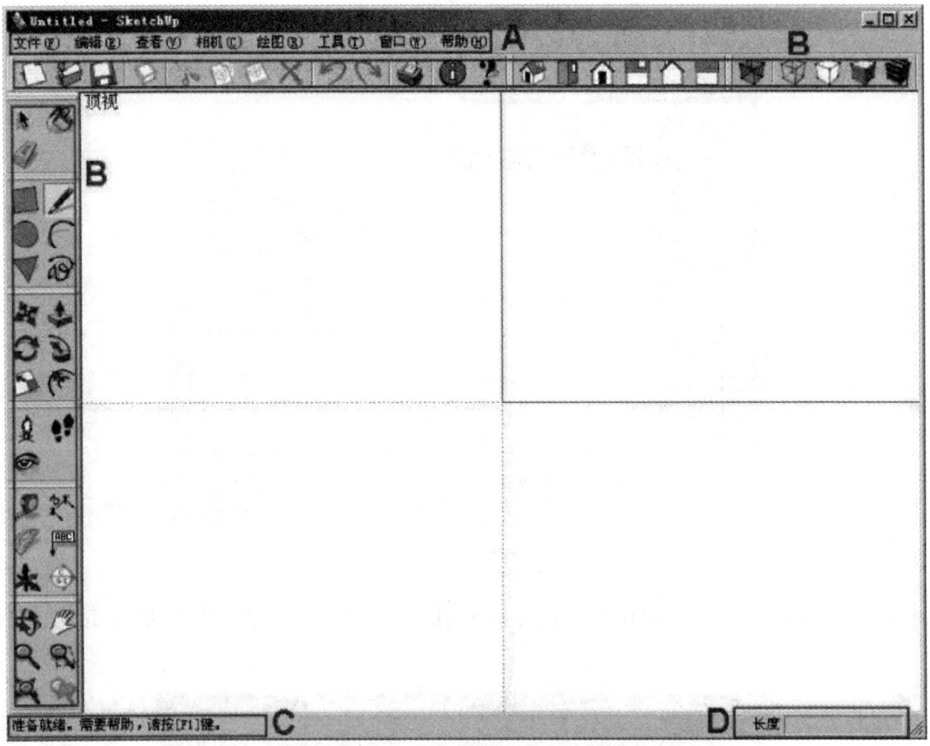

图 15-2　SketchUp 操作界面

该软件主要由以下几个部分组成：

A 区：菜单栏，由“文件”“编辑”“查看”“相机”“绘图”“工具”“窗口”“帮助”8 个主菜单所组成。

B 区：工具栏，由横、纵两个工具栏所组成。

C 区：状态栏。当光标在软件操作界面上移动时，状态栏中会有相应的文字提示，这些提示可以帮助使用者更容易地操作软件。

D 区：数值输入框。屏幕右下角的数值输入框可以根据当前的作图情况输入“长度”“距离”“角度”“个数”等相关数值，以起到精确建模之用。

计算机的屏幕是平面的，但是建立的模型是三维的。在建筑制图中常用平面图、立面图、剖面图组合起来表达设计的三维构思。在 3DMAX 这样的三维设计软件中，通常用 3 个平面视窗加上一个三维视窗来作图，这样的好处是直接明了，但是会消耗大量的系统资源。SketchUp 只用一个简洁的视窗来作图，各视窗之间的切换是非常方便的。接下来用一个实例来说明建模的步骤。

15.2.3　使用 SketchUp 建模

(1)常用工具的调用

①在菜单栏单击“视图”按钮,把鼠标移到“工具栏”的选项上,如图 15-3 所示,把需要的工具栏中的“编辑”“大工具集”“绘图”“数值”“标准”“主要”选项选中,选项前有√的图标表示选择成功。

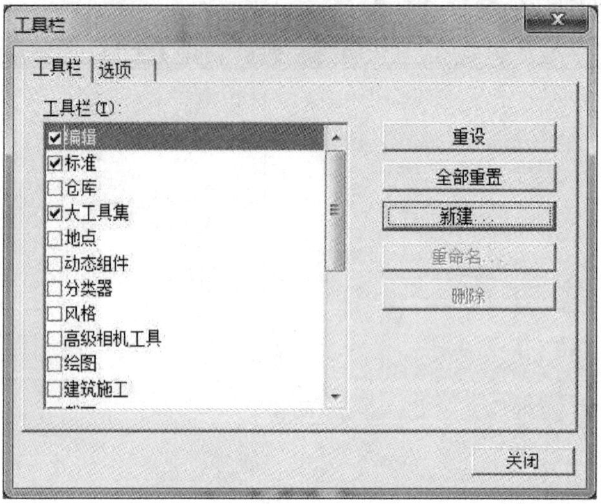

图 15-3　工具调取

②画一个盒体,分为上下两部分,上盒盖开孔,上下两部分能够严密地扣起来,如图 15-4 所示。

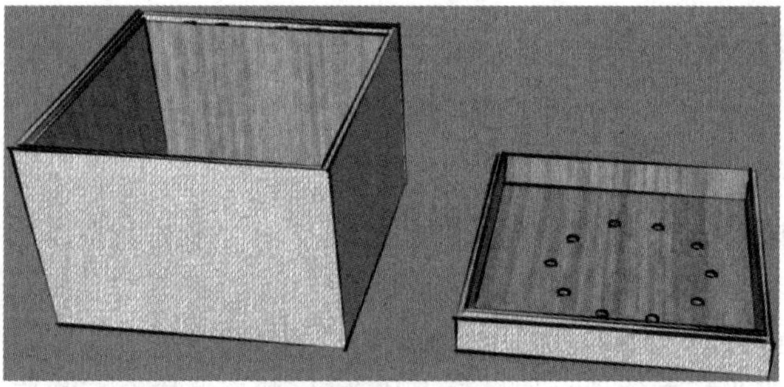

图 15-4　上下盒体

(2)视角工具、缩放范围以及矩形工具的应用

①在菜单栏的下方有一排“小房子”图标,它们就是视角工具,可以用这些图标准确地转换设计物品的不同视角。先单击选择俯视图。

②在左边的大工具集上有个矩形图标,单击选择矩形工具。

③单击完矩形工具后发现图标变成了铅笔形状。在画图区域的中心部分随意点一个点,以 45°角进行推移,发现一个正方形正在形成。在推移的过程中,输入“96,96”并按下回车键,一个 96 mm×96 mm 的正方形就画好了,如图 15-5 所示。

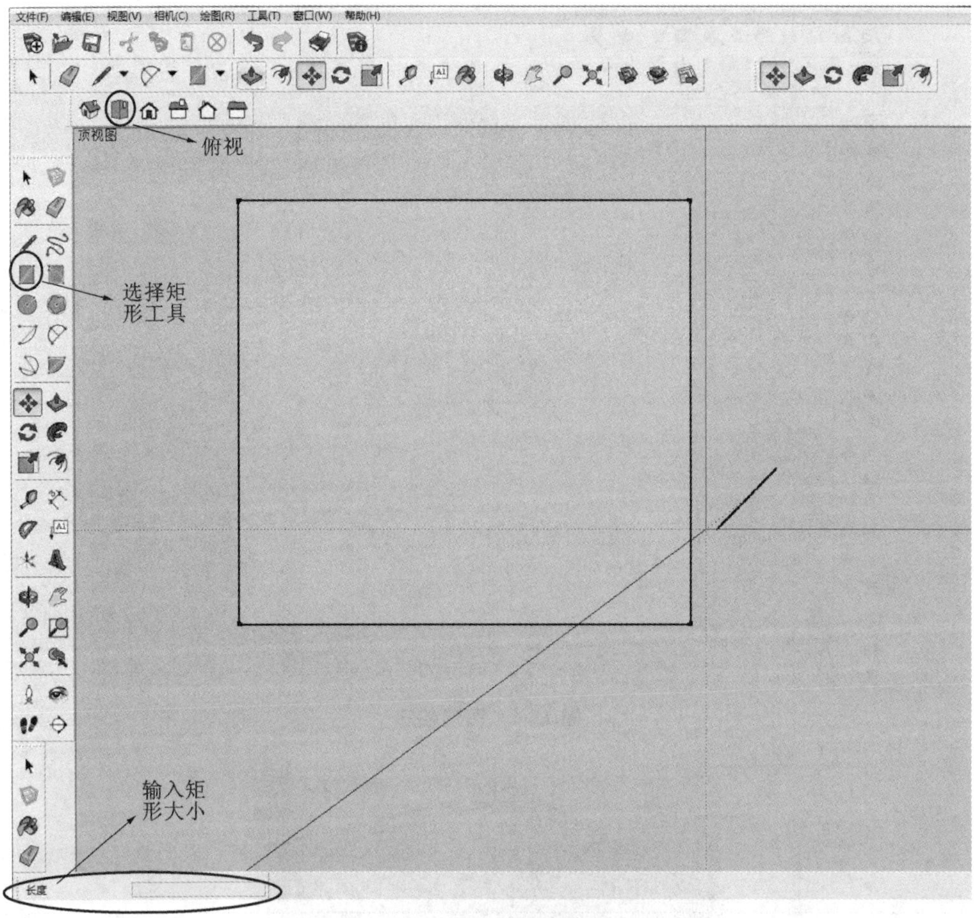

图 15-5 矩形的绘制

④有时在输完数值后，出现看不到图形的情况，可以单击菜单栏的“缩放范围”，把正在绘制的图拉回界面中心。

⑤选择“视角工具”中的选项，可以看到视角的变化。

(3)偏移工具的应用

①单击“偏移工具”，选择需要缩小图形的一条边，将图形内部进行推移。在推移的过程中，输入推移距离 1 mm。

②用同样的方法再向内推移 1 mm，如图 15-6 所示。

(4)拉伸的应用

①把平面变成立体，先选择“等轴视角”，再选择“推/拉工具”，单击最小的矩形向上拖曳，在拖曳的过程中，输入 2 mm。

②用“选择工具”选中中间矩形与最内层矩形之间的区域，再选择，输入 50 mm。

③用“选择工具”选中最外侧矩形与中间矩形之间的区域，再选择，输入 55 mm，如图 15-7 所示。

图 15-6　图形偏移

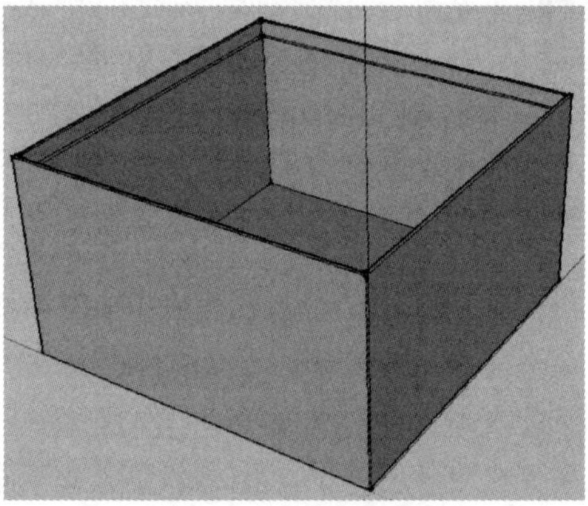

图 15-7　拉伸后的盒体

④在观察图形的过程中可以选择“环绕视察”来转动图形，选择“移动”来平移图形，选择来缩放窗口。

(5)颜料桶工具应用

单击“颜料桶工具”，选取“指定颜色”或其他，如图 15-8 所示，选中的图案就可以在盒体上面上颜色了。

用相同的方法画出盒盖，注意盒体内边凹进去 5 mm，盒盖的内边就要凸出来 5 mm。注意盒盖上要留出直径约为 2.5 mm 的 10 个孔，用来安装 LED，其他的根据需要考虑是否开孔挖槽。

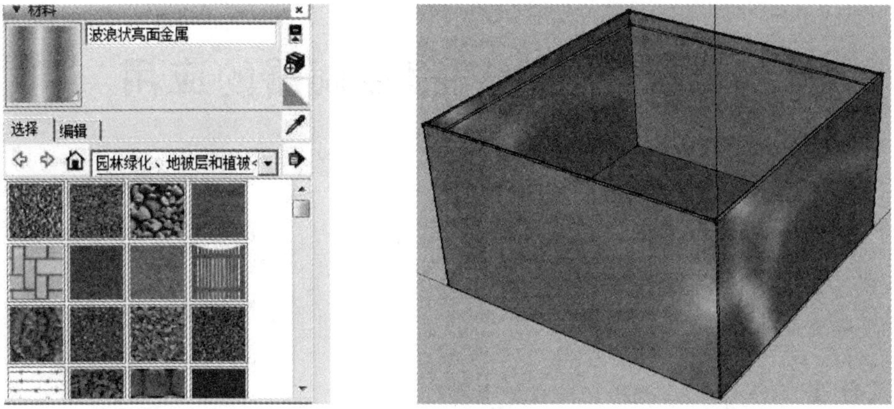

图 15-8　颜料桶涂色

强调：

- 绘图时还有其他的工具，可以边画边学边体会，自己摸索。
- 盒体与盒盖之间要配合得严丝合缝，注意尺寸的设置。
- 善于利用各种不同视角的视窗。

16　西门子可编程控制器的应用

教学目标

1. 学习并掌握基础 PLC 的应用；

2. 学会编写简单的 PLC 控制程序。

学习任务

1. 学习第 16.1 节至第 16.3 节内容。

要求：①了解 PLC 的硬件模块；

②了解 PLC 软件结构，特别是梯形图。

2. 学习 16.4 节内容。

要求：通过低压电气控制实例理解 PLC 的应用。

学习资源

1.《电工电子实习指导书 A》第 16 章；

2. 电工实验中心教学实训平台；

3. 超星平台“电工电子实习 A”课程第 14 节；

4. 学习资源库；

5. 班级 QQ 群。

16.1 概　　述

可编程控制器简称 PLC(Programmable Logic Controller),在 IEC 标准中对 PLC 做了如下定义:PLC 是一种专门为在工业环境下应用而设计的数字运算操作的电子装置。它采用可以编制程序的存储器,用来在其内部存储执行逻辑运算、顺序运算、计时、计数和算术运算等操作的指令,并能通过数字式或模拟式的输入和输出,控制各种类型的机械或生产过程。PLC 是现今最常用的控制设备,几乎可以完成工业控制领域的所有任务。

16.1.1 PLC 出现的背景

20 世纪 20 年代起,人们把各种继电器、定时器、接触器及其触点按一定的逻辑关系连接起来组成控制系统,控制各种生产机械,这就是大家所熟悉的传统的继电接触器控制系统。由于它结构简单、容易掌握、价格便宜,在一定范围内能满足控制要求,因而使用面甚广,在工业控制领域中一直占主导地位。但是复杂的电气控制线路可能需要上千只继电器来构成,需要使用成千上万根导线来连接,安装这些继电器需要大量的继电器控制柜,且占据大量的空间;运行时,又产生大量的噪声,消耗大量的电能;为保证控制系统的正常运行,需要安排大量的电气技术人员进行维护;系统一旦出现故障,排除故障又非常困难;尤其是在生产工艺发生变化时,可能需要增加很多的继电器或控制柜,系统改造的工作量极大。所以,传统继电器控制系统的通用性和灵活性较差。

为抛弃传统的继电接触器控制系统的束缚,1968 年美国通用汽车制造公司(GM)提出了一种工业控制器设想,面向全球公开招标,这就是著名的"通用十条"的设想。1969 年,美国数字设备公司研制出了第一台可编程逻辑控制器 PDP-14,在美国通用汽车公司的生产线上试用成功,PLC 由此诞生。

表 16-1 为 PLC 与继电器控制系统的对比表。从表中可以看出,PLC 除了价格高外,其他方面都完胜继电器控制系统,因此 PLC 逐渐成为工业控制中的中坚力量。

表 16-1　PLC 与继电器控制系统对比表

对比内容	PLC	继电器控制系统
控制功能实现	通过编程实现控制要求	通过继电器实现硬件接线完成功能
生产工艺的柔性度	修改程序并简单修改外围电路	需要重新设计并接线,适应性差
可靠性	采用大规模集成电路和元件,具有完备的抗干扰措施	元件多、触点多、接线繁杂,易发生故障
控制的实时性	采用 CPU 进行控制,实时性高	靠触点的机械动作完成任务,实时性较差
体积	体积小、重量轻、接线简单	体积较大、接线繁杂
使用寿命	长	短
价格	高	低
维护成本	低	高

16.1.2 PLC 与单片机的区别

图 16-1 西门子 PLC S7-1200 内部图

单片机(MCU)是一种集成电路芯片,是采用超大规模集成电路技术把具有数据处理能力的中央处理器 CPU、随机存储器 RAM、只读存储器 ROM、多种 I/O 接口和中断系统、定时器/计数器等功能(可能还包括显示驱动、脉宽调制、模拟多路转换器、A/D 转换器等电路)集成到一块硅片上构成的一个小而完善的微型计算机系统,在工业控制领域广泛应用。学习过单片机的同学应该知道,使用单片机的第一步是建立单片机的最小系统,从而构成各种各样的应用系统。单片机的使用范围广泛。

而 PLC 的本质就是应用单片机构成的控制系统,是已经调试成熟稳定的单片机应用系统的产品。PLC 的内部如图 16-1 所示。

16.1.3 PLC 的扩展(S7-1200)

S7-1200 设计紧凑、组态灵活且具有功能强大的指令集,这些特点的组合使它成为控制各种应用的完美解决方案。CPU 将微处理器、集成电源、输入电路和输出电路组合到一个设计紧凑的外壳中,以形成功能强大的 PLC,具体如图 16-2 所示。

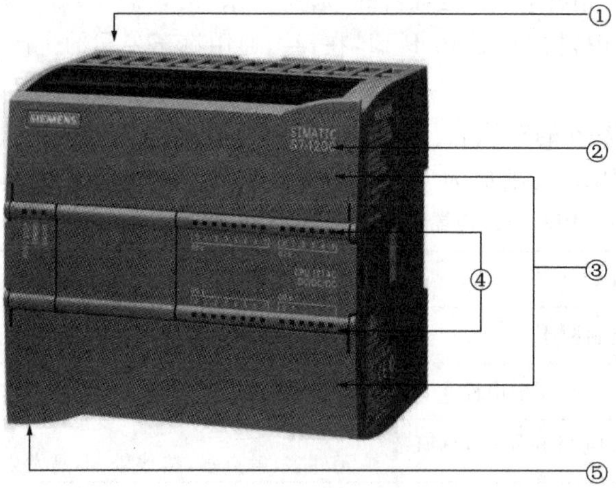

①电源供电
②盖板下的存储卡插槽
③盖板下的可插拔接线端子
④集成I/O的LED状态灯
⑤PROFINET接口

图 16-2 S7-1200 的 CPU

S7-1200 除了 CPU 模块,还可以进行模块的扩展,扩展的具体数目根据 CPU 的型号而定,其中在 CPU 左侧最多可以扩展 3 个通信模块,右侧最多可以扩展 8 个 SM 模块(I/O 模块),CPU 本体上也可以进行扩展,本体上有一个板卡扩展接口,该接口可扩展信号板、通信板和电池板,具体如图 16-3 所示。因此在 PLC 选型时须注意自己的需求,再来选择 PLC 型号。

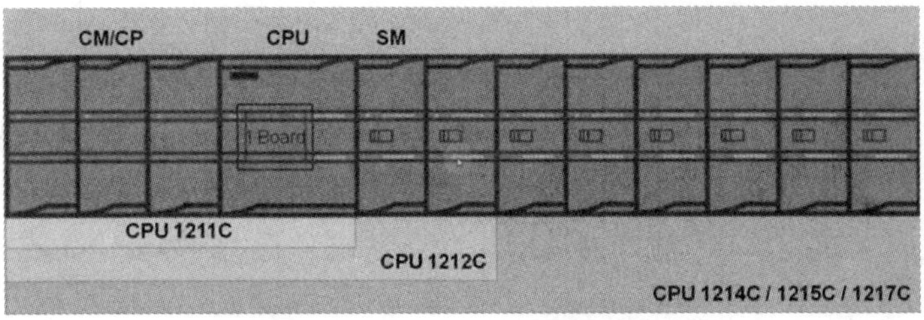

图 16-3　PLC 不同型号的扩展

16.2　PLC 硬件结构

PLC 的类型繁多，功能和指令系统也不尽相同，但结构与工作原理则大同小异，通常由主机、输入/输出接口、电源、编程器扩展器接口和外部设备接口等几个主要部分组成，如图 16-4 所示。

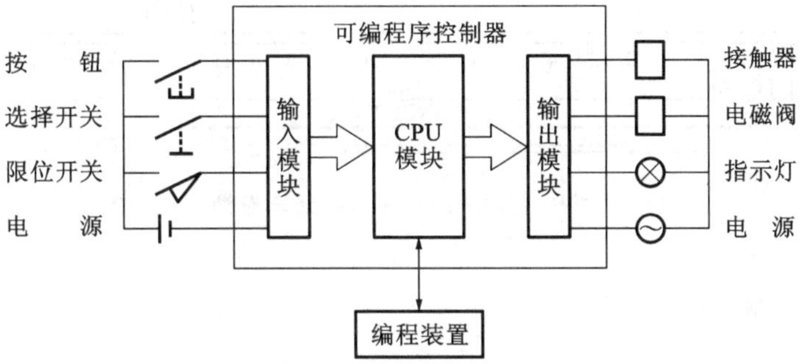

图 16-4　PLC 结构框图

16.2.1　电源接线

以 CPU 1215C DC/DC/DC 型号为例，左边第一个 DC 为供电，是 PLC 可接受的电源类型，有的型号也可以是 AC 供电；中间的 DC 为 PLC 输入类型，一般为直流输入；右边 DC 为 PLC 输出，这个型号表明是晶体管输出，其他型号也有继电器输出(RLY)。PLC 供电接线端子如图 16-5 中左侧的方框所示。L＋接 24 V 正，M 接 24 V 负，箭头朝里。方框外箭头朝外的 L＋和 M 表明 PLC 可以作为一个 24 V 的直流电源使用。

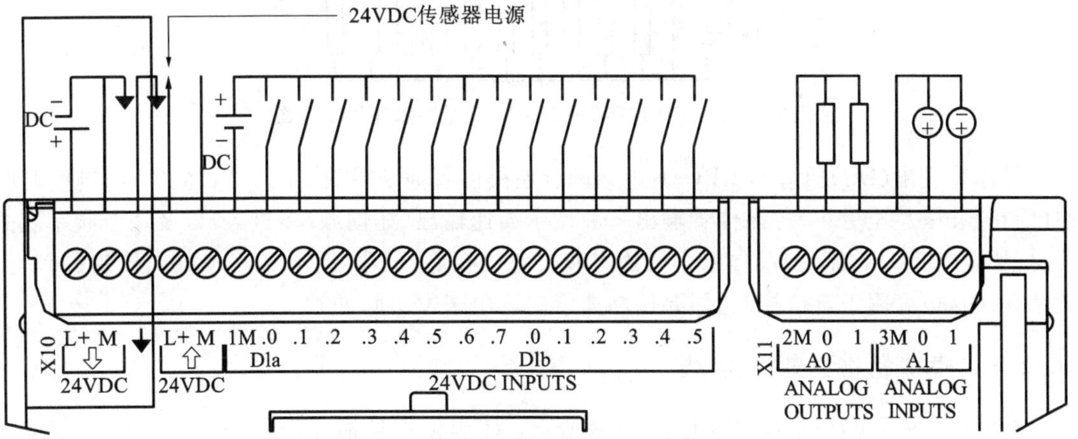

图 16-5　CPU 1215C DC/DC/DC 供电接线图

16.2.2 数字量输入接线

数字量的输入接线具体如图 16-6 所示，其中 1M 为公共端，对于漏型输入，公共端接负（如接线图所示）；对于源型输入，公共端接正。漏型输入和源型输入的区别是二者电流方向不一样，由传感器型号来决定 PLC 输入的选型。除公共端外还有 14 个输入点，当输入点接通时输入点就会有 24 V 的压降。

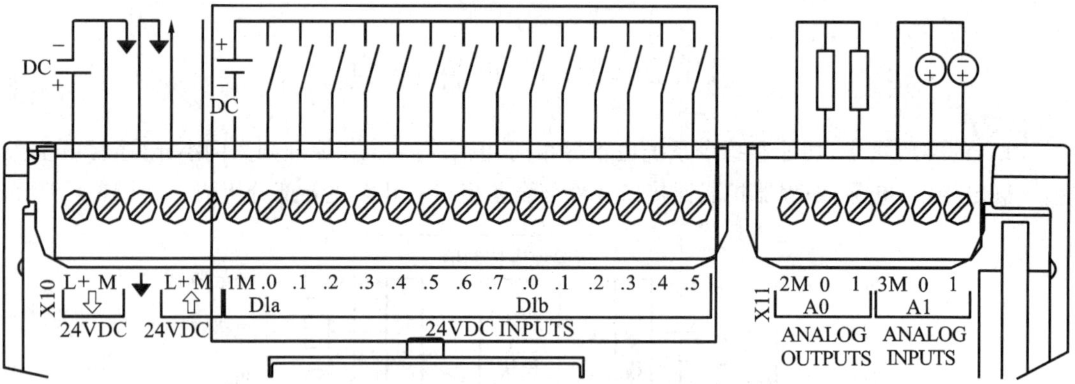

图 16-6 CPU 1215C DC/DC/DC 数字量输入接线图

16.2.3 数字量输出接线

数字量的输出接线如图 16-7 所示，L＋和 M 接 24 V 直流电源；负载一端接数字量输出，一端接公共端 0 V。

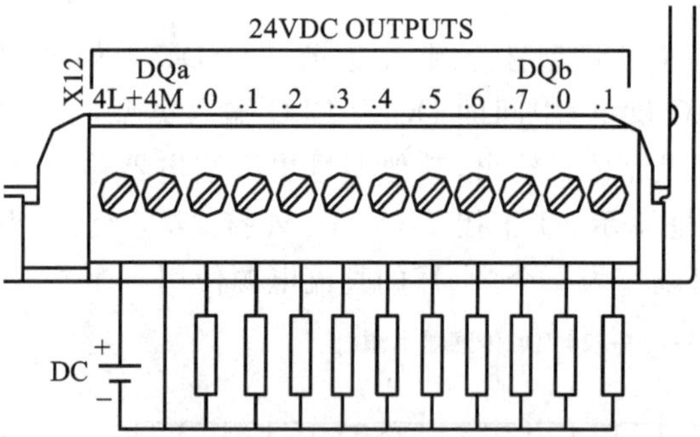

图 16-7 CPU 1215C DC/DC/DC 数字量输出接线图

晶体管输出（DC）原理是 CPU 通过光耦合使晶体管通断，以控制外部直流负载，响应时间快（约 0.2 ms 甚至更小）。晶体管输出一般用于高速输出（如伺服/步进等）以及动作频率高的输出（如温度 PID 控制）。晶体管主要用在步进电机控制、伺服控制，还有电磁阀控制（阀动作频率高）中，也可用于定位控制，即要用晶体管的输出来发出脉冲。

16.2.4 模拟量输入输出接线

模拟量的输入输出接线具体如图 16-8 所示，AI 为模拟量输入，传感器一端接输入通道 0

或 1，一端接公共端；AQ 为模拟量输出，执行机构一端接输出通道，一端接公共端。一个通道对应一个整型(16 位)变量。

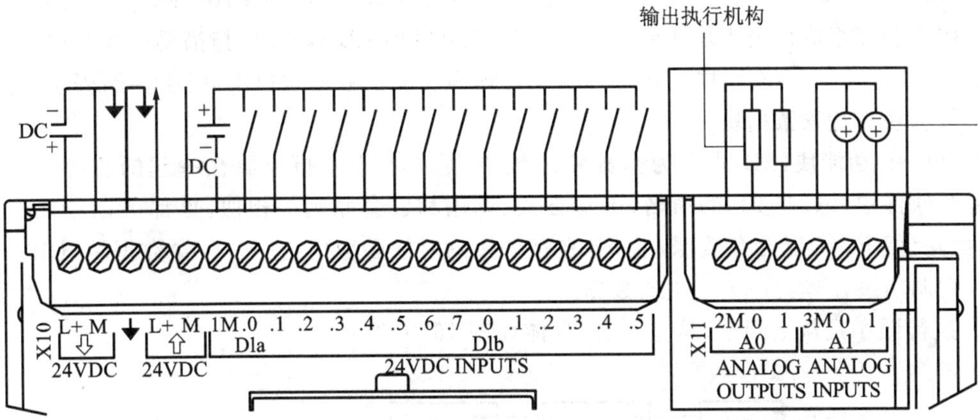

图 16-8 CPU 1215C DC/DC/DC 模拟量输入输出接线图

16.3 PLC 软件结构

16.3.1 PLC 工作模式

在每个程序循环开始前，CPU 统一扫描所有外设。CPU 先将其输出过程映像区中的数据(上一个程序运行周期中的计算结果)全部传送到输出模块并输出(这一过程为刷新输出过程映像区)。然后，CPU 再将所有外设输入点存入输入过程映像区中(这一过程为刷新输入过程映像区)。之后，再运行程序，程序中使用输入点的地方直接从输入过程映像区的相应位置取值。程序中写入输出点的地方，直接写入相应输出过程映像区中。如图 16-9 所示，通常 PLC 的一个循环周期指的是“刷新输出过程映像区”“刷新输入过程映像区”“运行主程序(OB1)”三个步骤。

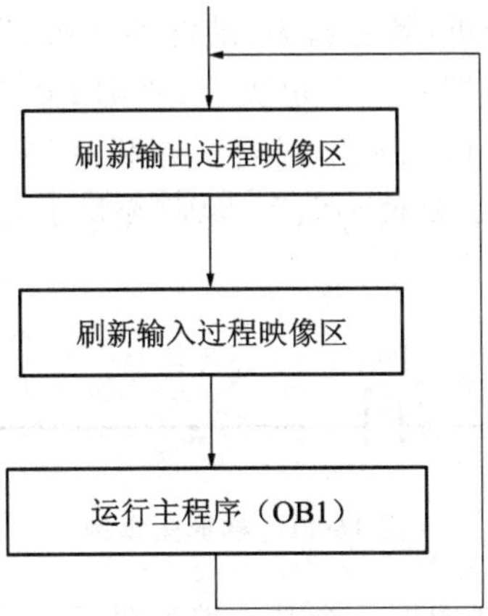

图 16-9 PLC 主循环过程

16.3.2 PLC 用户程序结构

组织块(OB)是操作系统与用户程序的接口,由操作系统调用。组织块由变量声明表和用户编写的控制程序组成。组织块中除 OB1(主循环)可以用来实现 PLC 扫描循环控制以外,还可以完成 PLC 的启动、中断程序的执行和错误处理等功能。数据块(DB)用于存储程序数据,分为共享数据块和背景数据块。

功能(FC)和功能块(FB)也称为函数和函数块,是将若干个指令放在一起的程序块。在西门子博图软件中,FC 与 FB 的命名、书写方式、调用和嵌套原则都相似,也都可以定义形参(接口参数)。但 FB 可以储存数据,且 FB 在被调用的时候必须指定一个背景数据块(DB),用于储存本次调用过程(运行)中产生的数据。

PLC 执行顺序是从上到下、从左到右,具体如图 16-10 所示。

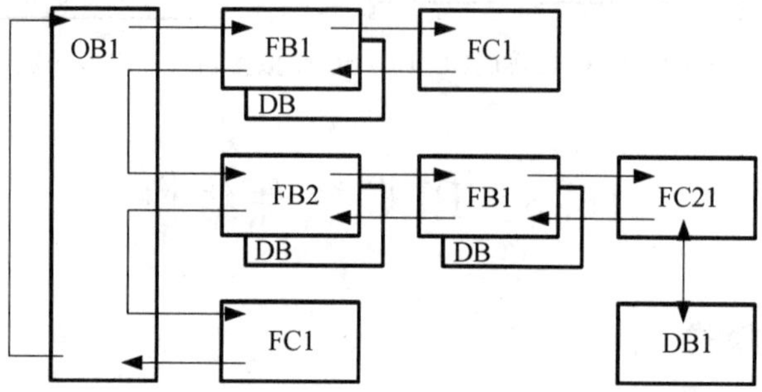

图 16-10 PLC 程序执行顺序

16.3.3 梯形图语言基础

在梯形图的编辑过程中,每一段梯形图都必须包含输入和输出两部分。就像通过继电器和接触器的辅助触点搭配控制逻辑的电路一样,无论辅助触点之间有多么复杂的串并联关系,最终一个通路都要输出到一个接触器或电压继电器的线圈上。

图 16-11 所示为一段梯形图程序,其中"——| |——"模仿继电器常开触点,"——( )——"模仿继电器线圈。从电路角度分析,其逻辑为:继电器"I 0.0"吸合且继电器"I 0.1"也吸合,这时候继电器"Q 0.0"得电,即继电器 Q 0.0 也吸合;否则 I 0.0 和 I 0.1 任意一个未吸合,继电器"Q 0.0"都不得电,即继电器 Q 0.0 不吸合。在梯形图下分析:当变量"I 0.0"为"1"且"I 0.1"也为"1"时,将变量"Q 0.0"赋值为"1";否则(变量 I 0.0 和变量 I 0.1 任意一个为"0")均将变量"Q 0.0"赋值为"0"。

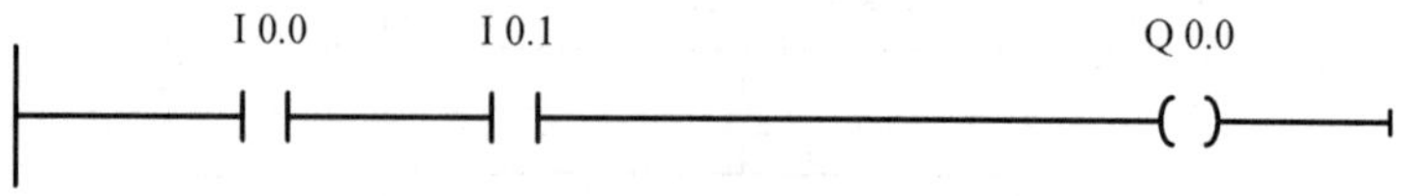

图 16-11 梯形图举例

梯形图通常由触点、线圈和功能框三个基本编程要素构成。以下为梯形图的特点,具体如图 16-12 所示:

①能流：在梯形图中为了分析各个元件的输入/输出关系，引入了一种假想电流称为"能流"。能流的流向通常从左到右，不能倒流。

②母线：梯形图两侧垂直的公共线，通常只画左母线，右母线省略，能流可以看成由左母线流向右母线。

③触点：表示逻辑输入条件。触点闭合能流可以流过，触点断开能流无法流过。常用触点分别是常开触点和常闭触点。

④线圈：表示逻辑输出结果。若有能流流过线圈，则线圈吸合，否则线圈断开。

⑤功能框：代表某种特定的指令。能流流过功能框时，则执行功能框的功能，功能框可实现多种功能，如定时、计数、数据传输、数学运算等。

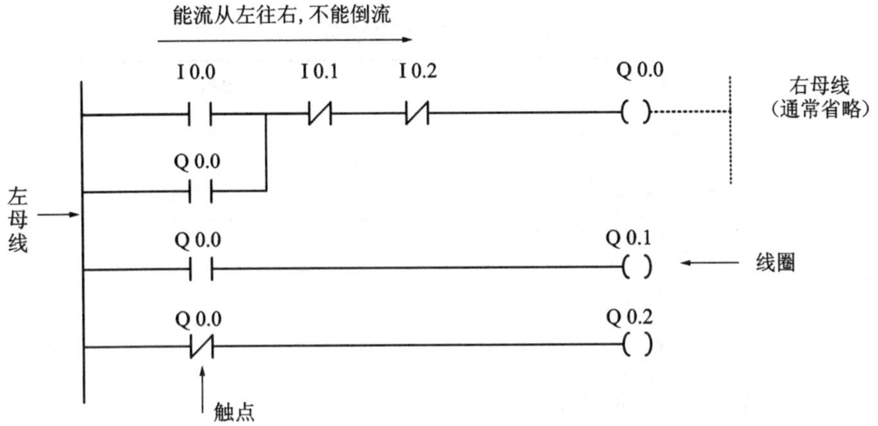

图 16-12　梯形图的特点

16.4　低压电气控制系统实例

以图 16-13 所示的电动机正反转互锁控制电路为例。该控制电路为电气互锁加上机械互锁的双重互锁，其电路逻辑为：

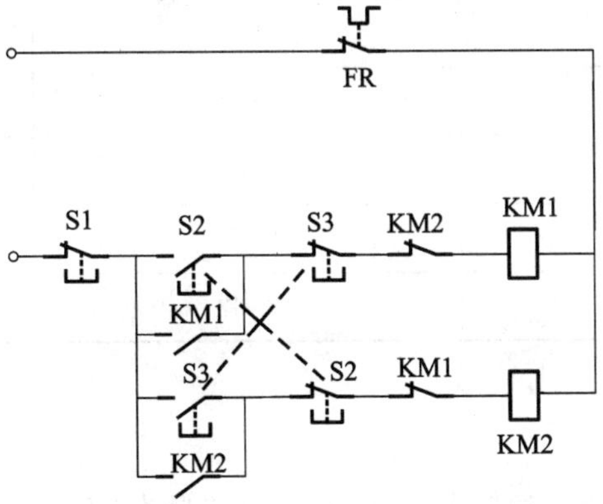

图 16-13　电动机正反转互锁控制电路

①停止按钮 S1 动作(常闭触点断开),电机不运转。

②停止按钮 S1 不动作(常闭触点闭合),正转按钮 S2 动作(常开触点闭合),反转按钮 S3 不动作(常闭触点闭合),且过载保护不动作,电机正转;若是在电机正转时,停止按钮 S1 动作或者反转按钮 S3 动作或者过载保护动作,电机将停止运转。

③停止按钮 S1 不动作(常闭触点闭合),反转按钮 S3 动作(常开触点闭合),正转按钮 S2 不动作(常闭触点闭合),且过载保护不动作,电机反转;若是在电机反转时,停止按钮 S1 动作或者正转按钮 S2 动作或者过载保护动作,电机将停止运转。

16.4.1 实训设备

实训所需设备如表 16-2 所示。

表 16-2 实训所需设备

序号	名称	型号	数量
1	PLC	CPU 1215C DC/DC/DC	1
2	交流接触器	24 V 控制	2
3	按钮开关		3
4	热继电器		1
5	导线		若干
6	PROFINET(以太网)连接线	四线八芯双绞	1

16.4.2 PLC 端口分配

端口分配及功能如表 16-3 所示。

表 16-3 PLC 端口分配及功能

序号	PLC 地址(PLC 端子)	电气符号(面板端子)	功能说明
1	I 0.0	S1	停止
2	I 0.1	S2	正转
3	I 0.2	S3	反转
4	I 0.3	FR	过载保护
5	Q 0.0	KM1	接触器 1 线圈
6	Q 0.1	KM2	接触器 2 线圈

16.4.3 PLC 控制电路

使用 PLC 替代原先的触点逻辑电路,PLC 型号选择为 CPU 1215C DC/DC/DC,注意在实际工程中,与安全相关的信号点建议使用常闭触点,但在本电路中为便于举出常闭指令的例子,将所有按钮都换成了常开触点。PLC 控制电路接线图如图 16-14 所示。根据电路逻辑关系编写梯形图,如图 16-15 所示。

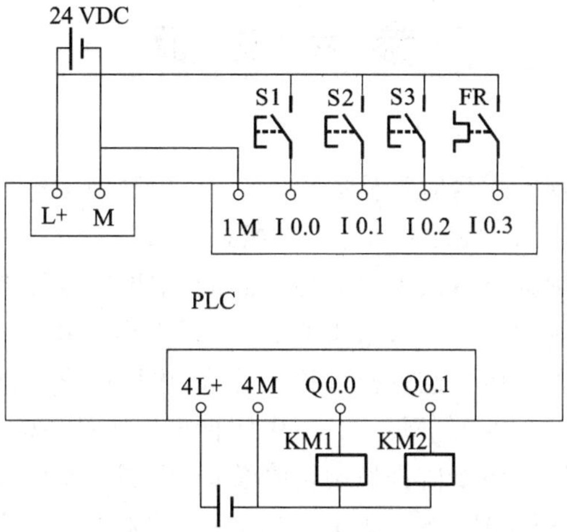

图 16-14 PLC 控制电路接线图

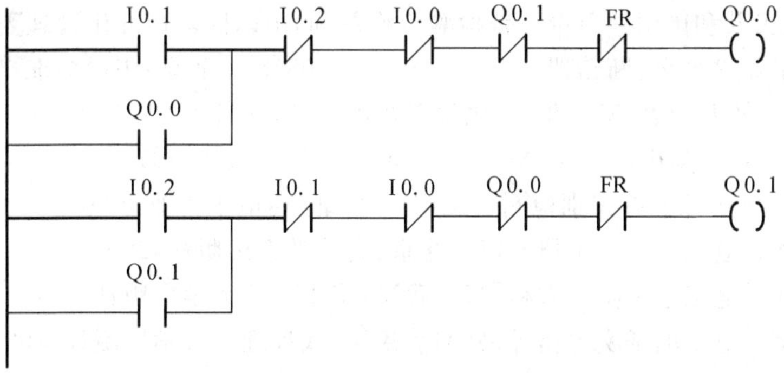

图 16-15 电机正反转梯形图

参考文献

[1] 中华人民共和国国家质量监督检验检疫总局，中国国家标准化管理委员会. 用电安全导则：GB/T 13869—2017[S]. 北京：中国标准出版社，2017.

[2] 中华人民共和国国家质量监督检验检疫总局，中国国家标准化管理委员会. 电流对人和家畜的效应：GB/T 13870. 1—2008[S]. 北京：中国标准出版社，2009.

[3] 中华人民共和国国家质量监督检验检疫总局，中国国家标准化管理委员会. 防止静电事故通用导则：GB/T 12158—2006[M]. 北京：中国标准出版社，2006.

[4] 中华人民共和国国家质量监督检验检疫总局，中国国家标准化管理委员会. 外壳防护等级(IP 代码)：GB/T 4208—2017[S]. 北京：中国标准出版社，2017.

[5] 中华人民共和国住房和城乡建设部，中华人民共和国国家质量监督检验检疫总局. 3～110kV 高压配电装置设计规范：GB 50060—2008[S]. 北京：中国计划出版社，2008.

[6] 中华人民共和国国家质量监督检验检疫总局，中国国家标准化管理委员会. 低压开关设备和控制设备 第 2 部分：断路器：GB 14048. 2—2008[S]. 北京：中国标准出版社，2008.

[7] 门宏. 玩转万用表[M]. 北京：化学工业出版社，2017.

[8] 陈之勃 . 新手学用示波器[M]. 北京：电子工业出版社，2013.

[9] 韩雪涛. 电子元器件识别检测与选用[M]. 北京：电子工业出版社，2017.

[10] 秦曾煌. 电工学(上、下册)[M]. 北京：高等教育出版社，2000.

[11] 余仕求. 电工电子实习教程[M]. 武汉：华中科技大学出版社，2010.

[12] 徐少华. 电工电子实习指导书[M]. 武汉：武汉理工大学出版社，2021.

[13] 张金. 电子设计与制作 100 例[M]. 北京：电子工业出版社， 2017.

[14] 孙余凯. 常用集成电路实用手册[M]. 北京：电子工业出版社，2008.

[15] 孟瑞生，杨中兴，吴封博. 手把手教你学作电路设计[M]. 北京：北京航空航天大学出版社，2019.

[16] 钟世达，张沛昌. 电路设计与制作快速入门[M]. 北京：电子工业出版社，2021.

[17] 唐巍，管殿柱. 经典电子电路[M]. 北京：化学工业出版社，2020.

[18] 张怀武. 现代印制电路原理与工艺[M]. 2 版. 北京：机械工业出版社，2016.

[19] 蔡杏山. 电气工程师自学成才手册[M]. 北京：电子工业出版社，2018.

[20] 王静，莫志宏，陈学昌，等. 电子产品设计案例教程[M]. 北京：中国水利水电出版社，2023.

[21] 黄智伟，黄国玉. Altium Designer 原理图与 PCB 设计[M]. 北京：人民邮电出版社，2016.

[22] 江思敏，胡烨. Altium Designer (Protel)原理图与 PCB 设计教程[M]. 北京：机械工业出版社，2015.

[23] 程勇. 实例讲解 Multisim 10 电路仿真[M]. 北京：人民邮电出版社，2010.

[24] 王连英. 基于 Multisim 10 的电子仿真实验与设计[M]. 北京：北京邮电大学出版

社,2009.

[25] 姚栋嘉,陈智勇,吕磊,等.3D 打印技术[M].北京:机械工业出版社,2018.

[26] 李波,尚蕾.SketchUp 2018 草图大师从入门到精通[M].3 版.北京:电子工业出版社,2020.

[27] 李方园.西门子 S7-1200 PLC 从入门到精通[M].北京:电子工业出版社,2018.

[28] 张硕.TIA 博途软件与 S7-1200/1500PLC 应用详解[M].北京:电子工业出版社,2017.